T0280439

Simulation in Produktion und Logistik

Kai Gutenschwager · Markus Rabe
Sven Spieckermann · Sigrid Wenzel

Simulation in Produktion und Logistik

Grundlagen und Anwendungen

 Springer Vieweg

Kai Gutenschwager
Wolfenbüttel, Deutschland

Markus Rabe
Dortmund, Deutschland

Sven Spieckermann
Hanau, Deutschland

Sigrid Wenzel
Kassel, Deutschland

ISBN 978-3-662-55744-0   ISBN 978-3-662-55745-7   (eBook)
https://doi.org/10.1007/978-3-662-55745-7

Die Deutsche Nationalbibliothek verzeichnet diese Publikation in der Deutschen Nationalbibliografie; detaillierte bibliografische Daten sind im Internet über http://dnb.d-nb.de abrufbar.

Springer Vieweg
© Springer-Verlag GmbH Deutschland 2017
Das Werk einschließlich aller seiner Teile ist urheberrechtlich geschützt. Jede Verwertung, die nicht ausdrücklich vom Urheberrechtsgesetz zugelassen ist, bedarf der vorherigen Zustimmung des Verlags. Das gilt insbesondere für Vervielfältigungen, Bearbeitungen, Übersetzungen, Mikroverfilmungen und die Einspeicherung und Verarbeitung in elektronischen Systemen.
Die Wiedergabe von Gebrauchsnamen, Handelsnamen, Warenbezeichnungen usw. in diesem Werk berechtigt auch ohne besondere Kennzeichnung nicht zu der Annahme, dass solche Namen im Sinne der Warenzeichen- und Markenschutz-Gesetzgebung als frei zu betrachten wären und daher von jedermann benutzt werden dürften.
Der Verlag, die Autoren und die Herausgeber gehen davon aus, dass die Angaben und Informationen in diesem Werk zum Zeitpunkt der Veröffentlichung vollständig und korrekt sind. Weder der Verlag noch die Autoren oder die Herausgeber übernehmen, ausdrücklich oder implizit, Gewähr für den Inhalt des Werkes, etwaige Fehler oder Äußerungen. Der Verlag bleibt im Hinblick auf geografische Zuordnungen und Gebietsbezeichnungen in veröffentlichten Karten und Institutionsadressen neutral.

Gedruckt auf säurefreiem und chlorfrei gebleichtem Papier

Springer Vieweg ist Teil von Springer Nature
Die eingetragene Gesellschaft ist Springer-Verlag GmbH Deutschland
Die Anschrift der Gesellschaft ist: Heidelberger Platz 3, 14197 Berlin, Germany

Vorwort

Dieses Buch gründet auf unseren Simulationsvorlesungen an ingenieur- und wirtschaftswissenschaftlichen Fakultäten in Studiengängen wie Maschinenbau, Logistik, Wirtschaftsinformatik und Wirtschaftsingenieurwesen sowie auf Erfahrungen aus durchgeführten Simulationsstudien in der betrieblichen Praxis. In unsere gemeinsame Arbeit sind damit unterschiedliche wissenschaftliche und praktische Hintergründe aus der Informatik, der Produktionstechnik, der Logistik und der Betriebswirtschaftslehre eingeflossen. Hieraus ergaben sich gleichermaßen die Herausforderung und die Chance, aus den unterschiedlichen Disziplinen gemeinsame und konsistente Sichten für die Simulation in Produktion und Logistik abzuleiten, was mitunter Anlass für ausgiebige Fachdiskussionen, vertiefende Recherchen und das Hinzuziehen weiterer fachlicher Expertise war. Auf diese Weise ist ein Lehrbuch entstanden, das die Grundlagen der ereignisdiskreten Simulation systematisch erläutert und dabei zugleich einen engen Bezug zu den Anwendungen in Produktion und Logistik bietet. Die Tatsache, dass das Buch in deutscher Sprache abgefasst ist, ist insofern einer Hervorhebung wert, da den zahlreichen englischsprachigen Lehrbüchern nur wenige einschlägige deutsche Werke gegenüberstehen.

Das Buch versteht sich primär als eine Einführung in das Simulationswissen, das in unserem Anwendungsbereich grundsätzlich erforderlich ist. Es ist ganz bewusst kein Tutorial für ein Simulationswerkzeug, nicht zuletzt weil jeder von uns unterschiedliche Werkzeuge in Lehre und Anwendung nutzt. Ein Lehrbuch wird ohnehin nicht die unmittelbare Erfahrung mit einem Simulationswerkzeug ersetzen können; vielmehr ist das Verständnis der Simulationstechnik und ihrer richtigen Anwendung eine Voraussetzung für den erfolgreichen Einsatz der Werkzeuge.

Unser Dank geht an Anne Antonia Scheidler (TU Dortmund) und Jana Stolipin (Universität Kassel) für die Durchsicht des vierten Kapitels, an viele weitere Kollegen für hilfreiche Hinweise sowie an Dr.-Ing. Melanie Günter, Bastian Schulten und Marcel Theile für die Unterstützung bei der formalen Endkontrolle.

Im Sinne der Lesbarkeit wird in diesem Buch auf die gleichzeitige Verwendung männlicher und weiblicher Sprachformen verzichtet. Es sei ausdrücklich darauf hingewiesen, dass wir mit der für beide Geschlechter anwendbaren Form in allen Fällen sowohl die weibliche als auch die männliche Variante adressieren.

Wolfenbüttel/Dortmund/Hanau/Kassel, Juni 2017

Kai Gutenschwager, Markus Rabe, Sven Spieckermann und Sigrid Wenzel

Inhalt

Abkürzungen

ASIM	Arbeitsgemeinschaft Simulation
AVI	Audio Video Interleave
BDE	Betriebsdatenerfassung
BMP	Bitmap
CAD	Computer Aided Design
CAM	Computer Aided Manufacturing
CAP	Computer Aided Planning
CAQ	Computer Aided Quality
CAx	Computer Aided x
CFD	Computational Fluid Dynamics
CLI	Call Level Interface
CSV	Comma-separated Values
DBMS	Datenbankmanagementsystem
DLK	Durchlaufkanal
DLR	Durchlaufregal
DWH	Data Warehouse
DXF	Drawing Interchange File Format
ERP	Enterprise Resource Planning
FCFS	First Come – First Served
FEM	Finite-Element-Methode
FIFO	First In – First Out
FPS	Fließproduktionssystem
GIF	Graphics Interchange Format
GPSS	General Purpose Simulation System
HLA	High Level Architecture
IEEE	Institute of Electrical and Electronics Engineers
IGES	Initial Graphics Exchange Specification
IT	Informationstechologie
JPEG	Joint Photographic Experts Group
KLT	Kleinladungsträger
LIFO	Last In – First Out
LP	Lineare Programmierung
LVS	Lagerverwaltungssystem
MES	Manufacturing Execution System

MFR	Materialflussrechner
MIP	Mixed Integer Programming
MKS	Mehrkörpersimulation
MMH	Multimomenthäufigkeitsverfahren
MMZ	Multimomentzeitmessverfahren
MTBF	Meantime between Failure
MTTR	Meantime to Repair
ODBC	Open Database Connectivity
OLE	Object Linking and Embedding
OPC	Open Platform Communications
OPC UA	OPC Unified Architecture
OQN	Open Queueing Networks
OR	Operations Research
PDM	Product Data Management
PLM	Product Lifecycle Management
PNG	Portable Network Graphics
PPS	Produktionsplanung und -steuerung
QP	Quadratische Programmierung
RFID	Radio Frequency Identification
SCADA	Supervisory Control and Data Acquisition
SCM	Supply Chain Management
SLS	Staplerleitsystem
SPS	Speicherprogrammierbare Steuerung
SQL	Structured Query Language
STEP	Standard for the Exchange of Product Model Data
V&V	Verifikation und Validierung
VDA	Verband der Automobilindustrie
VDI	Verein Deutscher Ingenieure
VDMA	Verband Deutscher Maschinen- und Anlagenbau
VR	Virtual Reality
VRML	Virtual Reality Modeling Language
VV&T	Verification, Validation, and Testing
WE	Wareneingang
WMS	Warehouse Management System
XML	Extensible Markup Language

1 Einleitung

Mit der Einführung immer komplexerer Produktions- und Logistiksysteme hat die Simulationstechnik in den letzten Jahrzehnten kontinuierlich an Bedeutung gewonnen. Entwicklungen zur weitergehenden Digitalisierung der Fabrikplanung unterstreichen den Stellenwert der Simulation in Produktion und Logistik. In Definitionen zur „Digitalen Fabrik" (vgl. VDI 2008, S. 3; Bracht et al. 2011, S. 9-12) wird die Simulation explizit als Methode benannt, um eine Planung und Verbesserung aller Strukturen, Prozesse und Ressourcen der realen Fabrik zu unterstützen. Dass eine Fabrik nur in Betrieb gehen darf, wenn zuvor das Zusammenspiel von Produkt, Produktionsprozess und Produktionsstätte simuliert wurde, wird insbesondere in der Automobilindustrie schon seit Jahren gefordert. Mittlerweile wird in vielen Branchen an der Umsetzung dieser Forderung gearbeitet. Dabei zeigt sich regelmäßig, dass der Einsatz der Simulation bei der Planung von komplexen dynamischen Produktions- und Logistiksystemen zu abgesicherten und besser nachvollziehbaren Planungsergebnissen führt.

Die Relevanz der Simulation für unterschiedliche Aufgaben in den Ingenieur- und Wirtschaftswissenschaften ist hoch, was sich beispielsweise in der Etablierung einer zunehmenden Zahl entsprechender Lehrveranstaltungen in den einschlägigen Studiengängen des Maschinenbaus, des Wirtschaftsingenieurwesens, der Logistik, der Wirtschaftsinformatik oder der Betriebswirtschaftslehre bestätigt. Dieses Buch trägt der wachsenden Bedeutung von Simulation in der Lehre und in der betrieblichen Anwendung Rechnung. Es vermittelt sowohl Grundlagen zur System- und Modelltheorie, zur ereignisdiskreten Simulation und zur Statistik als auch das erforderliche Wissen zur Durchführung von Simulationsstudien. Dabei wird stets die Perspektive der Simulationsanwendung im Bereich Produktion und Logistik eingenommen. Diese thematische Einordnung erläutern wir ausführlicher in Abschnitt 1.1.

Die Vermittlung der relevanten Grundlagen erfolgt unabhängig vom einzusetzenden Simulationswerkzeug. Implementierungstechnische Details werden nicht behandelt, und folglich wird auch keine Einführung in die Programmierung gegeben. Vielmehr führt das Buch Grundlagen und Vorgehensweisen ein und illustriert diese an einem durchgängigen Beispiel.

Der detaillierte Aufbau des Buches und Lesehinweise finden sich in Abschnitt 1.2.

1.1   Thematische Einordnung und Zielgruppen

Zunächst wollen wir die im Titel dieses Buches bezeichnete Eingrenzung auf „Produktion und Logistik" schärfen, da diese Begriffe unterschiedlich breit interpretiert werden können. Der Titel soll deutlich machen, dass Aufgabenstellungen sowohl in Produktions- als auch in Logistikunternehmen adressiert werden. Auch wenn wir dies nicht an Beispielen aufzeigen, ist das Buch für die Simulationsanwendung in anderen Branchen ebenfalls anwendbar, beispielsweise in der Krankenhaus-, Flughafen- oder Militärlogistik. Einschränkend betrachten wir jedoch nur solche Prozesse, die als logistische oder produktionslogistische Prozesse bezeichnet werden können und die insbesondere eine enge Verbindung zum Materialfluss besitzen. Prozesse, die sich mit kontinuierlichen Stoffströmen befassen, etwa in der Verfahrenstechnik, in der Energietechnik oder beim Transport von Flüssigkeiten und Gasen in Rohrleitungssystemen, werden nicht betrachtet. Solche Prozesse „passen" nur dann in den Kontext dieses Buches, wenn sie sich auf einen nicht-kontinuierlichen Prozess reduzieren lassen, beispielsweise das Betanken eines Dieseltransporters auf einen nicht weiter detaillierten Tankvorgang mit gegebener Dauer oder der Transport von Flüssigkeiten als Stückgut in diskreten Einheiten. Aus technischer Sicht beschränken wir uns auf die ereignisdiskrete Simulation, die wir in den Folgekapiteln näher erläutern und unter anderem von der kontinuierlichen Simulation abgrenzen.

Für eine qualifizierte Anwendung der ereignisdiskreten Simulation ist Fachwissen aus der Statistik, der quantitativen Betriebswirtschaftslehre und der Informatik sowie aus Anwendungssicht aus den Ingenieurwissenschaften und dem Projektmanagement erforderlich. Offensichtlich kann es nicht Anspruch eines Buches zur Simulation sein, alle Grundlagen dieser Bereiche umfassend zu behandeln. Entsprechendes Grundwissen wird beim Leser vorausgesetzt. In diesem Buch führen wir vielmehr die für die Simulationsanwendung wesentlichen Methoden und Vorgehensweisen aus den unterschiedlichen Bereichen zusammen. Ergänzend wird für die Vertiefung auf spezifische Literatur verwiesen.

Dieses Buch versteht sich damit als Grundlagen- und Nachschlagewerk für die ereignisdiskrete Simulation sowohl für die universitäre Ausbildung als auch zum vertiefenden Selbststudium in der betrieblichen Praxis. Dementsprechend richtet es sich einerseits an Studierende der bereits genannten Studiengänge, die sich mit ereignisdiskreter Simulation in Produktion und

Logistik befassen. Andererseits ist es für Simulationsanwender – sei es in der Forschung oder im praktischen Einsatz – gedacht, die ihr Wissen zur Simulation ergänzen möchten. Auch Anwender, die für die Entscheidung über den Einsatz von Simulation oder die Durchführung von Simulationsstudien verantwortlich sind, können sich über die wesentlichen Vorgehensweisen informieren und die für ihre Aufgaben erforderlichen Kenntnisse vertiefen.

1.2   Aufbau des Buches und Hinweise für den Leser

Dieses Buch gliedert sich nach dieser Einleitung in weitere sechs Kapitel. Sein prinzipieller Aufbau und die Beziehungen der einzelnen Kapitel zueinander sind der Abbildung 1 zu entnehmen. Zur Verdeutlichung von Inhalten beziehen wir uns durchgängig auf ein Montagesystem für Industrie-PCs als einheitliches Anwendungsbeispiel.

Im ersten Abschnitt von Kapitel 2 führen wir zunächst dieses Anwendungsbeispiel ein. Die übrigen Abschnitte des Kapitels dienen der begrifflichen Einordnung. In Abschnitt 2.2 werden wichtige Begriffe aus der System- und Modelltheorie beschrieben. Die Abschnitte 2.3 und 2.4 erläutern die Grundbegriffe der Simulation und grenzen die Simulation zur Visualisierung ab. Anschließend stellen wir die Simulation in Bezug zu weiterer Problemlösungsmethoden dar (Abschnitt 2.5). Mit Blick auf das Anwendungsfeld Produktion und Logistik werden entsprechende Kennzahlen

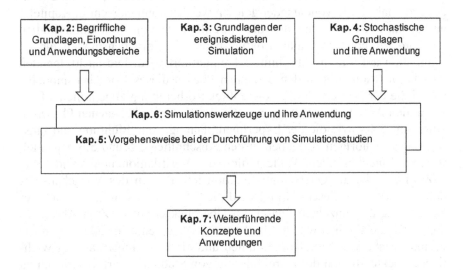

Abb. 1. Struktur dieses Buches

(Abschnitt 2.6), Einsatzfelder sowie Kosten und Nutzen des Simulationseinsatzes diskutiert (Abschnitte 2.7 und 2.8).

Aufbauend auf den Abschnitten 2.2 und 2.3 werden in Kapitel 3 die Grundlagen zur ereignisdiskreten Simulation vertieft. Dafür wird insbesondere die Ablaufsteuerung in ereignisdiskreten Modellen sowohl in der prinzipiellen Funktion (Abschnitt 3.1) als auch in den Konsequenzen für die Modellierung (Abschnitt 3.2) behandelt. Darauf aufbauend werden Modellierungskonzepte für die ereignisdiskrete Simulation erläutert (Abschnitt 3.3).

Kapitel 4 widmet sich den für die Simulation relevanten stochastischen Grundlagen und ihrer Anwendung und motiviert zunächst die Bedeutung der stochastischen Einflussgrößen für das Verhalten von Systemen an einem Ausschnitt unseres in Abschnitt 2.1 eingeführten Beispiels (Abschnitt 4.1). Wesentlicher Teil dieses Kapitels sind Grundbegriffe der Statistik (Abschnitte 4.2 bis 4.4). Auf diesen Grundlagen aufbauend werden Schätz- und Testverfahren sowie die Verteilungsanpassung beschrieben (Abschnitte 4.5 bis 4.7), die sowohl für die Aufbereitung von Eingangsdaten der Simulation als auch für die richtige Interpretation der Ergebnisdaten wichtig sind. Da die Systeme in unserem Betrachtungsbereich überwiegend stochastische Eigenschaften aufweisen, ist die Berücksichtigung des Zufalls in unseren Modellen essentiell. Abschnitt 4.8 befasst sich daher ausführlich mit der Erzeugung von Zufallszahlen und führt wichtiges Wissen zum richtigen Umgang mit Zufallszahlengeneratoren ein. In Abschnitt 4.9 werden einige Anwendungsaspekte zu diesen Grundlagen vertieft.

Nach Einführung der Grundlagen in den Kapiteln 2 bis 4, die auch weitgehend unabhängig voneinander gelesen werden können, steht in Kapitel 5 aufbauend auf diesen Inhalten die Durchführung von Simulationsstudien im Vordergrund. Den Rahmen dafür spannt ein Vorgehensmodell für die Simulation auf, das in Abschnitt 5.1 eingeführt wird. Die nachfolgenden Abschnitte widmen sich den einzelnen Phasen dieses Vorgehensmodells, wobei die der Modellbildung sowie ihrer Vorbereitung zugeordneten Phasen in den Abschnitten 5.2 und 5.3, die auf die Daten bezogenen Phasen in Abschnitt 5.4 sowie die der Experimentplanung, -durchführung und -auswertung zugehörigen Aufgaben in den Abschnitten 5.5 und 5.6 behandelt werden. Eine besondere Rolle nimmt die Verifikation und Validierung (V&V) ein, die als Querschnittsfunktion alle Phasen des Vorgehensmodells betrifft. Aus diesem Grund wird die V&V in Abschnitt 5.7 nach der Darstellung der einzelnen Phasen im Überblick erläutert. Zum Abschluss dieses Kapitels geben wir in Abschnitt 5.8 Argumente für oder gegen die Fremdvergabe von Simulationsstudien und eine Zusammenfassung wichtiger Aspekte, die bei der Durchführung von Studien als erfolgskritisch zu betrachten sind.

Kapitel 6 widmet sich der Software, die für die Durchführung der in Kapitel 5 beschriebenen Simulationsstudien erforderlich ist, und gibt dafür zunächst eine Klassifikation von Simulationswerkzeugen (Abschnitt 6.1). Im Anschluss vertiefen wir drei Aspekte, die in Simulationswerkzeugen in unterschiedlicher Art und Mächtigkeit umgesetzt werden: die Modellierung des Zufalls (Abschnitt 6.2), die Modellierung von Steuerungen (Abschnitt 6.3) und die Bereitstellung von Schnittstellen für den Austausch von Daten mit anderen Systemen (Abschnitt 6.4). In den Themenbereich dieses Kapitels gehört auch die Auswahl des richtigen Werkzeuges, die in Abschnitt 6.5 behandelt wird.

Kapitel 7 stellt ergänzende Facetten zur Methodik und Anwendung der Simulation dar. In Abschnitt 7.1 behandeln wir die Verteilung von Simulationsmodellen über mehrere Prozessoren oder Rechner. Abschnitt 7.2 widmet sich vertiefend Aspekten der Optimierung im Zusammenhang mit der Simulation. In den darauffolgenden beiden Abschnitten befassen wir uns mit der Simulation für Produktions- und Logistiksysteme, die über den Einsatz in der Planungsphase, wie sie in Kapitel 5 ausführlich behandelt wird, hinausgeht. Abschnitt 7.3 thematisiert die Simulation in der Inbetriebnahmephase, während Abschnitt 7.4 die Simulation im operativen Betrieb zur Unterstützung der Auftragsfeinplanung diskutiert.

Insgesamt ist die Gliederung des Buches so angelegt, dass es sowohl für Lehrveranstaltungen als auch für ein Selbststudium geeignet ist. In beiden Fällen können die Inhalte in der Reihenfolge der Kapitel bearbeitet werden. Liegt der Fokus des Lesers eher auf der Durchführung einer Simulationsstudie, kann er alternativ über das Vorgehensmodell (Kapitel 5) einsteigen und sich gezielt in den ihn jeweils interessierenden Phasen einer Simulationsstudie vertiefen. Bei Bedarf können die Grundlagen in den vorhergehenden Kapiteln nachgelesen werden. Verweise auf die relevanten Passagen der Grundlagenkapitel sind in Kapitel 5 enthalten.

Ergänzend zu der in diesem Buch an vielen Stellen angegebenen Literatur möchten wir darauf hinweisen, dass Berichte zu aktuellen Anwendungen sowie Forschungsarbeiten insbesondere auf den einschlägigen Simulationstagungen publiziert werden. Im deutschsprachigen Raum ist in erster Linie die *ASIM-Fachtagung Simulation in Produktion und Logistik* zu nennen, die von der gleichnamigen Fachgruppe in der Arbeitsgemeinschaft Simulation (ASIM) alle zwei Jahre durchgeführt wird. International ist die *Winter Simulation Conference* von Bedeutung, die jeweils über eigene Vortragsreihen zu Produktions- und Logistikanwendungen verfügt. Beide Tagungen publizieren ihre Beiträge im Internet und stellen damit eine sehr hilfreiche Informationsbasis dar. Darüber hinaus beschäftigen sich mehrere Richtlinienausschüsse – insbesondere zur VDI-Richtlinie 3633 – im Verein Deutscher Ingenieure (VDI) mit den Grundlagen und Anwendungen der ereignisdiskreten Simulation in diesem Anwendungsfeld.

2 Begriffliche Grundlagen, Einordnung und Anwendungsbereiche

Dieses Grundlagenkapitel dient der Vorstellung der wesentlichen Begriffe im Kontext der Simulation, der Einordnung der Simulation als Problemlösungsmethode sowie der Darstellung ihrer wesentlichen Anwendungsbereiche. Vorangestellt ist ein Anwendungsbeispiel, das wir mit dem Ziel der Veranschaulichung von Begriffen, Fragestellungen, Methoden und Vorgehensweisen durchgängig in diesem Buch verwenden. Anschließend werden die system- und modelltheoretischen Grundlagen dargestellt, die zum Verständnis der Simulation sowie zur Erstellung von Simulationsmodellen erforderlich sind (Abschnitt 2.2). Abschnitt 2.3 erläutert die wesentlichen Definitionen und Begriffe im Kontext der Simulation. In Abschnitt 2.4 gehen wir ergänzend auf die Visualisierung von Simulationsmodellen und -ergebnissen ein.

Da die Simulation auch als Teilgebiet des Operations Research (OR) betrachtet wird, werden in Abschnitt 2.5 weitere Methoden des OR kurz vorgestellt, die für gleichartige Problemstellungen in Produktion und Logistik in Betracht kommen können. Ein wesentliches Ziel dieser Ausführungen besteht darin, ein Verständnis für die Grenzen der Anwendbarkeit der einzelnen Methoden zu vermitteln, und auch aus dieser Perspektive die Angemessenheit des Simulationseinsatzes zu konkretisieren.

In Abschnitt 2.6 folgt eine Darstellung von Kennzahlen, die typischerweise zur simulativen Systembewertung aus Anwendungssicht herangezogen werden. Abschnitt 2.7 geht anschließend auf wichtige Anwendungsbereiche der Simulation in Produktion und Logistik ein. Dabei werden die Facetten behandelt, die sich aus einer Orientierung am Lebenszyklus von Produktions- und Logistiksystemen, an der Art der Fragestellung sowie an den relevanten industriellen Branchen ergeben. Das Kapitel schließt mit einer Diskussion der Wirtschaftlichkeit des Simulationseinsatzes in Produktion und Logistik (Abschnitt 2.8).

2.1   Ein Anwendungsbeispiel

In diesem Abschnitt wird ein Beispiel vorgestellt, auf das wir im Laufe des Buches immer wieder Bezug nehmen werden. Es dient dazu, die wesentlichen Aspekte der theoretischen Grundlagen zu verdeutlichen und kritische Punkte im Rahmen der Durchführung von Simulationsstudien aufzuzeigen.

In dem Beispiel plant ein Unternehmen den Aufbau einer neuen Montage für Industrie-PCs. Das geplante Layout der Montagelinie ist in Abbildung 2 schematisch dargestellt. Die Produkte werden nach Aufgabe der PC-Gehäuse auf die Montagelinie über fünf Bearbeitungsstationen „M1" bis „M5" und zwei Prüfstationen „P1" und „P2" sequentiell gefertigt. Der Transport zwischen den Stationen erfolgt über eine automatisierte Fördertechnik. Zur Entkopplung der Stationen dienen Teilbereiche dieser Fördertechnik als Puffer. Wird an einer der Prüfstationen ein Fehler festgestellt, so wird das Werkstück wieder an die verursachende Station zurücktransportiert, um den Fehler zu beheben. Vollständig montierte, geprüfte und fehlerfreie PCs werden am Ende der Linie manuell von der Fördertechnik abgenommen.

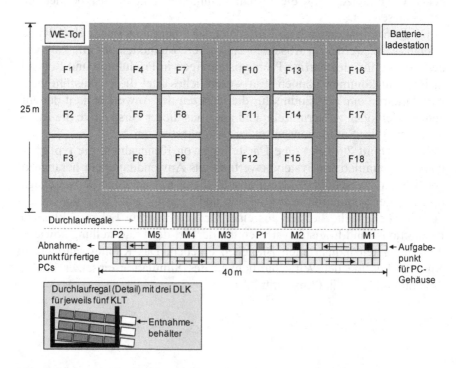

Abb. 2. Layout der Produktionshalle

Die Gesamtzahl der möglichen Pufferplätze ist durch die Hallenmaße begrenzt. Die Montage soll täglich in zwei Schichten mindestens 230 Einheiten produzieren. Die Zuordnung der Arbeitsgänge zu den Montagestationen ist fest vorgegeben, wobei als *Arbeitsgang* entsprechend REFA (1993, S. 195) der auf die Erfüllung einer Arbeitsaufgabe ausgerichtete Arbeitsablauf innerhalb eines Arbeitssystems, bei dem eine Mengeneinheit eines Auftrages erzeugt wird, bezeichnet wird.

Die Industrie-PCs werden in zahlreichen Varianten montiert. Diese Varianten ergeben sich dadurch, dass an den Stationen Teile mit unterschiedlichen Einbauraten verbaut werden. Insgesamt gibt es 99 unterschiedliche Bauteile, die von insgesamt 18 externen Teilelieferanten angeliefert werden. Für jeden Lieferanten ist eine Logistikfläche vorgesehen (F1 bis F18), auf der Bestände der von ihm gelieferten Teile vorgehalten werden können. Lieferungen erfolgen per Lkw an dem dafür vorgesehenen Wareneingangstor (WE-Tor). Alle Transporte vom Tor zur jeweiligen Logistikfläche und von der Logistikfläche zum Montageband sollen per Stapler erfolgen. Die Lieferungen erfolgen bereits in einheitlichen faltbaren Kleinladungsträgern (KLT, vgl. VDA 2014), wobei vier KLT auf einer Europalette angeliefert werden. Bei der Planung ist zu berücksichtigen, dass die Batterien der Stapler vor der vollständigen Entladung an einer Batterieladestation ausgetauscht werden müssen.

Der Nachschub von den Logistikflächen zur Montage wird durch ein Pull-System gesteuert: Sobald der Mindestbestand eines Teils an einer Montagestation unterschritten wird, wird ein Nachschubauftrag initiiert. Ein Stapler bringt dann eine Palette mit vier KLT von der Logistikfläche zum Durchlaufregal (DLR) der Station und füllt den entsprechenden Kanal wieder auf. Laut Planung ist zunächst vorgesehen, dass ein Durchlaufkanal (DLK) fünf KLT umfasst, von denen einer der Entnahmebehälter für die Montage ist (vgl. Abb. 2). Leerpaletten werden neben dem Durchlaufregal gestapelt. Spätestens wenn der Stapel eine Höhe von acht Leerpaletten erreicht hat, wird dieser von einem Stapler zum WE-Tor gefahren. Entsprechend werden auch leere KLT gefaltet, auf einer Europalette gestapelt und zum WE-Tor transportiert, wo sie zusammen mit den Europaletten bei der nächsten Lieferung abgeholt werden.

Bei der konkreten Gestaltung einer solchen Anlage kommt die Simulation auch in der betrieblichen Praxis häufig zum Einsatz. Für dieses zunächst allgemein formulierte Anwendungsbeispiel sind dabei die folgenden Fragestellungen typisch:

- Kann der geforderte Durchsatz in der gegebenen Arbeitszeit erreicht werden?

- Wie viele Pufferplätze sind dafür zwischen den einzelnen Montagestationen vorzusehen (Kapazität der Puffer)?
- Welcher Lieferant bekommt welche Logistikfläche zugewiesen?
- Wie viele Stapler müssen eingesetzt werden?
- Wie werden die Transportaufträge auf die Stapler verteilt?
- Wie groß sind die Kanäle des Durchlaufregals zu dimensionieren (Kapazität der DLK)?

In der Literatur findet sich eine Vielzahl von Beispielen, bei denen die Simulation zur Beantwortung ähnlicher Fragestellungen eingesetzt wird (vgl. Kuhn und Rabe 1998; Bayer et al. 2003; Zülch und Stock 2010; Dangelmaier et al. 2013; Rabe und Clausen 2015). Methoden, um entsprechende Fragestellungen zu bearbeiten, werden in Abschnitt 2.5 vorgestellt.

2.2   System- und modelltheoretische Grundlagen

Zum Einstieg in die Modellbildung und Simulation werden im Folgenden einige wichtige Begriffe erläutert. Hierbei wird Wert darauf gelegt, nicht neue Definitionen einzuführen, sondern auf bestehenden Definitionen der Fachliteratur aufzusetzen. Bei der Darstellung der Begriffe wird Bezug zu unserem in Abschnitt 2.1 beschriebenen Anwendungsbeispiel der PC-Montage genommen. Für eine simulationsunterstützte Untersuchung muss das reale oder geplante System in einem Modell abgebildet werden. System- und Modellbegriff werden in den Abschnitten 2.2.1 und 2.2.2 erläutert. In Ergänzung hierzu geht Abschnitt 2.2.3 auf spezifische Eigenschaften von Systemen und Modellen ein. Abschnitt 2.2.4 diskutiert die in diesem Zusammenhang wichtigen Aspekte der Modellbildung.

2.2.1   Der Systembegriff

Die DIN IEC Norm 60050-351 (DIN 2014, S. 21) bezeichnet ein *System* als eine „Menge miteinander in Beziehung stehender Elemente, die in einem bestimmten Zusammenhang als Ganzes gesehen und als von ihrer Umgebung abgegrenzt betrachtet werden". Bezogen auf das Anwendungsbeispiel in Abschnitt 2.1 stellt die Montagelinie mit den Bereitstellflächen das System dar; Elemente des Systems sind unter anderem die Bearbeitungs- und Prüfstationen. Die folgenden Eigenschaften von Systemen konkretisieren in Anlehnung an die VDI-Richtlinie 3633 Blatt 1 (VDI 2014) und die DIN-IEC Norm 60050-351 (DIN 2014) den Systembegriff:

- Ein System ist grundsätzlich begrenzt und durch sogenannte *System-grenzen* gegenüber der Umwelt (*Systemumgebung*) in seinem Umfang festgelegt. Über definierte Schnittstellen kann ein System an den Systemgrenzen Materie, Energie und Information (Ein- und Ausgangsgrößen) austauschen. Sofern der Austausch von der Umwelt in das System erfolgt, spricht man von *Eingangsgrößen*, ansonsten von *Ausgangsgrößen*. Bei den in Produktion und Logistik betrachteten Systemen sind die Systemschnittstellen und damit die Einflüsse der Systemumgebung auf das System in vielen Fällen von hoher Relevanz.
- Ein System besteht aus *Systemelementen* (Synonym: *Systemkomponenten*), die bei verfeinerter Betrachtung selbst wieder Systeme darstellen (*Subsysteme*) oder aber als nicht weiter zerlegbar angesehen werden. So kann eine Maschine Bestandteil eines Produktionssystems sein oder selber als System mit seinen Maschinenbestandteilen betrachtet werden.
- Die *Struktur* eines Systems ergibt sich aus den Beziehungen zwischen den Elementen eines Systems. Diese Beziehungen können durch unterschiedliche Einflüsse der Systemumgebung oder der Systemfunktionalität bestimmt sein.
- Jedes Systemelement besitzt Eigenschaften, die über konstante und variable Attribute (die sogenannten *Zustandsgrößen*) abgebildet werden. Die jeweiligen *Zustände* eines Systemelementes werden durch die Werte der konstanten und variablen Attribute zu einem Zeitpunkt beschrieben. Die Zustände der Systemelemente zu einem bestimmten Zeitpunkt definieren den *Systemzustand*.
- Die Zustände der Elemente können Änderungen von einer oder mehreren Zustandsgrößen unterliegen (*Zustandsänderung*, Zustandsübergang aufgrund des in dem System ablaufenden Prozesses). Als *Prozess* wird in diesem Zusammenhang „die Gesamtheit von aufeinander einwirkenden Vorgängen in einem System, durch die Materie, Energie oder Informationen umgeformt, transportiert oder gespeichert wird", bezeichnet (vgl. DIN 2014, S. 32). Prozesse können sequentiell, d. h. in einer eindeutigen Reihenfolge nacheinander, parallel, d. h. gleichzeitig, nebenläufig, d. h. kausal und zeitlich unabhängig voneinander, und synchronisiert, d. h. zeitlich koordiniert, zusammenwirken (VDI 2016b).
- Die einzelnen Elemente enthalten eine eigene *Ablaufstruktur*, die durch spezifische Regeln hinsichtlich der Zustandsgrößen und der Zustandsübergänge charakterisiert wird.

Abbildung 3 stellt die oben beschriebenen Bestandteile eines Systems im Überblick dar.

In dem Anwendungsbeispiel aus Abschnitt 2.1 kennzeichnet das WE-Tor eine Systemgrenze: Durch das Tor wird das zu betrachtende System

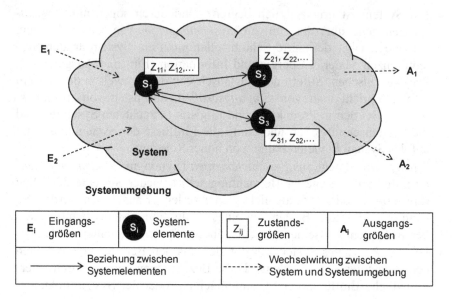

Abb. 3. Graphische Verdeutlichung des hier verwendeten Systembegriffs

gegenüber seiner Systemumgebung (beispielsweise gegenüber Bereichen vor dem Wareneingang) abgegrenzt. Weitere Systemgrenzen liegen vor der ersten Montagestation (in Abb. 2 mit Aufgabepunkt für PC-Gehäuse bezeichnet) sowie nach der zweiten Prüfstation (in Abb. 2 mit Abnahmepunkt für fertige PCs bezeichnet). Eingangsgrößen sind unter anderem die angelieferten KLT-Behälter der Lieferanten, die über sogenannte *Quellen* das System betreten. Ausgangsgrößen sind die an dem WE-Tor bereitgestellten Leerpaletten. Eingangsgrößen sind aber auch die PC-Gehäuse am Aufgabepunkt sowie die Auftragsdaten für die zu produzierenden PCs. Die dazu passenden Ausgangsgrößen sind die montierten, geprüften und fehlerfreien PCs, die über eine sogenannte *Senke*, im Beispiel über den Abnahmepunkt für fertige PCs, das System verlassen. Die Struktur des Systems ist in dem Anwendungsbeispiel über die Anordnung der Systemelemente und ihre materialflusstechnischen Verknüpfungen gegeben, d. h. beispielsweise über die Verknüpfung der Montage- und Prüfstationen sowie die ergänzende Fördertechnik.

Grundsätzlich kann zwischen statischen und dynamischen Systemen unterschieden werden. Nach Wunsch und Schreiber (2005) entstehen bei statischen Systemen die Werte der Ausgangsgrößen zum gleichen Zeitpunkt wie die Werte der Eingangsgrößen. Dagegen unterliegen dynamische Systeme einem Verhalten über die Zeit, das durch die Systemzustände und die Zustandsänderungen bestimmt wird. Beispiele für statische Systeme können (im Betrachtungszeitraum unveränderliche) Gebäude oder Fahrstraßen sein. Auch eine mathematische Formel oder ein Gleichungssystem stellen ein statisches System dar. Betrachten wir dagegen den Materialtransport auf den Fahrstraßen zwischen den Gebäuden, so handelt es sich um ein dynamisches System. Nach Bossel (2004, S. 30) können allerdings auch die uns statisch erscheinenden Systeme einer Veränderung über die Zeit unterworfen sein, da sie beispielsweise Verschleißerscheinungen unterliegen können. In diesem Buch sprechen wir dann von einem dynamischen System, wenn es ein hinsichtlich der jeweiligen Betrachtungen oder Analysen relevantes dynamisches Verhalten über die Zeit aufweist. Damit ist ein dynamisches System im Gegensatz zum statischen System durch die zusätzliche Betrachtung der Zeit (formal repräsentiert durch eine Zeitmenge T) und des Zeitfortschrittes charakterisiert. Hierbei gilt, dass die Folge der Zeitpunkte streng monoton wachsend ist.

Ein dynamisches ereignisdiskretes System lässt sich formal auch als erweiterter Automat darstellen. Ein Automat ist eine abstrakte Maschine, die aus Zuständen und Zustandsübergängen besteht (zu Automaten vgl. beispielsweise Lunze 2012). Die schon erwähnte Zeitmenge T als Teilmenge der reellen Zahlen, die Ereignismenge E und die Zustandsmenge Z sind Bestandteile dieser erweiterten Automaten, die im Kontext dieses Buches eine Rolle spielen. Die Zustandsmenge Z beschreibt mit ihren Elementen alle möglichen Zustände des dynamischen Systems. Der Gesamtsystemzustand zu einem Zeitpunkt wird durch die Wertebelegung aller Attribute aller Systemelemente zu diesem Zeitpunkt beschrieben. Bei Eintreten eines Ereignisses $e \in E$ zum Zeitpunkt t geht das System aus einem Zustand z in einen Folgezustand z' über. Diese Zustandsübergänge werden in der Automatentheorie über eine Zustandsübergangsfunktion formal beschrieben (vgl. Lunze 2012).

2.2.2 Der Modellbegriff

Soll nun ein reales oder geplantes System wie das vorliegende Beispielsystem aus Abschnitt 2.1 hinsichtlich seiner Funktionalität oder Leistung analysiert werden, können die erforderlichen Untersuchungen nur bedingt am System selbst erfolgen. Zu Untersuchungszwecken werden in der Regel Modelle als Abbildungen eines Systems erstellt. Auch zur Verdeutlichung bestimmter Sachverhalte wird auf die Bildung von Modellen zurückgegriffen. So sind in Abbildung 3 die theoretischen Zusammenhänge eines Systems mit Hilfe einfacher graphischer Symbole dargestellt. Damit ergibt sich ein Übergang in ein anderes begriffliches System. Im Fall von Abbildung 3 besteht dieses aus Kreis- und Pfeilelementen. Auch das in Abbildung 2 dargestellte Layout unseres PC-Montagebeispiels gibt einen Teil des zu untersuchenden Systems in Form eines graphischen Modells, in diesem Fall in Form eines einfachen Layouts, wieder.

Diese Beispiele deuten an, dass Modelle zu unterschiedlichen Einsatzzwecken erstellt werden können. Allerdings ist die Klassifikation von Modellen hierzu in der Literatur nicht immer eindeutig. In verschiedenen Fachdisziplinen werden in Abhängigkeit von dem *Modellzweck* (d. h. der Intention, mit der ein Modell erstellt wird) sowie der auf Basis des Modells anzuwendenden Analysemethode (wie beispielsweise Optimierung oder Simulation) unterschiedliche Modelleinteilungen vorgenommen. Die Wirtschaftswissenschaften differenzieren beispielsweise nach Beschreibungs-, Erklärungs-, Prognose-, Entscheidungs- oder Simulationsmodellen (vgl. Schneeweiß 2002). Peters (1998) unterscheidet in seiner Einteilung nach dem Modellzweck Modelle

- zur Beschreibung und Klassifikation,
- zur Erklärung und Theoriebildung,
- zur Prognose,
- zur Bewertung sowie
- zur Vermittlung und Demonstration.

Diese Einteilung von Modellen betrachtet zwar nicht die anzuwendende Analysemethode als Klassifikationskriterium für den Modellzweck, ergänzt aber mit dem Punkt Vermittlung und Demonstration die für den Bereich Produktion und Logistik durchaus wichtigen Modelle zum Zwecke der Ausbildung.

Weitere Möglichkeiten zur Modelltypisierung beziehen sich auf eine Unterteilung nach dem zu *modellierenden Gegenstand* (beispielsweise Informations-, Unternehmens-, Daten-, Architekturmodelle) oder nach der *Beschreibungsform des erstellten Modells*. Im letzteren Fall sind einerseits konkrete, physische Modelle (z. B. physisches Architekturmodell eines Gebäudes) und andererseits abstrakte, formale Modelle wie mathematische Modelle (z. B. Gleichungssysteme), graphische Modelle (Diagramme, Netze) und Computerprogramme zu nennen. Eine umfangsreiche, disziplinunabhängige Klassifikation nach Modellarten liefert Stachowiak (1973) mit einer Einteilung in graphische (Bild- und Darstellungs-) Modelle, technische Modelle und semantische Modelle (beispielsweise Wahrnehmungen, Vorstellungen, Gedanken, Begriffe und deren sprachliche Artikulation).

Der *Modellbegriff* nach Stachowiak (1973) entspricht auch dem heute in den Ingenieurwissenschaften verwendeten Modellbegriff, der davon ausgeht, dass ein Modell das zu untersuchende System nie vollständig abbildet, sondern – vor dem Hintergrund des Modellzwecks – stets ein vereinfachtes Abbild des Systems darstellt. Details, die für die Untersuchung des Systems nicht relevant sind, werden bei der Bildung des Modells weggelassen. So sind in dem graphischen Modell in Abbildung 2 beispielsweise Säulen und Gebäudeumrisse weggelassen. Die VDI-Richtlinie zur Simulation 3633 Blatt 1 (VDI 2014, S. 3) beschreibt in diesem Verständnis ein Modell als „eine vereinfachte Nachbildung eines geplanten oder existierenden Systems mit seinen Prozessen in einem anderen begrifflichen oder gegenständlichen System".

Des Weiteren verdeutlicht die VDI-Definition, dass ein Modell selbst wiederum als System verstanden werden kann. Es hat die zu Beginn des Abschnittes aufgeführten charakteristischen Systemeigenschaften, d. h. es besteht aus einzelnen Elementen, die in Relation zueinander stehen, und besitzt Zustände und Zustandsübergänge. Die Elemente eines Modells werden auch als *Modellelemente* bezeichnet. Modelle können in Analogie zu Systemen statisch oder dynamisch sein. Dynamische Modelle betrachten im Gegensatz zu statischen Modellen ein Verhalten über die Zeit.

Mit den beim Modellbegriff angesprochenen Vereinfachungen bei der Modellerstellung muss sehr bewusst umgegangen werden, da sie Einfluss auf die Verwendbarkeit eines Modells haben. Daher werden wir in den nachfolgenden Kapiteln mehrfach darauf zurückkommen: In Abschnitt 2.2.4 werden die Begriffe Abstraktion, Idealisierung und Reduktion im Rahmen der Modellbildung erläutert; in Abschnitt 5.3.1 werden anwendungsbezogene Hinweise zur Modellierung in Bezug auf den Umgang mit Vereinfachungen gegeben.

2.2.3 Klassifikationskriterien für Systeme und Modelle

Sowohl Systeme als auch Modelle lassen sich über spezifische Eigenschaften charakterisieren, die häufig über gegensätzliche Begriffspaare abgegrenzt werden. Einige im Kontext dieses Buches wichtige Eigenschaften zur Klassifikation von Systemen und Modellen werden im Folgenden kurz erläutert und sind in Tabelle 1 im Überblick dargestellt.

Die Unterscheidung *statisch* und *dynamisch* kennzeichnet das Verhalten eines Systems oder eines Modells bezüglich seiner Veränderung über die Zeit (vgl. Abschnitte 2.2.1 sowie 2.2.2).

Für ein dynamisches System oder Modell kann des Weiteren eine Unterscheidung in *kontinuierlich* und *diskret* in Bezug auf die Zeit und den Zustand erfolgen. Bei einer kontinuierlichen Betrachtung der Zeit (zeitkontinuierliche Systeme und Modelle) werden die positiven reellen Zahlen einschließlich der Null als Zeitmenge T (vgl. Abschnitt 2.2.1) zugrunde gelegt. Bei einer zeitdiskreten Betrachtung wird die Zeitmenge T durch eine

Tabelle 1. System- und Modelleigenschaften im Überblick

Eigenschaft	Ausprägungen
Zeitverhalten	statisch – dynamisch
Zeitmenge T	diskret – kontinuierlich
Zustandsmenge Z / Zustandsraum	diskret – kontinuierlich
Abbildung von Zufällen	stochastisch – deterministisch
Terminierung	terminierend – nicht terminierend

abzählbare Menge von Zeitpunkten t_1, t_2, t_3, ... definiert, wobei t_i und t_{i+1} jeweils äquidistant sind. In Analogie zu der Zeit kann auch die Zustandsmenge Z eines Systems oder Modells diskret oder kontinuierlich sein; d. h. das System oder das Modell sind zustandsdiskret oder zustandskontinuierlich. Die Belegungszustände eines Behälters für Schüttgut lassen sich beispielsweise diskret mit Zustand $z_1 = $ leer und Zustand $z_2 = $ voll definieren. Eine kontinuierliche Zustandsmenge kann hingegen über den Füllgrad des Behälters beschrieben werden.

Werden Zustand und Zeit in Beziehung gesetzt, so lassen sich vier Fälle unterscheiden, die in Abbildung 4 dargestellt sind:

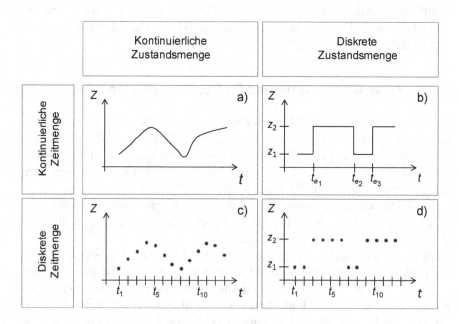

Abb. 4. Beziehung von Zustands- und Zeitmenge sowie die daraus resultierenden Zustandsübergänge (in Anlehnung an Ören 1979, S. 36)

a) Im Fall kontinuierlicher Zustands- und Zeitmengen erfolgen die Änderungen von Zuständen in einem stetigen Verlauf in Abhängigkeit von der Zeit. In diesem Fall spricht man auch von kontinuierlichen Systemen oder Modellen.

b) Bei diskreter Zustandsmenge und kontinuierlicher Zeitmenge sind die Zustandsübergänge prinzipiell zu jedem Zeitpunkt t möglich. Da nur zwischen diskreten Zuständen gewechselt werden kann, ergibt sich die dargestellte Treppenfunktion.

c) Im Fall einer diskreten Zeitmenge mit kontinuierlicher Zustandsmenge können sich die Zustände nur zu den definierten Zeitpunkten t_i ändern, wobei alle Zustände des kontinuierlichen Zustandsraums eingenommen werden können.

d) Im Unterschied zu c) ist in diesem Fall auch die Zustandsmenge diskret.

Weiterhin sei darauf hingewiesen, dass die Zustandsmengen in der Regel nicht mit den Wertebereichen der Attribute von System- oder Modellelementen identisch sind. So kann der oben angesprochene Behälter für Schüttgut Attribute wie beispielsweise Innentemperatur oder Druck besitzen, die nicht in die Definition der Zustandsmenge und der Zustandsübergänge einfließen.

Insbesondere auf den Fall b) werden wir in Abschnitt 3.2 zurückkommen, in dem die Ermittlung von Ereignissen $e_i \in E$ und Ereigniszeitpunkten t_{e_i}, zu denen Zustandsübergänge stattfinden, als ein wichtiger Bestandteil der Grundlagen der ereignisdiskreten Simulation thematisiert wird.

Selbstverständlich gibt es nicht nur Systeme und Modelle mit rein diskreten oder rein kontinuierlichen Zustandswechseln. Kommen beide Aspekte zum Tragen, sprechen wir von *kombinierten* Systemen und Modellen.

In Abhängigkeit vom gewählten Systemausschnitt und von den betrachteten Zeitausschnitten kann eine weitere Unterscheidung dynamischer Systeme und Modelle in terminierend und nicht terminierend erfolgen. Ein terminierendes System wird bestimmt durch definierte Startbedingungen sowie die Existenz eines natürlichen den Ablauf begrenzenden Ereignisses (vgl. Banks 1998; Chung 2004). In einem *terminierenden* System müssen die Bedingungen zu Beginn eines Zeitausschnittes (Startbedingungen) unabhängig von den Abläufen in dem vorherigen Zeitausschnitt sein. Betrachten wir z. B. die Bedienung der Kunden in einem Einkaufszentrum, so sind die Startbedingungen morgens (zu Beginn eines neuen Zeitausschnittes) eindeutig definiert, da keine Kunden im System sind. Das System terminiert, wenn das Einkaufszentrum geschlossen wird, nachdem der letzte Kunde das System verlassen hat (natürliches Ereignis). Bei *nicht terminie-*

renden Systemen fehlen definierte Startzustände oder den Ablauf begrenzende natürliche Ereignisse. Die Materialversorgung des Einkaufszentrums ist beispielsweise ein nicht terminierendes System, da die Startbedingungen eines Tages durch die Anlieferungen und Verkäufe des Vortages unmittelbar beeinflusst sind. Unser Beispiel aus Abbildung 2 ist ebenfalls ein nicht terminierendes System, da davon auszugehen ist, dass die Montagelinie abends nicht geleert wird und so die Startbedingungen des Folgetages beeinflusst werden. Arbeitet die Montagelinie in drei Schichten an sieben Tagen in der Woche, so gibt es auch kein natürliches den Ablauf begrenzendes Ereignis.

In dynamischen Systemen und Modellen können des Weiteren *Zufälle* eine Rolle spielen. So können zum Beispiel Systemzustände auf der Basis von Übergangswahrscheinlichkeiten eintreten. In diesen Fällen sind die betrachteten Systeme und Modelle *stochastischer* Natur. Systeme und Modelle, die keine Zufälligkeiten beinhalten, heißen *deterministisch*. Bei deterministischen Systemen ist der Folgezustand für einen Zustand z für jedes Ereignis e eindeutig, während es bei stochastischen Systemen mehrere mögliche Folgezustände geben kann (zum Zustandsübergang vgl. auch Abschnitt 2.2.1).

Ergänzend sei darauf hingewiesen, dass zur Klassifikation von Modellen zusätzlich die in Abschnitt 2.2.2 aufgeführten Klassifikationskriterien Modellzweck, Art des zu modellierenden Gegenstands und Beschreibungsform des zu erstellenden Modells verwendet werden. Weiterhin existieren Klassifikationen, die zusätzlich

- die Möglichkeit der Nutzung der Modelle zur Durchführung von *Experimenten* (experimentierbar versus nicht experimentierbar, vgl. Abschnitt 2.3) und
- spezifische *Zeitablaufsteuerungen* zur Berechnung des Zeitfortschrittes in Modellen (vgl. Abschnitt 3.2.3).

differenzieren. Auch diese Klassifikationskriterien beziehen sich in erster Linie auf Modelle und weniger auf Systeme und werden daher nicht an dieser Stelle erläutert.

2.2.4 Modellbildung

Der Prozess der Entwicklung eines Modells für ein vorliegendes reales, geplantes oder gedankliches System wird als *Modellbildung*, Modellerstellung oder Modellierung bezeichnet. Ausgangsbasis der Modellierung ist das zu betrachtende System mit seinen Systemelementen und den zugeordneten Attributen (vgl. den oberen Teil in Abb. 5). Die Systemgrenzen

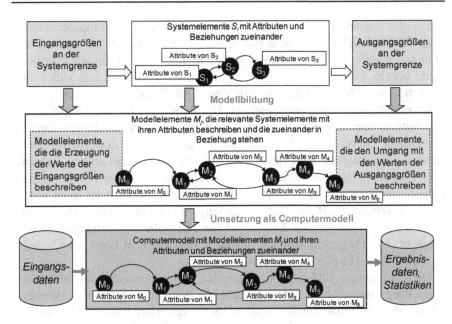

Abb. 5. Der Prozess der Modellbildung vom System zum Computermodell

kennzeichnen den Übergang zu der im Rahmen der Modellbildung nicht zu betrachtenden Systemumgebung. An diesen Systemgrenzen bestehen Einflüsse der Systemumgebung auf das System bzw. des Systems auf die Systemumgebung, die über die sogenannten Eingangs- bzw. Ausgangsgrößen charakterisiert werden. Zu Beginn der Modellbildung ist zu prüfen, welche Systemelemente und Eigenschaften für den Modellzweck (die geplanten Untersuchungen) relevant sind und daher im Modell abgebildet werden müssen. Hierbei findet *nicht* zwangsläufig jedes Systemelement sein Pendant in genau einem Modelelement. Je nach Detaillierungsgrad des Modells können mehrere Systemelemente in einem einzigen Modellelement abgebildet sein oder sogar ganz weggelassen werden. Allerdings kann es zur Erstellung eines Modells auch erforderlich oder hilfreich sein, ein Systemelement über mehrere Modellelemente abzubilden. In Abbildung 5 ist dieser Sachverhalt dadurch angedeutet, dass die Anzahl der Systemelemente nicht mit der Anzahl der Modellelemente übereinstimmt.

Zur Modellierung der Übergänge zwischen dem System und seiner Umgebung muss das an den Systemgrenzen auftretende Verhalten (*Systemeingabe* und *Systemausgabe*) beschrieben werden. Konkret ergeben sich Systemeingaben und -ausgaben durch mit Werten belegte Ein- und Ausgabegrößen. Hierzu sind *innerhalb* des zu erstellenden Modells entsprechende Modellelemente, die dieses Verhalten abbilden, zu ergänzen (Elemente M_0 und M_5 in Abb. 5).

Für die Umsetzung des Modells in ein ausführbares Computermodell sind die Modellelemente, ihre Beziehungen und Attribute in einem Programm abzubilden. Hierzu müssen jedoch nicht zwangsläufig alle Attributwerte bereits im Computermodell vorliegen. Attribute, die von außen für ein betrachtetes Modell oder Modellelement mit Werten belegt werden sollen, werden als *Parameter* bezeichnet. Der Anwender hat die Möglichkeit, Attribute in seinem Computermodell zu *parametrisieren*, d. h. mit Werten zu belegen. Diese Parametrisierung kann manuell (z. B. in Form von Eingabemasken) oder automatisiert (z. B. in Form von einzulesenden Dateien oder Datenbanktabellen) erfolgen. In Abhängigkeit von der Art der zu parametrisierenden Attribute können damit einzelne Werte oder auch komplexe Strukturen (z. B. bei Auftragsdaten) eingelesen werden. Die Werte der Parameter werden als *Eingangsdaten* (Eingabe des Programms) bezeichnet. Die Programmausgabe erfolgt in der Regel in Form von *Ergebnisdaten* (Ausgabe des Programms).

Diese Eingangs- und Ergebnisdaten des Computermodells als ablauffähiges Programm sind zu unterscheiden von den Eingangs- und Ausgangsgrößen des zu betrachtenden und zu modellierenden Systems. Beispielsweise könnten physische Paletten (als an der Systemgrenze eintretende Materie) die Eingangsgröße eines Systems darstellen. Ein Eingangsdatum könnte dann die Anzahl eintreffender Paletten pro Tag sein, ein anderes die Geschwindigkeit des Palettenförderers, dem keine Eingangsgröße des Systems entspricht.

Wie bereits in Abschnitt 2.2.2 dargestellt, ist ein Modell ein vereinfachtes Abbild eines Realitätsausschnittes. Es verhält sich bezüglich bestimmter Aspekte weitgehend analog zum geplanten oder realen System. Die Herausforderung der Modellbildung liegt in der Wahl des geeigneten Detaillierungsgrades für die vorliegende Untersuchungsfrage und wird durch den Leitsatz „so detailliert wie nötig" (vgl. ASIM 1997) gekennzeichnet. Damit verlangt die Modellierung eine Abstraktion gegenüber dem zu modellierenden System. Als Herangehensweisen zur Abstraktion werden die *Reduktion*, d. h. der Verzicht auf nicht relevante Einzelheiten durch Weglassen, und die *Idealisierung*, d. h. die Vereinfachung relevanter Einzelheiten, unterschieden. Die Idealisierung kann *induktiv* über die Herleitung von allgemeinen Regeln aus Einzelfällen (Induktion) oder *deduktiv* über die Herleitung des Einzelfalls aus allgemeinen Regeln (Deduktion) erfolgen. Beispielsweise lässt sich die zu modellierende Betriebsdauer der Gabelstapler mit einer Batterieladung induktiv oder deduktiv ermitteln. Wurde für einen Gabelstapler in unserem Beispiel eine Betriebsdauer von sieben Stunden mit einer Batterieladung gemessen, können wir induktiv annehmen, dass dies grundsätzlich für alle Stapler in unserem System gilt. Eine deduktive Vorgehensweise könnte sein, die durchschnittliche Betriebs-

dauer mit einer Batterieladung aus der Herstellerspezifikation zu übernehmen, ohne die spezifischen Betriebsbedingungen zu berücksichtigen.

In dem Prozess der Modellbildung spielt damit offensichtlich neben
dem zu betrachtenden System (Original, Objekt) und dem Abbild des Originals (dem Modell) auch der Modellierer selbst (Subjekt) eine nicht zu
unterschätzende Rolle. Somit entsteht bei der Modellbildung eine Beziehung zwischen dem System, dem Modellierer und dem Modell, die durch
die Wahrnehmung des Modellierers und seine gedanklichen Vorstellungen
und sein Wissen in Bezug auf den Betrachtungsgegenstand geprägt ist
(Abb. 6). Modelle sind damit immer individuelle Lösungen eines Modellierers für einen bestimmten Zweck. Würde eine Modellierungsaufgabe
von zwei unterschiedlichen Personen gelöst, so entstünden in der Regel
zwei unterschiedliche Modelle, die beide für die Problemlösung geeignet
sein können.

Die in den vorherigen Abschnitten dargestellten Aspekte werden in der
Modelltheorie ähnlich diskutiert und in diesem Buch in Anlehnung an Stachowiak (1973) als die Modelleigenschaften *Abbildungsmerkmal*, *Verkürzungsmerkmal* und *pragmatisches Merkmal* benannt, die den Gültigkeits-
bereich eines Modells einschränken. So ist bei der Anwendung eines Modells zu berücksichtigen, welches Originalsystem das Modell beschreibt
(Abbildungsmerkmal). Weiter erfassen Modelle im Allgemeinen nicht alle
Attribute der durch sie repräsentierten Originale, sondern nur solche, die

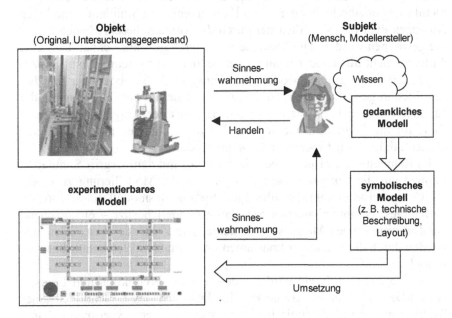

Abb. 6. Subjekt-Objekt-Modell-Beziehung (in Anlehnung an VDI 2014, S. 11)

dem Modellierer relevant erscheinen (Verkürzungsmerkmal). Zudem erfolgt – wie gerade dargelegt – die Modellbildung durch bestimmte Modellersteller für bestimmte Modellnutzer (Subjektgebundenheit), für eine bestimmte Aufgabe (Zweckgebundenheit) und für einen bestimmten Anwen-
dungszeitraum (Zeitgebundenheit). Subjekt-, Zweck- und Zeitgebundenheit werden als pragmatisches Merkmal zusammengefasst.

Aus den obigen Ausführungen wird deutlich, dass die Modellbildung
ein anspruchsvoller Prozess ist, der ein systematisches und sorgfältiges
Vorgehen erfordert. Die Vorgehensweise zur Modellierung von Produk-
tions- und Logistiksystemen wird daher in Abschnitt 5.3 ausführlicher diskutiert.

2.3   Simulation, Simulationsmodell und Simulations-experiment

Auf der Basis des Modellbegriffes aus Abschnitt 2.2.2 stellen *Simulationsmodelle* vereinfachte Abbilder einer Realität dar und verhalten sich bezüglich der untersuchungsrelevanten Aspekte weitgehend analog zum geplanten oder realen System. In Erweiterung dieses Begriffes handelt es sich bei
Simulationsmodellen um ablauffähige Modelle zur experimentellen Analyse der dynamischen Zusammenhänge in Systemen. *Simulation* ist eine Problemlösungsmethode, bei der durch Experimente mit Simulationsmodellen
Aussagen über das Verhalten der durch die Modelle beschriebenen Systeme gewonnen werden. Die Methode ist dadurch gekennzeichnet, dass eine
Aufgabe nicht direkt oder nicht ausschließlich am System gelöst, sondern
unter Verwendung eines Modells bearbeitet wird. Auf Basis der mit diesem Modell gewonnenen Ergebnisse muss wiederum eine Übertragung der
Erkenntnisse auf das System erfolgen. Die aus der Aufgabe abgeleiteten
Ziele für die Simulation werden durch Untersuchungen mit dem Modell
erreicht, d. h. durch *Experimentieren* am Modell.

Im Rahmen dieses Buches beziehen wir uns mit dem Begriff Simulation
implizit auf die *Computersimulation*, bei der die Modellierung zu einem
als Computerprogramm ablauffähigen Simulationsmodell führt. Ein ablauffähiges, computerbasiertes Simulationsmodell besitzt – entsprechend
der Definition eines Modells – Elemente. Die Zustände dieser Elemente
werden durch die Werte der konstanten und variablen Elementattribute beschrieben.

Der Begriff *Simulation* wird für den Bereich Produktion und Logistik
vom VDI wie folgt konkretisiert: Simulation ist das „Nachbilden eines
Systems mit seinen dynamischen Prozessen in einem experimentierbaren

Modell, um zu Erkenntnissen zu gelangen, die auf die Wirklichkeit über-
tragbar sind" (VDI 2014, S. 3). An gleicher Stelle wird ergänzt: „Insbesondere werden die Prozesse über die Zeit entwickelt". Mit diesem Zusatz
grenzt die VDI-Richtlinie den Begriff Simulation zu den rein statischen
Analysen ab, bei denen die Dynamik des Systems nicht explizit mit Hilfe
eines ablauffähigen Modells abgebildet wird. Ein Beispiel für statische
Analysen sind einfache Tabellenkalkulationsanwendungen, z. B. zur Ermittlung der durchschnittlichen Belegung der Pufferplätze in der PC-Fertigung. Mit der Entwicklung der Prozesse über die Zeit ist es möglich, auch
gleichzeitig unabhängig voneinander ablaufende (nebenläufige) Prozesse
und ihre Synchronisation zu betrachten. Der Vollständigkeit halber sei an-
gemerkt, dass es auch Simulationsmethoden gibt, bei denen die Zeit nicht
explizit abgebildet wird (z. B. die Monte-Carlo-Simulation, vgl. Domschke
et al. 2015, S. 234), die aber in diesem Buch nicht weiter behandelt werden.

Der Begriff *experimentierbar* in obiger Definition gibt einen Hinweis
auf die Art und Weise der Untersuchung. Als Experiment kann dabei jegli-
che Aktivität verstanden werden, die wir durchführen können und deren
Ergebnis vorab nicht bekannt ist (vgl. z. B. Kelton et al. 2015, S. 579). Als
Simulationsexperiment wird nach VDI 2014 die gezielte empirische Untersuchung des Modellverhaltens auf der Basis wiederholter Simulationsläufe
bezeichnet, wobei das Simulationsmodell systematisch hinsichtlich seiner
Parameter oder seiner Struktur variiert werden kann. Eine ähnliche Definition ist auch bei Kosturiak und Gregor (1995, S. 6) zu finden. Kelton et al.
(2015) geben zwar keine explizite Definition für den Begriff an; die Autoren bezeichnen aber auch komplexe Untersuchungen, beispielsweise mit
dem Ziel, Wechselwirkungen zwischen verschiedenen Parametern bzw.
den Einfluss einzelner Parameter herauszufinden, als ein (singuläres) Experiment. In ähnlicher Weise spricht Reinhardt (1992, S. 15) von dem *einen* Modellexperiment einer Simulationsstudie, in dem versucht wird, die
in der Aufgabenstellung formulierten Zusammenhänge sowie „Grenzberei-
che von Parametern" aufzuzeigen.

Ein *Simulationslauf* ist die Ausführung des Simulationsmodells mit einer festgelegten Parameterkonfiguration (d. h. Einstellung der Parameterwerte) über ein vorgegebenes Zeitintervall. Die erzeugten Ergebnisse für
einen Simulationslauf sind bei gleicher Parametereinstellung grundsätzlich
reproduzierbar. Die spezielle Problematik der Reproduzierbarkeit der Ergebnisse stochastischer Simulationsläufe wird in Abschnitt 4.8 diskutiert.
Die zur statistischen Sicherheit erforderliche Wiederholung eines Simulationslaufes wird als *Replikation* bezeichnet. Auf Replikationen kommen
wir im Rahmen der Experimentplanung in Abschnitt 5.5.1 zurück. Aus den

Ergebnissen von Simulationsläufen lassen sich Kennzahlen zur Bewertung des zu analysierenden Systems ermitteln (vgl. Abschnitte 2.6 und 5.6).

Die Verwendung des Begriffs Simulationsexperiment weicht in der alltäglichen Anwendung allerdings manchmal von den oben gegebenen Definitionen ab: So wird auch die Untersuchung einer einzelnen Parameterkonfiguration und damit ein einzelner Simulationslauf als Experiment bezeichnet.

In diesem Buch wird der Begriff Simulationsexperiment im Sinne der VDI-Definition verstanden. Ein Experiment umfasst also in der Regel die Untersuchung mehrerer Parameterkonfigurationen und die Durchführung mehrerer Simulationsläufe. Hierzu zählen dann auch die jeweils erforderlichen Replikationen.

Zusammenfassend lassen sich die wesentlichen Aspekte der Simulation als Problemlösungsmethode, wie sie in diesem Buch behandelt wird, folgendermaßen charakterisieren:

- Modellierung der Zeit,
- Möglichkeit zur Abbildung von Zufälligkeiten,
- Darstellung nebenläufiger Prozesse sowie deren Synchronisation,
- Bildung von Kennzahlen zur Bewertung des dynamischen Modellverhaltens,
- automatischer Ablauf der Simulation über eine vorgegebene Zeitdauer,
- Festlegung von Experimenten durch systematische Struktur- und Parametervariationen und
- Reproduzierbarkeit der Ergebnisse.

Mit Bezug auf die in Abschnitt 2.2.3 benannten Eigenschaften sind Simulationsmodelle somit experimentierbar und dynamisch. Je nach Berücksichtigung des Zufalls sind Simulationsmodelle deterministisch oder stochastisch. Hinsichtlich der Abbildung des Zeitverhaltens und der Fortschreibung der Zeit in einem Simulationsmodell werden die *kontinuierliche* und die *diskrete* Simulation unterschieden.

Die kontinuierliche Simulation – z. B. Finite-Element-Methode (FEM), Mehrkörpersimulation (MKS) oder Strömungsanalysen (Computational Fluid Dynamics, CFD) – basiert auf einer kontinuierlichen Zeitmenge. Darüber hinaus ist auch die Zustandsmenge kontinuierlich, sodass kontinuierliche Zustandsübergänge und ein kontinuierlicher Zeitfortschritt abgebildet werden (vgl. Abb. 4, Fall a).

In der diskreten Simulation entstehen Zustandsänderungen zu diskreten Zeitpunkten auf Basis einer diskreten oder kontinuierlichen Zeitmenge. Bei Modellen in Produktion und Logistik, die Stückgut (diskrete Transport- und Bearbeitungseinheiten) mit diskreten Zuständen betrachten, werden in Analogie zu den Abläufen im realen System die Zustände der Modellelemente nur zu bestimmten Zeitpunkten abhängig vom Eintreten eines Ereignisses verändert (zustandsdiskrete Modelle, Abb. 4, Fall b und Fall d). Die Modellierung der Be- und Verarbeitung von Schüttgut, Gasen oder auch Flüssigkeiten beschreibt zumeist einen stetigen Veränderungsprozess, der mittels zustandskontinuierlicher, aber zeitdiskreter Modelle abgebildet werden kann (Abb. 4, Fall c).

Die methodischen Grundlagen der diskreten Simulation werden ausführlich in Kapitel 3 erläutert. Die kontinuierliche Simulation hat bei der Analyse des diskreten Materialflusses in Produktions- und Logistiksystemen hingegen eine untergeordnete Bedeutung und wird daher im Rahmen dieses Buches nicht näher betrachtet.

2.4   Visualisierung und Animation

Die Visualisierung von Simulationsmodellen und -ergebnissen ist zur Veranschaulichung von Sachverhalten und zur Schaffung einer Kommunikationsgrundlage sehr hilfreich. Visualisierung bezeichnet allgemein „die Erzeugung der grafischen Veranschaulichung von Daten und Sachverhalten durch Transformation [...] in symbolische und geometrische Information." (vgl. VDI 2009, S. 3). Sie kann statisch oder dynamisch sein (vgl. Bracht et al. 2011, S. 129-143). In den folgenden Ausführungen beziehen sich in Anlehnung an Bracht et al. (2011, S. 131) die Begriffe „statisch" und „dynamisch" auf eine nicht vorhandene oder eine vorhandene Veränderung in der Darstellung. Verbreitete statische Visualisierungen sind Histogramme, Linien-, Kreis-, Säulen-, Balken- oder Stabdiagramme, wie sie auch in der deskriptiven Statistik (vgl. Abschnitt 4.2) Verwendung finden. Ihre Anwendung wird im Rahmen der Experimentplanung und Ergebnisaufbereitung in den Abschnitten 5.5 und 5.6 dargestellt. Werden die aufgeführten Visualisierungen sukzessive zur Laufzeit aufgebaut und so die Werte einer Kenngröße fortlaufend mitprotokolliert und gleichzeitig graphisch veranschaulicht, handelt es sich um eine dynamische Visualisierung im Sinne eines *Monitorings*.

Einen besonderen Stellenwert im Rahmen der Simulation nimmt die Animation ein, die wir im Folgenden daher etwas ausführlicher erläutern wollen. Die *Animation* als dynamische Visualisierungsform wird laut VDI 3633 Blatt 11 als die „Erzeugung und Präsentation von Bildfolgen, in denen Änderungen (z. B. Zustandsänderungen oder Bewegungen von Modellelementen) einen visuellen Effekt bedingen" (VDI 2009, S. 3) bezeichnet. Visuelle Effekte sind in diesem Zusammenhang beispielsweise sich über die Zeit verändernde Positionen, Form-, Farb- oder Strukturänderungen von Modellelementen, die Änderung der Beleuchtung oder auch die Änderung der Kameraposition, -orientierung und -brennweite.

Im Kontext der ereignisdiskreten Simulation bezieht sich Animation auf die Darstellung des Modellverhaltens und damit der Bewegungsabläufe im zwei- oder dreidimensionalen Raum über die Zeit (2D- oder 3D-Animation). Sie ist aber nicht mit der Simulation als Methode zur Berechnung des Modellverhaltens zu verwechseln.

Die Umsetzung der Animationsfunktionalität erfolgt in den einzelnen Simulationswerkzeugen unterschiedlich: So kann die Animation in der Ebene (2D) oder im Raum (3D) mit eher symbolischem oder realitätsnahem – bis hin zu fotorealistischem – Charakter implementiert sein. Abbildung 7 zeigt zwei Einzelbilder (in 2D sowie in 3D) aus einer Animation einer Hochregallagersimulation. Zudem kann die Animation zeitgleich zur Simulation (parallel, online bzw. auch Simulation-concurrent Animation) oder dem Simulationslauf nachgeschaltet (Post-processed Animation, Post-run Animation oder auch Playback Animation) stattfinden. Im zweiten Fall werden die für die Animation erforderlichen Daten während des Simulationslaufes zunächst in einer sogenannten *Trace-Datei* aufgezeichnet und können anschließend beliebig oft für die Animation verwendet werden.

Die Ziele des Einsatzes der Animation in der ereignisdiskreten Simulation sind sowohl Erkenntnisgewinnung als auch Kenntnisvermittlung (vgl. z. B. Wenzel 1998, S. 21-22). Die Animation lässt sich somit zur Validie-

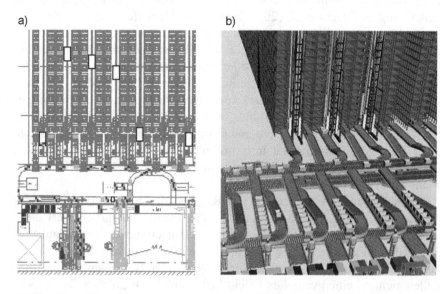

Abb. 7. Zwei Einzelbilder aus der Animation eines Hochregallagers (a) Symbole in 2D (b) Realitätsnahe 3D-Darstellung (in Anlehnung an Spieckermann 2007)

rung und Verifikation, zur Analyse des Modellverhaltens, als Kommunikationswerkzeug für Simulationsspezialisten und Planer oder Entscheider, als Präsentationswerkzeug zur Veranschaulichung der Ergebnisse – beispielsweise vor dem Management – sowie als Schulungswerkzeug einsetzen (vgl. Wenzel 1992; Law 2014, S. 189). Großeschallau und Kuhn (1985) sprechen in diesem Zusammenhang von einem Demonstrations-, Erklärungs-, Diagnose- und Validierungseffekt der Animation. Im Rahmen der Validierung und Verifikation kann mittels der Animation einerseits vergleichsweise einfach gezeigt werden, dass ein Modell nicht valide ist (vgl. Law 2014, S. 189, sowie Abschnitt 5.7.3). Andererseits kann eine geeignete Veranschaulichung des Modellverhaltens auch der Schaffung einer Vertrauensbasis in das Modell insbesondere für nicht an der Studie beteiligte Personen dienen. Der typische Effekt des Glaubens an das Gesehene besitzt auch für Animationen Gültigkeit (vgl. McHaney 1991, S. 29).

Dieser Effekt birgt allerdings einige Gefahren. So wird in der Literatur die Animation bereits beginnend mit dem Einsatz erster Animationsmodelle in der Simulation durchaus kontrovers diskutiert (vgl. Grant und Weiner 1986; Smith und Platt 1987; Johnson 1988; Schmidt 1988; Paul 1991 oder auch Witte et al. 1994, S. 195-196, sowie Wenzel 1998, S. 19-20). Gefahren der Animation basieren vor allem auf der Tatsache, dass es sich stets nur um einen eingeschränkten Einblick in das Modellverhalten handelt, der nicht als Entscheidungsgrundlage dienen und aus dem auch kein Rückschluss auf das Verhalten während anderer Zeitintervalle gezogen werden sollte. Zudem können Animationen eine nicht gegebene Detailtreue, eine nicht gegebene Modellgüte oder sogar falsche Tatsachen vorspiegeln.

Unter Berücksichtigung der genannten Risiken ist die Animation, insbesondere im Zusammenspiel mit Methoden zur statistischen Aufbereitung der erzielten Ergebnisse (vgl. Abschnitt 5.6.1) oder mit Techniken zur Validierung und Verifikation (Abschnitt 5.7.3), dennoch ein sinnvolles ergänzendes Instrumentarium.

2.5   Problemlösungsmethoden

In Abschnitt 2.3 haben wir die Simulation als eine Problemlösungsmethode mit ihren spezifischen Eigenschaften kennengelernt. Für die Lösung eines Problems im Bereich Produktion und Logistik sind natürlich nicht immer alle Charakteristika der Simulation, wie etwa die Abbildung von zeitlichen oder zufälligen Gegebenheiten, von Bedeutung. Wie wir in Abschnitt 2.5.1 sehen werden, ist es bei entsprechender Fragestellung beispielsweise sinnvoll, die Zuordnung von Lieferanten zu Lagerflächen ohne explizite Abbildung der Zeit zu betrachten.

Das Ziel der folgenden Ausführungen besteht deshalb darin, einen Überblick über weitere Problemlösungsmethoden aus dem Operations Research zu vermitteln, die für Planungsaufgaben im Bereich Produktion und Logistik Anwendung finden können. Umfassende und vertiefende Darstellungen geben beispielsweise bei Günther und Tempelmeier (2012).

Um die entsprechenden Lösungsmethoden auf eine Planungsaufgabe anwenden zu können, ist in der Regel eine Zerlegung in Teilprobleme erforderlich. Im Anwendungsbeispiel der PC-Montage können z. B. folgende Teilprobleme identifiziert werden:

- Für das Teilproblem „Layoutgestaltung der Fördertechnik" kann das Ziel formuliert werden, einen bestimmten Systemdurchsatz mit möglichst wenigen Pufferplätzen zu erreichen. Handlungsalternativen sind hier unterschiedliche Dimensionierungen der Puffer zwischen den (gegebenen) Montagestationen bei gegebenem Montageprogramm.
- Ein anderes Teilproblem ist die „Versorgung der Montagestationen" durch die Stapler. Ziel ist hier, sämtliche Transportaufträge rechtzeitig abzuschließen, um die Versorgungssicherheit zu gewährleisten. Handlungsalternativen sind z. B. die Anzahl der eingesetzten Stapler.
- Ein drittes Teilproblem ist die „Zuordnung der Lieferanten" mit ihren spezifischen Lieferumfängen zu den Logistikflächen. Ein Ziel besteht hier darin, durch geschickte Zuordnung möglichst geringe Kosten für den Transport vom Wareneingang über die Flächen zu den Montagestationen zu erhalten.

Die genannten Teilprobleme des Beispiels sind voneinander abhängig. Ist beispielsweise die Anzahl der Stapler relativ niedrig, sodass es in der Montage aufgrund von Fehlteilesituationen häufig zu Unterbrechungen kommt, hat die Lösung des Teilproblems „Versorgung der Montagestationen" einen relevanten Einfluss auf das Problem „Layoutgestaltung der Fördertechnik". In der Literatur werden Systeme aus solchen interdependenten Problemen auch als *Messes* („Durcheinander") bezeichnet (vgl. Ackoff 1979).

Im Gegensatz zu den Messes sind die sogenannten *Puzzles* durch eine exakte Problemdefinition einschließlich der Zieldefinition charakterisiert. Zu diesen Problemen zählen beispielsweise kombinatorische Optimierungsprobleme (vgl. Korte und Vygen 2008). Diese sind dadurch gekennzeichnet, dass eine Menge von diskreten Elementen (z. B. Stapler, Lieferanten und Flächen) anzuordnen, zu gruppieren oder auszuwählen ist, sodass vorgegebene Restriktionen erfüllt werden und die Lösung hinsichtlich vorgegebener Ziele möglichst gut ist. Die drei skizzierten Teilprobleme des Anwendungsbeispiels können z. B. als kombinatorische Optimierungsprobleme formuliert werden.

In den folgenden Abschnitten 2.5.1 und 2.5.2 werden Methoden der mathematischen Optimierung sowie Heuristiken vorgestellt, die häufig für kombinatorische Optimierungsprobleme eingesetzt werden. Anschließend werden warteschlangentheoretische Ansätze erläutert (Abschnitt 2.5.3). Bei allen diskutierten Lösungsmethoden wird jeweils auf die Grenzen der Anwendbarkeit eingegangen. Auf dieser Basis wird in Abschnitt 2.5.4 die Angemessenheit der Simulation als Problemlösungsmethode thematisiert.

2.5.1 Mathematische Optimierung

Ausgangspunkt der meisten im Operations Research betrachteten Problemlösungsmethoden ist ein Entscheidungsmodell im Sinne einer formalen Darstellung des betrachteten Problems inklusive einer Zielfunktion als Teil des Modells. Analytische Ansätze der mathematischen Optimierung basieren auf Modellen, die den gesamten Lösungsraum für ein Problem abbilden. Daher wird auch von einer geschlossenen Formulierung oder Optimierung gesprochen. Für viele dieser Modelle lässt sich ein Verfahren angeben, das die Modellparameter so festlegt, dass sich eine optimale Lösung ergibt.

Den Ansätzen der mathematischen Optimierung ist gemeinsam, dass die Modelle über zu maximierende oder zu minimierende Zielfunktionen sowie eine Reihe von Restriktionen formuliert werden. Mit den Restriktionen wird der Lösungsraum entsprechend den Eigenschaften des zu untersuchenden Systems eingeschränkt. Die Parameter, die vom Verfahren „eingestellt" werden sollen, werden Entscheidungsvariablen genannt. Eine (lineare) Zielfunktion $f(x)$ ordnet jeder möglichen Parameterkombination der Entscheidungsvariablen x einen festen Wert zu.

Diese wesentlichen Verfahren lassen sich wie folgt unterteilen (vgl. Domschke et al. 1997, S. 38-39):

- *Lineare Programmierung (LP)*: Alle Modellvariablen sind reelle Zahlen. Hier kommt der sogenannte Simplex-Algorithmus zur Anwendung. Er löst ein Problem nach endlich vielen Schritten exakt oder stellt dessen Unlösbarkeit fest. Der Lösungsraum kann hier als Polyeder verstanden werden, der durch die einzelnen Restriktionen definiert wird. Die Grundidee des Algorithmus besteht nun darin, ausgehend von einer beliebigen Ecke entlang der Kanten des Polyeders iterativ zu einer Ecke zu gelangen, die das Optimum darstellt (vgl. Dantzig 1966).

- *Gemischt-ganzzahlige Programmierung (Mixed Integer Programming, MIP):* Eine Teilmenge der Modellvariablen muss Ganzzahligkeitsbedingungen erfüllen. Daraus ergeben sich dann kombinatorische Optimierungsprobleme wie z. B. Zuordnungs- oder Reihenfolgeprobleme. Der bekannteste Ansatz zur Lösung solcher Probleme ist das *Branch-and-Bound*-Verfahren. Dieses Verfahren basiert auf dem Aufbau eines Entscheidungsbaums und dem systematischen Ausschließen ganzer Äste bei der Suche nach der optimalen Lösung im Baum (für erste Algorithmen vgl. Land und Doig 1960 sowie Dakin 1965).

- *Quadratische Programmierung (QP):* Die mit diesem Verfahren lösbaren Modelle enthalten neben linearen Termen auch quadratische Ausdrücke. Derartige Formulierungen können erforderlich sein, wenn nichtlineare Zusammenhänge abgebildet werden sollen, z. B. wenn die Transportkosten sowohl von der Menge als auch von der Entfernung abhängig sind.

Zur Illustration entsprechender Methoden greifen wir das Beispiel aus Abschnitt 2.1 wieder auf. Ein Teilproblem dort ist die Zuordnung von Lieferanten zu Logistikflächen. Ein Ziel bei dieser Zuordnung ist, die daraus resultierenden Fahrwege für die Stapler zu minimieren. Die Restriktionen bestehen darin, dass jeder Fläche nur ein Lieferant zugeordnet werden darf und jedem Lieferanten eine Fläche zugeordnet werden muss.

Zu bestimmen sind die Entscheidungsvariablen x_{ij}, die den Wert 1 annehmen, wenn Lieferant $i \in L$ der Logistikfläche $j \in F$ zugeordnet wird und 0 sonst. Dabei bezeichnet L die Menge aller Lieferanten und F die Menge aller Logistikflächen. Die Zielfunktion z lässt sich somit wie folgt formulieren:

$$\text{Min! } z = \sum_{i \in L} \sum_{j \in F} x_{ij} \cdot c_{ij} \tag{2.1}$$

Die Variablen c_{ij} beschreiben kalkulatorische Transportkosten, die mit der Zuordnung von Lieferant i zu Fläche j verbunden sind. Diese Transportkosten c_{ij} können vorab statisch berechnet werden. In die Berechnung gehen die Anzahl der Produkte jedes Lieferanten, produktbezogene Angaben wie Tagesbedarf und Teile pro Behälter sowie der Fahrweg zwischen Wareneingang, Logistikfläche und Verbauort ein. Weiterhin sind die folgenden Nebenbedingungen einzuführen, die den zulässigen Lösungsraum begrenzen.

$$\sum_{i \in L} x_{ij} = 1 \quad \forall j \in F \tag{2.2}$$

$$\sum_{j \in F} x_{ij} = 1 \quad \forall i \in L \tag{2.3}$$

$$x_{ij} \in \{0,1\} \qquad \forall i \in L, \forall j \in F \qquad (2.4)$$

Nebenbedingung (2.2) gewährleistet, dass jeder Fläche genau ein Lieferant zugeordnet wird. Nebenbedingung (2.3) stellt sicher, dass jeder Lieferant genau eine Fläche erhält. Nebenbedingung (2.4) macht das Modell zu einem gemischt-ganzzahligen Modell, weil die Variablen x_{ij} nur die Werte 0 und 1 einnehmen dürfen. Durch diese Art der Modellierung ist das Problem auf ein Puzzle reduziert, da exakte Problem- und Zieldefinitionen vorliegen.

Derart modellierte Probleme bilden in Verbindung mit den Eingangsdaten sogenannte Probleminstanzen. Für unser Teilproblem der Zuordnung von Lieferanten zu Logistikflächen sind die Anzahl der Lieferanten und die Transportkosten c_{ij} als Eingangsdaten anzugeben. Diese Probleminstanzen können z. B. mit Hilfe geeigneter Softwareprogramme, sogenannter Solver, gelöst werden. Beispiele für solche Solver finden sich bei Achterberg (2009). Koch et al. (2011) stellen einen Benchmark verschiedener Solver vor. Ferner stehen Modellierungsumgebungen zur Verfügung, die die Eingabe der mathematischen Modelle deutlich vereinfachen. In diesen Umgebungen lassen sich z. B. analog zur mathematischen Formulierung Konstrukte wie „für alle i aus L" nutzen. Softwarewerkzeuge zur mathematischen Optimierung werden beispielsweise bei Suhl und Mellouli (2013, S. 77-90) behandelt.

Die mathematische Optimierung als Problemlösungsmethode liefert direkt die im Sinne der Zielfunktion beste Lösung. Allerdings sind mit ihrer Anwendung zwei Probleme verbunden, die ihren Einsatz ineffizient oder unmöglich werden lassen können:

- Mit steigender Komplexität der Problemstellungen wird es immer schwieriger, überhaupt eine geschlossene Formulierung zu finden. Beispielsweise führt bereits die einfache Forderung, dass bestimmten Lieferanten benachbarte Flächen zugewiesen werden sollen, zu einer wesentlich umfangreicheren Modellformulierung mit deutlich mehr Nebenbedingungen.
- Mit steigender Probleminstanzgröße, beispielsweise bei steigender Anzahl von Lieferanten, steigt die Laufzeit zur Ermittlung der optimalen Lösung. Problematisch wird dies insbesondere, wenn die Laufzeit exponentiell zur Probleminstanzgröße wächst, was bei der Mehrzahl der kombinatorischen Optimierungsprobleme der Fall ist.

Das wird auch am Beispiel der Zuordnung von Lieferanten und Flächen deutlich. Der einfachste Lösungsansatz besteht darin, sämtliche möglichen Lösungen zu überprüfen. Dieses Verfahren wird als *vollständige Enume-*

ration bezeichnet. In unserem Beispiel sind bei n Lieferanten $n!$ mögliche Lösungen zu überprüfen.

Gehen wir davon aus, dass unser Computer in jeder Sekunde eine Million möglicher Lösungen auswerten kann, so benötigt er für elf Lieferanten 40 Sekunden, für 14 Lieferanten aber bereits einen Tag. Für die 18 Lieferanten des Beispiels würde das Verfahren 203 Jahre benötigen.

Tatsächlich benötigen gängige Solver für die Probleminstanz mit 18 Lieferanten weniger als eine Sekunde. Dies liegt an den implementierten Verfahren, die gerade nicht alle Lösungen auswerten müssen, sondern im Verfahrensverlauf ganze Bereiche des Lösungsraums von weiteren Untersuchungen ausschließen können. Das Grundproblem exponentiell wachsender Rechenzeiten besteht zwar weiterhin, macht sich aber erst bei deutlich größeren Probleminstanzen bemerkbar.

2.5.2 Heuristiken

Für große Probleminstanzen, für die Solver oder individuelle Optimierungsalgorithmen hinsichtlich Laufzeit oder Speicherbedarf ihre Grenzen erreichen, und für Problemstellungen, für die eine geschlossene mathematische Formulierung nicht oder nur mit hohem Aufwand erstellt werden kann, sind verschiedene, zumeist problemspezifische *Heuristiken* als Lösungsverfahren entwickelt worden. Heuristiken sind Algorithmen, die keine optimale Lösung gewährleisten, die aber gute Ergebnisse erwarten lassen. Für die folgenden Heuristiken kann der gesamte Lösungsraum modellseitig abgebildet werden, auch wenn nicht alle Lösungen im Lösungsverfahren betrachtet werden. Heuristiken lassen sich prinzipiell in Eröffnungsverfahren und Verbesserungsverfahren unterscheiden.

Eröffnungsverfahren bauen orientiert an der Zielfunktion eine zulässige Lösung nach vorgegebenen Regeln auf. Ein einfaches Verfahren für das in Abschnitt 2.5.1 eingeführte Beispiel der Zuordnung von Lieferanten zu Logistikflächen besteht darin, zunächst eine Liste mit noch nicht zugeordneten (offenen) Flächen zu generieren. Anschließend wird die Liste der Lieferanten einmal durchlaufen. Hierbei wird dem aktuell betrachteten Lieferanten k die Fläche j aus der Liste der offenen Flächen mit minimalen kalkulatorischen Transportkosten c_{kj} zugeordnet. Die gewählte Fläche j wird gleichzeitig aus der Liste der offenen Flächen gestrichen. Eröffnungsverfahren werden, wie sich schon aus dem Namen ergibt, häufig verwendet, um eine Startlösung für im Anschluss zum Einsatz kommende Verbesserungsverfahren zu schaffen.

Verbesserungsverfahren beginnen mit einer oder mehreren Startlösungen und versuchen, diese durch Änderung der Parametereinstellungen sukzessive zu verbessern. Grundsätzlich lassen sich zwei Ansätze unterscheiden:

- Betrachtung immer einer aktuellen Lösung und Verbesserung dieser Lösung durch regelbasierte Veränderung der aktuellen Parametereinstellung (lokale Suche).
- Betrachtung einer Menge von Lösungen und Kombination der Eigenschaften von zwei oder mehreren Lösungen dieser Menge. Dadurch sollen die guten Eigenschaften dieser Lösungen zu einer noch besseren Lösung führen. Ein Beispiel für diesen Ansatz sind genetische Algorithmen. Dieses iterative Verfahren (Holland 1975) basiert zudem auf dem Grundsatz des *Survival of the Fittest*, d. h. schlechte Lösungen haben nur eine geringe Überlebenschance in der Population, und gute Lösungen setzen sich durch.

Lokal ist ein Verbesserungsverfahren, wenn man von einer bestimmten Parametereinstellung ausgeht und regelbasiert nur jeweils eine einzelne Änderung der aktuellen Parametereinstellung vornimmt. Eine solche Änderung definiert den Übergang zu einer sogenannten Nachbarlösung. Über die *Nachbarschaftsdefinition* wird festgelegt, welche Nachbarn zu einer Lösung gehören bzw. erreichbar sind. Für das Anwendungsbeispiel aus Abschnitt 2.1 und der bereits in Abschnitt 2.5.1 dargestellten Problematik der Zuordnung von Lieferanten zu Flächen könnte die Nachbarschaft durch den Tausch der Flächen zwischen jeweils zwei Lieferanten definiert werden. Wenn zumindest eine der Nachbarlösungen zu einem besseren Ergebnis führt, nimmt man die beste Nachbarlösung als neue Startlösung. Sobald kein Nachbar mehr gefunden werden kann, für den sich eine Verbesserung einstellt, terminiert der Algorithmus. Dieser Ansatz wird als *Methode des steilsten Abstiegs* („Steepest Descent") bezeichnet.

Welche Lösung das Verfahren als lokales Optimum ermittelt, hängt maßgeblich von der gewählten Startlösung ab. Zur Verdeutlichung zeigt Abbildung 8 den Lösungsraum eines einfachen Beispiels mit zwei Parametern x und y. Startet man eine lokale Suche nach dem Maximum mit $x = 1$ und $y = 2$ und definiert die Nachbarschaft als Inkrementieren bzw. Dekrementieren der beiden Parameter, so findet man nicht die beste dargestellte Lösung, sondern nur ein lokales Optimum.

Um dem globalen Optimum zumindest näher zu kommen (und lokale "Fallen" zu überwinden), können sogenannte *Meta-Heuristiken* eingesetzt werden, die der lokalen Suche überlagert sind und sie steuern (vgl. Reeves 1993 sowie Glover und Kochenberger 2003). Zu diesen Verfahren gehören z. B. *Simulated Annealing, Tabu Search* und *genetische Algorithmen*. Diese Verfahren lassen sich vergleichsweise leicht auf neue Problemstellungen anpassen. Meta-Heuristiken finden auch Anwendung in der sogenann-

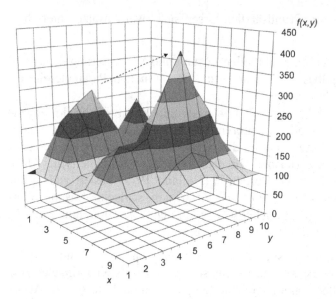

Abb. 8. Beispiel für einen Lösungsraum mit einem globalen und zwei lokalen Maxima

ten simulationsunterstützten Optimierung. Wir werden diese Verfahren.daher noch einmal in Kap. 7.2 aufgreifen und näher erläutern.

2.5.3 Warteschlangentheoretische Ansätze

Mit Hilfe von Warteschlangenmodellen werden Systeme abgebildet, bei denen ankommende „Kunden" Leistungen von einem oder mehreren „Bedienern" in Anspruch nehmen möchten, wobei die Begriffe „Kunde" und „Bediener" nicht wörtlich zu nehmen sind (für die Terminologie in Warteschlangensystemen vgl. Domschke et al. 2015, S. 219). Beispielsweise könnten die Bediener Werkzeugmaschinen und die Kunden die dort zur Bearbeitung eintreffenden Werkstücke sein. Eintreffende Kunden reihen sich in eine Warteschlange ein, wenn sie nicht sofort bedient werden können, weil alle Bediener beschäftigt sind. Die charakterisierenden Größen für Warteschlangensysteme sind das Kundenverhalten, abgebildet durch die Zeit zwischen dem Eintreffen zweier Kunden (*Zwischenankunftszeit*) und ihre Verteilung A, das durch eine Bedienzeitverteilung B beschriebene Verhalten der Bediener (für eine Einführung von Zufallsvariablen und statistischen Verteilungen vgl. Abschnitt 4.4), die Anzahl paralleler Bedienstationen s, die maximal zulässige Warteschlangenlänge C, die maximale Anzahl ankommender Kunden o sowie das Auswahlprinzip für den nächsten Kunden aus der Warteschlange q. Kendall (1951) hat dafür die zusammenfassende Schreibweise $A/B/s/C/o/q$ eingeführt, die sich de facto als Standard zur Notation von Warteschlangensystemen etabliert hat. Allgemeine Einführungen in Warteschlangensysteme und die entsprechenden theoretischen Grundlagen finden sich in Gross et al. (2008) sowie in Neumann und Morlock (2002).

Es gibt eine Reihe von Anwendungen der Warteschlangensysteme zur Modellierung von Produktionsabläufen. Eine umfassende Sammlung von Beispielen findet sich etwa in Smith und Tan (2013). In zahlreichen Anwendungsfällen werden Varianten von sogenannten Fließproduktionssystemen (FPS; vgl. Günther und Tempelmeier 2012, S. 92-106) untersucht, die durch eine lineare Anordnung von Arbeitssystemen (Arbeitsstationen) des herzustellenden Produktes gekennzeichnet sind. In unserem Beispiel der PC-Fertigung würde sich bei isolierter Betrachtung der Stationen „M1" bis „P2" ohne die zurückführende Fördertechnik ein Fließproduktionssystem mit linearer Anordnung der Stationen ergeben (vgl. Abb. 9).

Zur Analyse von FPS werden in vielen Fällen sogenannte *offene Warteschlangennetzwerke* (*Open Queueing Networks*, OQN) verwendet. Den auf diesen OQNs basierenden Modellen von FPS werden typischerweise einige gemeinsame Annahmen zugrunde gelegt:

- Es wird angenommen, dass die Systeme einen eingeschwungenen Zustand erreichen (*Steady State*, vgl. Abschnitt 5.5.4).
- Die Zeit für den Transport von Station zu Station kann vernachlässigt werden.
- Sämtliche Ausfälle betreffen immer nur einzelne Stationen (und nie mehrere Stationen gleichzeitig). Störungen können nur auftreten, wenn eine Station arbeitet (vgl. Abschnitt 6.2 für die Diskussion nutzungsabhängiger versus zeitabhängiger Störungen).
- Es gibt keine fehlerhafte Bearbeitung von Werkstücken. Dementsprechend werden weder Ausschuss noch Nacharbeit in den Modellen berücksichtigt.
- Die Bearbeitung aller Werkstücke erfolgt nach dem Prinzip „First In – First Out" (FIFO).
- Personal wird nicht berücksichtigt. Es wird also angenommen, dass stets genug Personal, z. B. für die Instandsetzung gestörter Stationen, zur Verfügung steht.

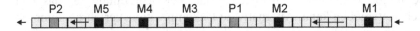

Abb. 9. Teilbereich der PC-Fertigung als FPS mit linearer Stationsanordnung

Neben diesen Gemeinsamkeiten gibt es eine Reihe von Unterscheidungs-
merkmalen der mit OQN modellierten Systeme (vgl. Papadopolous et al.
1993): Betrachtet werden demnach Systeme mit kontinuierlichem oder mit
diskontinuierlichem Materialfluss, mit homogenen (an allen Stationen
identischen) oder inhomogenen (von Station zu Station unterschiedlichen)
Bearbeitungszeiten und balancierte Systeme (alle Puffer besitzen dieselbe
Kapazität oder unbalancierte Systeme (die Puffergrößen unterscheiden
sich). Je nach Berücksichtigung des Störungsverhaltens wird in Modelle
mit unzuverlässigen („unreliable") und Modelle mit zuverlässigen
(„reliable") Stationen unterschieden.

Bei der Untersuchung von FPS gibt es zum einen die Frage nach der
geeigneten Auslegung des Systems (Leistungsabstimmung), zum anderen
die Frage nach der Ermittlung von Kennzahlen wie Durchsatz, Durchlaufzeit oder Warteschlangenlängen für das FPS (Leistungsanalyse oder Leistungsbewertung; zu Kennzahlen von Produktions- und Logistiksystemen
vgl. auch Abschnitt 2.6). Bestandteil der Leistungsabstimmung sind die
Festlegung der Stationsanzahl der Linie sowie die Verteilung der Arbeits-
inhalte auf die Stationen im Rahmen der sogenannten Fließbandabstim-
mung (vgl. Domschke et al. 1997, S. 181-278). Gegenstand der Leistungsanalyse ist neben der Ermittlung der genannten Kennwerte auch die Ermittlung der Anordnung der Puffer zwischen den Stationen.

Ein Ansatz zur Leistungsanalyse von FPS mit stochastisch auftretenden
Störungen ist die Verwendung von Markov-Modellen (für eine kurze Einführung vgl. Domschke et al. 2015, S. 224-229, sowie Ferschl 1973 für
eine grundlegende Darstellung). In diesen Modellen wird der Zustand der
Linie durch den Zustand der Stationen (betriebsbereit oder gestört) und der
Zustand der Puffer zwischen den Stationen durch ihre jeweilige Belegung
beschrieben.

Der Einsatz von Markov-Modellen ist allerdings nur bei FPS mit wenigen Stationen praktikabel, weil die Anzahl zu berücksichtigender Zustände
und damit der erforderliche Rechenaufwand mit zunehmender Anzahl von
Stationen und Pufferplätzen so stark ansteigen, dass größere Systeme nur
mit Hilfe von Approximationsmethoden untersucht werden können. Diese
Methoden arbeiten beispielsweise mit einer Zerlegung (Dekomposition)
einer Linie in Teilsysteme aus zwei oder drei Stationen, die mit vertretbarem Aufwand exakt analysiert werden können.

Vereinfachende Annahmen dieser Dekompositionsansätze sind, dass die
erste Station jedes Teilsystems immer mit Teilen versorgt wird und die
letzte Station jedes Teilsystems nach Ablauf der Bearbeitungszeit das Teil
immer weitergeben kann. Alternativ zu Dekompositionsverfahren kommen
Aggregationsverfahren zum Einsatz, die darauf basieren, jeweils zwei Stationen mit einem zwischengelagerten Puffer in eine hierzu (näherungs-

weise) äquivalente Station zu überführen. Dieser Schritt wird solange wiederholt, bis nur noch eine einzige Station existiert, die einfach zu analysieren ist. Beide Näherungsverfahren (Dekomposition und Aggregation) führen in vielen Fällen zu guten Annäherungen an die tatsächlichen Leis-
tungswerte des betrachteten FPS, wofür etwa Kuhn und Tempelmeier
(1997) sowie Strelen et al. (1998) Beispiele geben.

Die Dekompositions- und Aggregationsverfahren lassen sich auch auf
andere Stationsanordnungen erweitern. Diese sind aber typischerweise auf
baumartige bzw. konvergierende Strukturen beschränkt (für Stationsanordnungen in Produktionssystemen vgl. Günther und Tempelmeier 2012,
S. 10-21).

Ähnlich wie im Bereich der mathematischen Optimierung sind auch für
die warteschlangenbasierte Leistungsabstimmung und Leistungsbewertung
von Produktionssystemen leistungsfähige Softwarewerkzeuge kommerziell
verfügbar (vgl. Tempelmeier 2003).

Die Grenzen in der Anwendung derartiger Softwarewerkzeuge im Speziellen und warteschlangenbasierter Ansätze im Allgemeinen resultieren
aus den jeweils zugrunde liegenden Annahmen. Diese beschränkenden Annahmen können sich beispielsweise darauf beziehen, dass Stationen nicht
zyklisch angeordnet sein dürfen oder dass Transportzeiten und zu verbau-
endes Material nicht berücksichtigt werden können. In der praktischen Anwendung sind diese Beschränkungen ein wesentlicher Grund, anstelle von
Warteschlangen die Simulation als Problemlösungsmethode bereits für relativ einfache Problemstellungen heranzuziehen.

2.5.4 Angemessenheit der Simulation als Problemlösungs-methode

Wie in den obigen Abschnitten erläutert, existieren unterschiedliche Problemlösungsmethoden, die an Stelle der Simulation oder ergänzend eingesetzt werden können. Damit stellt sich die Frage, wann welche Problemlösungsmethode zum Einsatz kommen soll. Die Grenzen der Anwendung der
verschiedenen Methoden haben wir mit Ausnahme der Simulation in den
Abschnitten 2.5.1 bis 2.5.3 erläutert. Aus diesem Grund wird im Folgenden die Angemessenheit des Einsatzes der Simulation näher beleuchtet.

Betrachten wir beispielsweise komplexe Systeme, so kann zwar oftmals
eine Zerlegung in Teilprobleme vorgenommen werden und deren Lösung
gegebenenfalls mittels mathematischer Optimierung erfolgen. Die Auswirkung der Lösungen der Teilprobleme auf das Gesamtsystem ist damit jedoch nicht bestimmt. Sind Abhängigkeiten zwischen Teilproblemen aber
vielfältig und wird ihr jeweiliger Einfluss als stark eingeschätzt, so steigt

die Notwendigkeit, Modelle zu entwickeln, die diese Abhängigkeiten explizit abbilden. Hier stoßen die Methoden der mathematischen Optimierung oder auch einfache Heuristiken typischerweise ebenso an ihre Grenzen wie Tabellenkalkulationsprogramme. Simulationsmodelle erlauben die
explizite Abbildung derartiger Abhängigkeiten und stellen zudem in aller
Regel die einzige Möglichkeit zur Berücksichtigung stochastischer
Einflüsse und des zeitlichen Verhaltens von komplexen Systemen dar.

Die Angemessenheit der Simulation als Problemlösungsmethode, die
„Adäquanz von Simulationsmodellen" (Liebl 1995, S. 195-198) oder auch
die „Simulationswürdigkeit einer Fragestellung" (VDI 2014; Wenzel et al.
2008, S. 14-16; Robinson 2014, S. 13-17) werden in der Literatur an unterschiedlichen Stellen diskutiert. Hierbei erfolgt die Diskussion über die
Festlegung der Vor- und Nachteile der Simulation, aus Sicht der Grenzen
des Experimentierens an realen Systemen oder der Nutzung anderer Problemlösungsmethoden sowie über die Risiken, die beim Verzicht der Simulation entstehen würden.

Die Fachgruppe „Simulation in Produktion und Logistik" der Arbeitsgemeinschaft Simulation (ASIM) beschreibt die Notwendigkeit des Einsatzes
der Simulation mit den Gründen „wenn Neuland beschritten wird, die
Grenzen analytischer Methoden erreicht sind, komplexe Wirkungszusam-
menhänge die menschliche Vorstellungskraft überfordern, das Experimentieren am realen System nicht möglich bzw. zu kostenintensiv ist und das
zeitliche Ablaufverhalten einer Anlage untersucht werden soll" (ASIM
1997, S. 6). Ergänzend hierzu findet sich eine Arbeitsdefinition in Wenzel
et al. (2008), S. 15: „Eine Aufgabenstellung ist immer simulationswürdig,
wenn die Lösung eines Problems nur mit der Methode Simulation gefunden werden kann. Das ist etwa der Fall, wenn dynamische Prozesse oder
stochastische Einflüsse eine nicht zu vernachlässigende Rolle in dem zu
untersuchenden System spielen. Die Simulationswürdigkeit ist ebenfalls
gegeben, wenn die Lösung mit anderen mathematischen Verfahren zwar
möglich wäre, ein Simulationsmodell die Lösung aber wesentlich erleichtert. Sind besondere Anforderungen bezüglich Kommunikation und Visualisierung der Ergebnisse gestellt, so ist die Erstellung eines Simulationsmodells durchaus auch dann zu vertreten, wenn das zugrunde liegende
Problem mit anderen Mitteln u. U. sogar einfacher und schneller zu lösen
wäre."

Insgesamt ist jedoch festzuhalten, dass die Beantwortung der Frage nach
der Angemessenheit des Einsatzes der Simulation fallbezogen im Ermes-
sen des jeweiligen Fachexperten liegt, der nach aufzuwendenden Kosten
und Zeiten, Aufgabenkomplexität, seinen eigenen Fähigkeiten in der Anwendung von Methoden, den erwarteten Ergebnisaussagen aufgrund des

Methodeneinsatzes sowie seinem eigenen Sicherheitsgefühl in Bezug auf die Richtigkeit und Beweiskraft der erzielbaren Ergebnisse entscheidet.

2.6   Typische Kennzahlen

Bei der Bewertung von Produktions- oder Logistiksystemen stellt sich die Frage, welche Kennzahlen herangezogen werden sollen. Kennzahlen sollen Sachverhalte quantitativ erfassen und der schnellen und prägnanten Information von Entscheidungsträgern dienen (Küpper und Weber 1995, S. 172). Durch sie sollen komplexe Sachverhalte in eine vereinfachte Darstellung gebracht und damit ein schneller Überblick über ein Entscheidungsfeld ermöglicht werden.

In der Literatur finden sich für einzelne Bereiche bzw. Industriezweige jeweils spezifische Definitionen von Kennzahlen und Kennzahlensystemen im Produktions- und Logistikumfeld. Neben wissenschaftlichen Arbeiten (vgl. Göpfert 2005; Rennemann 2007; Steven 2007) existieren unter anderem die VDI-Richtlinien 4400 Blatt 1 bis 3 (VDI 2001b; 2004; 2002) und 4490 (VDI 2007) sowie die VDMA-Richtlinie 66412 (VDMA 2009; 2010) für die Automobilindustrie.

Weigert et al. (2010) haben eine umfassende Bestandsaufnahme durchgeführt und kommen zu dem Ergebnis, dass allgemein gültige Definitionen von Kennzahlen in Produktion und Logistik auch künftig für die Simulation nicht gegeben sein werden. Gleichwohl lassen sich einige Kategorien solcher Kennzahlen identifizieren. Diese werden wir im Folgenden charakterisieren und konkrete Kennzahlen für das Beispiel der PC-Montage exemplarisch vorstellen. Abschließend beschäftigen wir uns in diesem Abschnitt mit (simulationsspezifischen) Aspekten der Erhebung und Betrachtung von Kennzahlen im Zeitverlauf.

2.6.1   Kategorien logistischer Kennzahlen

In Anlehnung an Weigert et al. (2010) lassen sich die folgenden Kategorien für Kennzahlen im Produktions- und Logistikumfeld benennen:

- Durchsatzbezogene Kennzahlen: Der *Durchsatz* ist formal definiert als die Anzahl von Einheiten, die pro Zeitintervall eine festgelegte Grenze (einen sogenannten Messpunkt) durchlaufen. Wenn der Messpunkt einer Systemgrenze entspricht (im Beispiel also am Abnahmepunkt für fertige PCs gemessen wird), stellt der Durchsatz eine *Ausbringungsmenge* des betrachteten Systems dar.

- Durchlaufzeitbezogene Kennzahlen: Die *Durchlaufzeit* ist die Gesamt-dauer für die Erledigung einer Aufgabe, für die Start und Ende der Durchführung gemessen werden können. In unserem Beispiel kann für die Aufgabe der Nachschubversorgung die Durchlaufzeit von der Ent-stehung des Bedarfes am DLK bis zur erneuten Befüllung gemessen werden. Wie dieses Beispiel andeutet, setzen sich einzelne Aufgaben ty-pischerweise aus Transporten, Produktionsschritten und Informations-verarbeitung zusammen.

- Bestandsbezogene Kennzahlen: Der *Bestand* bezeichnet die Menge von Einheiten im System zu einem Zeitpunkt oder in einem Zeitraum. Er kann im Sinne einer Momentaufnahme zu definierten Zeitpunkten erhoben oder durch eine Auswertung aller relevanten Bewegungsdaten, z. B. der Lagerzugänge und -abgänge zwischen zwei definierten Zeit-punkten, ermittelt werden. Auch die Größe des Umlaufbestandes (*Work in Process*) kann dieser Kategorie zugeordnet werden.

- Zustandsbezogene Kennzahlen: Die *Zustandsbelegung* betrachtet die Zustände, die Ressourcen in Produktions- und Logistiksystemen in ihrer Eigenschaft als Systemelemente je nach Typ einnehmen können (vgl. Abschnitt 2.2.1). Ein einfacher Pufferplatz kann z. B. die Zustände „be-legt" und „frei" besitzen. Für jeden Zustand lässt sich der prozentuale Anteil an der insgesamt gemessenen Zeit auswerten. Alternativ kann eine Kennzahl angeben, wie oft ein Zustand in einem Zeitintervall auf-getreten ist (etwa das Auftreten des Zustands „Warten auf Bauteil" an einer Montagestation).

- Auslastungsbezogene Kennzahlen: Die *Auslastung* ist eine aus der Zu-standsbelegung abgeleitete Kennzahl. Sie gibt den prozentualen Anteil derjenigen Zustände an der Dauer des betrachteten Zeitintervalls an, die dem Zweck der Ressource entsprechen (z. B. „belegt" oder „arbeitend").

- Terminbezogene Kennzahlen: Ein *Termin* bezeichnet zunächst einen Zeitpunkt, z. B. für die Auftragsfertigstellung. Diese Kategorie umfasst beispielsweise Kennzahlen zur Termineinhaltung oder Lieferservicegra-de. So beschreibt der mengenorientierte Lieferservicegrad beispiels-weise den prozentualen Anteil der termingerechten Auslieferungsmenge an der Gesamtnachfragemenge.

Zwischen den bestands- und durchlaufzeitbezogenen Kennzahlen gibt es einen ebenso einfachen wie wichtigen Zusammenhang: Beide verhalten sich proportional zueinander. Bei ansonsten unveränderten Bedingungen führt steigender Bestand zwangsläufig zu steigender Durchlaufzeit und umgekehrt (Little's Law, vgl. Little 1961).

Monetäre Größen sind in der obigen Kategorisierung nicht enthalten. Diese können beispielsweise über die Verrechnung von Arbeitszeiten mit entsprechenden Kostensätzen zusätzlich erhoben werden und ermöglichen einen Vergleich von Alternativen auf Basis von Kosten. Eine vertiefte Darstellung monetärer Kennzahlen für die Simulation findet sich z. B. in Wunderlich (2002) sowie in der VDI-Richtlinie 3633 Blatt 7 (VDI 2001a).

Aufgrund der fachbezogenen Sichten und der daraus resultierenden definitorischen Unterschiede ist es grundsätzlich erforderlich, die Kennzahlen anwendungsbezogen möglichst eindeutig zu spezifizieren. Eine solche Spezifikation sollte dabei die folgenden Angaben enthalten:

- Ereignis mit Einfluss auf die Kenngröße (z. B. Beginn der Bearbeitung an einer Station),
- Systemelement, an dem die Erfassung erfolgt (z. B. Puffereingang oder Maschine) und
- Systemelement, das ein Ereignis auslöst (z. B. Palette oder Auftrag).

Einige Kennzahlen erfordern die Angabe von mehreren Ereignissen oder Systemelementen. So sind beispielsweise für durchlaufzeitbezogene Kennzahlen immer zwei Systemelemente (Orte für Start und Ende der betrachteten Aufgabe) mit den jeweiligen Ereignissen zu benennen. Für die Zustandsbelegung von Ressourcen sind für jeden Zustand ebenfalls zwei Ereignisse relevant, die den Startzeitpunkt und den Endzeitpunkt des jeweiligen Zustands angeben. Dabei fällt der Startzeitpunkt eines Zustands immer mit dem Endzeitpunkt des vorherigen Zustands zusammen.

Sofern Ressourcen definierte Pausenzeiten besitzen, ist zudem explizit anzugeben, ob alle aus Start- und Endzeitpunkten berechneten Zeiten, wie insbesondere die durchlaufzeitbezogenen Kennzahlen, um die entsprechenden Zeitanteile von Pausen bereinigt werden müssen oder nicht. Betrachten wir beispielsweise einen Montageauftrag, der um 22 Uhr begonnen und am Folgetag um 10 Uhr beendet wird, dann ergibt sich eine rechnerische Durchlaufzeit von zwölf Stunden. Unter Berücksichtigung einer regulären Pause der Produktion von acht Stunden (zwischen 23 Uhr und 7 Uhr) beträgt die pausenbereinigte Durchlaufzeit aber nur vier Stunden.

Für viele der genannten Kategorien lassen sich auch in unserem Beispiel der PC-Montage Kennzahlen benennen. So ist offensichtlich der Durchsatz an fertigen PCs eine relevante Kennzahl. Diese wird an der System- oder Modellgrenze ermittelt, also immer wenn ein PC den Abgabepunkt der Fördertechnik passiert. Der Durchsatz an verbauten Komponenten könnte ebenfalls von Interesse sein (gemessen an den Montagestationen bei Start des Einbaus).

Für die Durchlaufzeit durch die Montage sind der Zeitpunkt der Aufgabe eines PC-Gehäuses am Aufgabepunkt sowie der Zeitpunkt der Abnahme am Abnahmepunkt der Montage für jeden PC zu protokollieren und auszuwerten. Dies geschieht im einfachsten Fall durch Subtraktion, kann aber auch deutlich aufwendiger werden, wenn – wie eben beschrieben – Schicht- und Pausenzeiten zu berücksichtigen sind. Zustandsbelegungen (oder vereinfacht die Auslastung) könnten z. B. für die Ressourcen Montagestationen, Stapler, Puffer der Fördertechnik, Batterieladestation und WE-Tor ermittelt werden. Für die Montagestationen könnten z. B. die folgenden Zustände unterschieden werden:

- „Wartend", d. h. leer (kein PC in der Station),
- „Arbeitend" (PC in der Station und in Bearbeitung),
- „Blockiert", sobald der hinter der Station liegende Puffer voll ist und der in der Station fertig bearbeitete PC nicht weitergegeben werden kann,
- „Gestört" (durch Fehler der Montagevorrichtung),
- „Wartend auf Fehlteil", wenn eine zu verbauende Komponente an einer Montagestation nicht vorliegt oder
- „Pausiert" (durch Beginn einer regulär vorgesehenen Pause).

Analog lassen sich die Zustände der anderen Ressourcen definieren. In vielen praktischen Anwendungen werden insbesondere Pufferinhalte als Zustandsbelegung ausgewertet. Die Zustände sind durch die jeweils belegte Anzahl an Pufferplätzen definiert. Wir kommen darauf in einem etwas anderen Zusammenhang in Abschnitt 4.2 zurück. Die Anzahl durchgeführter Transporte durch die Stapler und die Anzahl an Fehlteilesituationen sind weitere relevante Kennzahlen für unser Beispiel.

2.6.2 Kennzahlen im Zeitverlauf

Wie in Abschnitt 2.3 diskutiert, ist die Abbildung der Zeit ein wesentliches Merkmal der Simulation. Daher ist gerade die Auswertung einzelner Kennzahlen bezüglich der zeitlichen Dimension von hohem Interesse, um z. B. Schwankungen des Durchsatzes im Zeitverlauf analysieren zu können. Hierzu sind disjunkte *Zeitintervalle* gleicher Größe, beispielsweise von einer Stunde oder einem Tag, zu definieren, innerhalb derer Kennzahlen erhoben bzw. ausgewertet werden.

Kennzahlen, wie z. B. die Anzahl transportierter Mengen, deren Erhebung an Messpunkten durch Zählungen erfolgt, können für fest definierte Zeitintervalle (z. B. pro Stunde, Schicht, Tag, Woche, Monat oder Jahr) jeweils direkt als Summe erhoben bzw. ausgewertet werden. Durch Summierung der Werte über mehrere Zeitintervalle hinweg können für bestimmte Kennzahlen anschließend neue aggregierte Kennzahlen gebildet werden.

Zustandsbelegungen können ebenfalls für definierte Zeitintervalle ausgewertet werden. Da Zustandsänderungen aber nur sehr selten mit dem Startzeitpunkt eines neuen Zeitintervalls zusammenfallen, ist die Erhebung entsprechender Kennzahlen nicht ganz so einfach wie das Zählen an Messpunkten. Gehen wir beispielsweise von einem zeitlichen Verlauf von Zustandsbelegungen aus, wie er in Tabelle 2 dargestellt ist, so kann eine Auswertung der relativen Zustandsbelegung durch Summation aller Zeitanteile pro Zustand und der jeweiligen Division durch die Gesamtzeit von drei Stunden erfolgen.

Soll jetzt die Zustandsbelegung für Zeitintervalle von jeweils einer Stunde erfolgen, so sind die in Spalte „Dauer" angegebenen Einzelwerte einiger Zeilen zu „splitten", wobei ein Teil dem Zeitintervall i und der Rest dem folgenden Zeitintervall $i + 1$ zuzuordnen ist. Das erste Beispiel stellt der Zustand „Wartend" in der zweiten Zeile von Tabelle 2 dar, der von 8:47 bis 9:05 dauert. Die Gesamtdauer von 18 Minuten ist hier aufzuteilen. Ein Anteil von 13 Minuten (bis 9:00 Uhr, dem Ende des ersten Zeitintervalls) ist dem ersten Zeitintervall zuzuordnen und die restlichen fünf Minuten dem zweiten Zeitintervall. Das Ergebnis einer entsprechenden Auswertung ist in Tabelle 3 dargestellt.

Eine eindeutige und korrekte Zuordnung aller Zeitanteile zu Zeitintervallen ist somit für Zustandsbelegungen möglich. Anders verhält es sich allerdings für die Auswertung von durchlaufzeitbezogenen Kennzahlen. Bei der Zuordnung einzelner Werte zu Zeitintervallen ist hier zu definieren, welchem Zeitintervall eine einzelne Durchlaufzeit zuzuordnen ist, wenn Start- und Endzeitpunkt in verschiedene Zeitintervalle fallen.

Auf die Auswertung von Kennzahlen wird in Abschnitt 5.6 im Kontext der Experimentauswertung noch einmal hinsichtlich ihrer Verwendung in Simulationsstudien detailliert eingegangen. Für ein tiefergehendes Ver-

Tabelle 2. Beispiel für die Erfassung von Zustandsänderungen im Zeitverlauf

Zustand	Startzeitpunkt	Endzeitpunkt	Dauer [min]
Arbeitend	08:00	08:47	47
Wartend	08:47	09:05	18
Arbeitend	09:05	09:30	25
Blockiert	09:30	09:35	5
Arbeitend	09:35	09:45	10
Pausiert	09:45	10:15	30
Arbeitend	10:15	10:30	15
Wartend auf Fehlteil	10:30	10:33	3
Arbeitend	10:33	11:00	27

Tabelle 3. Beispiel für die Auswertung einer Zustandsbelegung im Zeitverlauf

	Gesamt		8:00 – 9:00		9:00 – 10:00		10:00 – 11:00	
Zustand	absolut [min]	relativ [%]	absolut [min]	relativ [%]	absolut [min]	relativ [%]	absolut [min]	relativ [%]
Pausiert	30	17	0	0	15	25	15	25
Arbeitend	124	69	47	78	35	58	42	70
Wartend	18	10	13	22	5	8	0	0
Blockiert	5	3	0	0	5	8	0	0
Wartend auf Fehlteil	3	2	0	0	0	0	3	5

ständnis der dort behandelten Analysen und Interpretation von Kennzahlen sind zudem noch einige statistische Grundlagen erforderlich, die in Kapitel 4 gelegt werden.

2.7   Einsatzfelder der Simulation in Produktion und Logistik

Die Einsatzfelder von Simulation in Produktion und Logistik sind sehr vielfältig und lassen sich in unterschiedlicher Art und Weise einteilen und kategorisieren. So haben Jahangirian et al. (2010) beispielsweise mehr als 250 publizierte Simulationsstudien im Produktionsumfeld ausgewertet und diese Studien 24 verschiedenen Kategorien zugeordnet. Zu diesen Kategorien gehören beispielsweise Kapazitätsplanung, Transportmanagement, Bestandsmanagement, Lieferkettenmanagement, Auftragseinplanung, Unterstützung der Fabrikplanung und viele mehr. Bei einem Vergleich dieser Kategorien mit Aufgaben der betrieblichen Planung und Steuerung, wie sie sich etwa in Meyr et al. (2015) finden, wird schnell deutlich, dass es Einsatzbeispiele für Simulation in nahezu jedem Bereich der betrieblichen Entscheidungsfindung gibt. Eine etwas andere Einteilung von Einsatzfeldern der Simulation findet sich bei Smith (2003) sowie Negahban und Smith (2014). In diesen beiden Übersichten sind 288 publizierte Simulationsstudien aus den Jahren vor 2002 (Smith 2003) und 290 Studien aus den Jahren von 2002 bis 2013 zusammengefasst (Negahban und Smith 2014). Eingeteilt sind die ausgewählten Artikel in die zwei Hauptkategorien „Entwurf und Planung von Produktionssystemen" sowie „Betrieb von Produktionssystemen". Quellen, die sich mit der Entwicklung von Simulations*software* befassen, sind ausgeklammert. Die Zweiteilung des Simulationseinsatzes in Planung und Betrieb ist sehr nah an der in VDI (2014, S. 6-9) vorgenommenen Dreiteilung des Simulationseinsatzes entlang des Lebenszyklus von Produktionssystemen in Planungs-, Realisierungs- und Betriebsphase.

Der Abgleich dieser Dreiteilung mit den vor allem in Jahangirian et al. (2010) und Smith (2003) zusammengetragenen Studien zeigt, dass rund 80 % der Anwendungsfälle in den Bereich der Planung von Produktions- und Logistiksystemen fallen. Von den verbleibenden 20 % ist wiederum der größere Anteil der Realisierungsphase (virtuelle Inbetriebnahme, Emulation) zuzuordnen. Diese Verteilung deckt sich auch mit den Erfahrungen der Autoren, sodass wir uns im Folgenden auf die Simulation in der Planungsphase konzentrieren. Die Simulation in der Realisierungs- und der Betriebsphase weist einige Besonderheiten auf, die wir in den Abschnitten 7.3 und 7.4 näher erläutern.

Eine wesentliche Aufgabenstellung der Simulation in der Planungsphase ist die Untersuchung, ob sich die gemäß der Planung zu erwartenden Kennzahlen wie Durchsatz und Ressourcenauslastung (vgl. Abschnitt 2.6) mit Hilfe der Simulation bestätigen lassen. Aufgaben für die Simulation können beispielsweise in der Überprüfung der Planungsziele in einer frühen Projektphase, in der Absicherung des detaillierten Planungsergebnisses vor der Ausschreibung der Anlagentechnik, in der Unterstützung der Inbetriebnahme oder in der späteren Untersuchung von möglichen Systemverbesserungen bestehen. Insbesondere in der Automobilindustrie, auf die wir im weiteren Verlauf dieses Abschnittes noch einmal zurückkommen, geht der planungsbegleitende Einsatz von Simulation mittlerweile sehr weit (vgl. Mayer und Spieckermann 2010; Williams und Ülgen 2012b).

Neben der Differenzierung des Simulationseinsatzes entlang des Lebenszyklus von Produktions- und Logistiksystemen lässt sich dieser auch danach unterscheiden, was als Betrachtungsebene definiert wird und wie detailliert die Betrachtung erfolgt oder, um die in Abschnitt 2.2 eingeführten Grundbegriffe der System- und Modelltheorie wieder aufzugreifen, wie die Systemgrenzen gezogen und wie fein die Systemelemente gegliedert werden. Abbildung 10 veranschaulicht typische Betrachtungsebenen für die Simulationsanwendung in Produktion und Logistik (für eine Darstellung mit zusätzlichen Ebenen vgl. Bracht und Hagemann 1998, S. 346). Der Umfang des modellierten Systems kann von der einzelnen, unter Umständen nur wenige Maschinen umfassenden Linie über einen kompletten Fertigungs- oder Logistikstandort bis zu standortübergreifenden Lieferketten reichen. Unser Beispiel aus Abschnitt 2.1 ist dabei der untersten Ebene zuzuordnen, da ja beispielsweise die Anlieferung durch Lkw am Standort oder die Verpackung und der Versand der fertig montierten PCs explizit nicht Bestandteil der Betrachtung sind. Während es auf der Ebene der

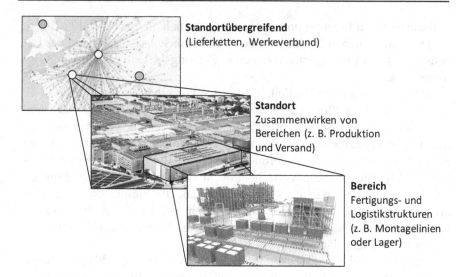

Standortübergreifend
(Lieferketten, Werkeverbund)

Standort
Zusammenwirken von
Bereichen (z. B. Produktion
und Versand)

Bereich
Fertigungs- und
Logistikstrukturen
(z. B. Montagelinien
oder Lager)

Abb. 10. Veranschaulichung typischer Betrachtungsebenen in Simulationsstudien

Standorte und auf der Ebene der Bereiche überwiegend um Kennzahlen
wie Durchsatz und Ressourcenauslastung geht, stehen bei der Untersuchung von Lieferketten oftmals Bestände und Termine sowie sich daraus
ergebende Servicegrade im Mittelpunkt.

Einsatzfelder für Simulation finden sich in nahezu allen Industriesekto-
ren und, wenn die Distributionslogistik als wichtiges Einsatzgebiet in die
Betrachtung einbezogen wird, auch im Handel (vgl. Gu et al. 2010). Dennoch lassen sich Schwerpunkte in der Anwendung bezüglich Branchen
identifizieren (vgl. Semini et al. 2006; Negahban und Smith 2014). Eine
Vielzahl von Anwendungen gibt es in der Automobilindustrie, in der regelmäßig in vergleichsweise hoch automatisierte Fertigungs- und Logistikanlagen investiert wird. Bei vielen Automobilherstellern und auch bei zahlreichen Zulieferunternehmen gibt es hausintern Abteilungen, die für die
Durchführung von Simulationsstudien verantwortlich sind. In Deutschland
werden beispielsweise unter dem Dach des Verbandes der Automobilindustrie (VDA) eine Reihe von Entwicklungen und Standardisierungen
vorangetrieben (vgl. Mayer und Pöge 2010). Sehr viele Anwendungen finden sich ferner in der Halbleiterindustrie, auch wenn die Bedeutung dieser
Branche und damit die Anzahl entsprechender Studien in Deutschland
nicht ganz so hoch ist. Die Abläufe in der Halbleiterfertigung sind im Vergleich zu vielen anderen Branchen aufgrund einer sehr großen Anzahl von
Arbeitsschritten, die stochastischen Einflüssen unterliegen, deutlich komplexer. Da darüber hinaus die Investitionen für die erforderliche Fabrikaus-
rüstung vergleichsweise hoch sind, wird die Simulation hier häufig einge-

setzt (vgl. Mönch et al. 2013, S. 44-51; Negahban und Smith 2014). Im Zentrum der Betrachtung steht oftmals die Untersuchung des Produktionssystems auf Durchsatz, Durchlaufzeiten und Termineinhaltung. Darüber hinaus spielt gerade bei Simulationsanwendungen in der Halbleiterindustrie die Verknüpfung von Simulationsmodellen mit den in den Abschnitten 2.5.1 und 2.5.2 beschriebenen Optimierungsverfahren eine vergleichsweise große Rolle (vgl. auch die Ausführungen zur simulationsbasierten Optimierung in Abschnitt 7.2). Branchenübergreifend wird die Simulation häufig bei der Betrachtung von Abläufen in intralogistischen Systemen wie beispielsweise Förder-, Lager- und Kommissioniersystemen angewendet. Betrachtet werden sowohl automatisierte als auch manuell bediente Systeme (etwa wie die staplerbedienten Flächen in unserem Beispiel in Abschnitt 2.1). Hinsichtlich der mit der Simulation zu ermittelnden Kenngrößen stehen wiederum der Durchsatz, aber auch Durchlaufzeiten, Bestände und Ressourcenauslastung im Vordergrund. Über diese drei Bereiche (Automobilindustrie, Halbleiterindustrie, Logistik) hinaus gibt es zwar keine eindeutigen Schwerpunkte; Anwendungsbeispiele finden sich aber auch in der Möbelindustrie, dem Schiffbau, der Luftfahrtindustrie, dem Militär, der Chemie- und Pharmaindustrie, der Medizintechnik sowie in zahlreichen weiteren Branchen (vgl. Semini at al. 2006; Jahangirian et al. 2010; Negahban und Smith 2014).

2.8 Kosten und Nutzen der Simulation

Zu Kosten und Nutzen und damit zur Wirtschaftlichkeit des Simulationseinsatzes in Produktion und Logistik gibt es einige generelle Aussagen. So sehen Etspüler und Kippels (1996) ein Verhältnis von Aufwand zu Ertrag von 1:6. Nach der VDI-Richtlinie 3633 (VDI 2014) ergeben sich zwei bis vier Prozent Einsparungen bezogen auf die Investitionssumme von einem halben bis einem Prozent des Aufwandes am Gesamtprojekt, was den Aussagen von Etspüler und Kippels entspricht. In der Regel handelt es sich bei derartigen Angaben um Richtwerte, die sich aus empirischen Untersuchungen einer mehr oder weniger großen Anzahl vergangener Projekte ergeben haben. Ob der Einsatz in einem konkreten Projekt wirtschaftlich sein wird, ist vorab nicht bekannt und kann nur im Nachhinein bestimmt werden, da sich die Kosten für die Durchführung einer Simulationsstudie zwar normalerweise relativ genau benennen lassen, der Nutzen einer Simulation allerdings im Vorfeld nicht quantifizierbar ist. Für die Ermittlung der Kosten müssen erforderliche Personentage und gegebenenfalls Anschaffungs- oder Wartungskosten für die eingesetzte Software einbezogen werden. Beides lässt sich relativ genau ermitteln. Um den Nutzen ähnlich genau quantifizieren zu können, müssten die Ergebnisse der Simulationsstudie bekannt sein, was natürlich vor Beginn der Studie nicht der Fall sein kann. Argumentiert wird daher oftmals unter Verwendung einer qualitativen Darstellung, wie sie in Abbildung 11 beispielhaft skizziert ist.

Die beiden in der Abbildung dargestellten Kostenverläufe sollen verdeutlichen, dass bei Simulationseinsatz die Kosten für die Planung des betrachteten Systems zunächst steigen. Die Erwartung ist, dass sich während der Realisierung oder spätestens bis zum stabilen Betrieb diese höheren Kosten bezahlt machen. Das kann sich aus einer schnelleren Herstellung der Betriebsbereitschaft ergeben oder daraus, dass durch den Simulationseinsatz mögliche Probleme so frühzeitig erkannt werden, dass Kosten für Nachbesserungen geringer ausfallen. Wirtschaftlich ist eine Simulationsstudie dann, wenn die Fläche zwischen den Kurven mit und ohne Simulation im linken Teil von Abbildung 11 kleiner ist als die Fläche zwischen den Kurven im rechten Teil. In einem konkreten Projekt ist dieser unmittelbare Vergleich allerdings nicht möglich, da je nach Entscheidung über den Simulationseinsatz nur eine der beiden Kurven bestimmt werden kann. Eine ähnliche Diskussion zum Nutzen von Simulation findet sich auch in Harrell et al. (2012, S. 18-22).

Wird eine Simulationsstudie durchgeführt, ohne dass Fehler in der Planung erkannt werden, so könnte die Studie als unwirtschaftlich bezeichnet werden. Im Ergebnis hat sich dennoch eine erhöhte Planungssicherheit ergeben: Vorsorgliche Kosten wurden akzeptiert, um das Risiko von Fehlern und damit von nicht kalkulierten Kosten zu verringern.

Gehen wir im Beispiel der PC-Montage von der Situation aus, dass die zuständige Fachabteilung Layout, Steuerung und Dimensionierung der PC-

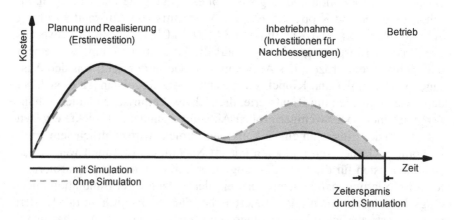

Abb. 11. Schematischer Verlauf der Kosten von der Planung bis zur Inbetriebnahme

Montage im Rahmen einer Fabrikplanung erarbeitet hat und jetzt über die Durchführung einer Simulationsstudie zu entscheiden ist. Für diese Entscheidung müssen die Projektbeteiligten also abschätzen, wie hoch einerseits die Kosten für durch Planungsfehler verursachte Änderungen der Anlage sein könnten und wie hoch andererseits ein Einsparpotential ausfallen könnte. Die Planer erkennen das Risiko, dass die geforderte Anzahl täglich zu fertigender PCs nicht erreicht wird, da unter Umständen zu wenige Pufferplätze zwischen den Stationen existieren oder die Kapazität der Kanäle in einem Durchlaufregal nicht ausreichend ist. Um derartige Planungsfehler nach Realisierung und Inbetriebnahme der Anlage zu beheben, wäre ein Umbau erforderlich. Zu den Kosten des Umbaus (neue Durchlaufregale, Versetzen der Stationen und Integration neuer Pufferplätze) kämen die Kosten für den Ausfall der Anlage für mehrere Tage oder Wochen hinzu. Neben diesen Risiken sehen die Planer die Möglichkeit, dass die geforderte Stückzahl auch mit der Hälfte der vorgesehenen Lagerfläche erreicht werden kann. Sind die geschätzten Kosten und Einsparpotentiale niedriger als die voraussichtlichen Kosten einer Simulationsstudie, so kann unter wirtschaftlichen Gesichtspunkten auf die Durchführung der Simulation verzichtet werden.

Die VDI-Richtlinie 3633 unterteilt mögliche qualitative Nutzenaspekte der Simulation nach den Aspekten Sicherheitsgewinn, kostengünstigere Lösungen, besseres Systemverständnis und günstigere Prozessführung (vgl. VDI 2014, S. 39-40) und unterstreicht damit, dass die Simulation über quantitativ bewertbare Aspekte hinaus eine abgesicherte Entscheidungsbasis schaffen und das unternehmerische Risiko verringern kann.

3 Grundlagen der ereignisdiskreten Simulation

In Abschnitt 2.3 haben wir die Simulation als Problemlösungsmethode kennengelernt und auch zwischen diskreter und kontinuierlicher Simulation differenziert. Voraussetzung für die Durchführung von Simulationsexperimenten ist ein ablauffähiges Simulationsmodell, das die dynamischen Zusammenhänge des zu betrachtenden Systems abbildet. Hierzu muss das System mit seinen Systemelementen sowie das Systemverhalten über die Zeit adäquat in einem Computermodell implementiert werden. Dieses Kapitel widmet sich den hierzu erforderlichen methodischen Grundlagen der diskreten und insbesondere der ereignisdiskreten Simulation.

In Abschnitt 2.2.3 haben wir bereits zeit- und zustandsdiskrete sowie zeit- und zustandskontinuierliche Systeme und Modelle unterschieden. Wir haben auch gesehen, dass die Simulationsdauer durch das für einen Simulationslauf gewählte Zeitintervall bestimmt wird (vgl. Abschnitt 2.3). Die sogenannte *Simulationszeit* bildet dabei die im realen System voranschreitende Zeit im Simulationsmodell ab (vgl. Kuhn und Wenzel 2008, S. 78). Eine dem Simulationsmodell zugeordnete *Simulationsuhr* repräsentiert die jeweils aktuelle Simulationszeit. Die Simulationszeit ist somit eine für das Simulationsmodell und sein Verhalten relevante Zeit. Sie ist nicht zu verwechseln mit der für die Ausführung des Simulationsmodells im Rahmen eines Simulationslaufs erforderlichen *Rechenzeit*. Wie im Einzelnen die Zustandsänderungen in der diskreten Simulation erfolgen, die Zeit während der Simulation fortschreitet und die Simulationszeit ermittelt wird, wollen wir im Folgenden näher betrachten.

In Abschnitt 3.1 werden zunächst die den Zeitfortschritt bestimmenden unterschiedlichen Simulationsmethoden eingeordnet. Im anschließenden Abschnitt 3.2 werden die in der ereignisdiskreten Simulation verwendeten spezifischen Zeitablaufsteuerungen zur Berechnung des Zeitfortschrittes in Modellen vorgestellt. Hierzu werden das Grundprinzip der Ablaufsteuerung der ereignisorientierten Simulation (Abschnitt 3.2.1), die Herausforderungen bei der Verwaltung bedingter Ereignisse (Abschnitt 3.2.2) und ergänzende konzeptionelle Ansätze zur Umsetzung der ereignisdiskreten Simulation (Abschnitt 3.2.3) erläutert. Anhand eines einfachen Beispiels werden in Abschnitt 3.2.4 grundsätzliche Zusammenhänge zwischen

Ereignissen, Ereignistypen und -routinen sowie Ereigniskalender einerseits und daraus resultierenden Zeit- und Zustandsänderungen im Simulationsmodell andererseits veranschaulicht.

Zusätzlich zur Zeitablaufsteuerung stehen in den zur Simulation verwendeten Werkzeugen sogenannte Modellierungskonzepte zur Strukturierung und Modellierung der zu betrachtenden Systeme zur Verfügung. Einigen dieser Modellierungskonzepte widmet sich der Abschnitt 3.3. So haben sich für den Anwendungsbereich Produktion und Logistik in den letzten Jahrzehnten sogenannte bausteinorientierte Modellierungskonzepte als bevorzugte Variante herauskristallisiert. Diesen widmen wir uns ausführlicher in Abschnitt 3.3.1. Im Anschluss wird auf objektorientierte (Abschnitt 3.3.2) sowie auf theoretische Modellierungskonzepte (Abschnitt 3.3.3) eingegangen, die als Grundkonzeption in einer Reihe von Simulationswerkzeugen zu finden sind. Abschließend wird das Sprachkonzept als ein bereits den ersten marktfähigen Simulationssprachen zugrunde liegendes Modellierungskonzept vorgestellt (Abschnitt 3.3.4).

3.1   Klassifikation von Simulationsmethoden

Die *Simulationsmethode* („Scheduling Mechanism") definiert die Art und Weise, in der das Zeitverhalten in der Simulation berücksichtigt wird (Kuhn und Wenzel 2008, S. 78). Mit dem Voranschreiten der Simulationszeit wird auch der Zustand des Modells verändert (vgl. hierzu auch Abb. 4 in Abschnitt 2.2.3). In Abhängigkeit davon, ob ein zeitkontinuierliches oder zeitdiskretes Modell erstellt wird, ist unsere Zeitmenge T durch die positiven reellen Zahlen einschließlich der Null oder als eine abzählbare Menge von Zeitpunkten t_1, t_2, t_3, … definiert, wobei t_i und t_{i+1} jeweils äquidistant sind.

Wie die Zeit fortgeschrieben wird, ist von der dem Simulationsmodell zugrunde liegenden Zeitmenge T und der dem Modell zugrunde liegenden Zustandsmenge Z abhängig. Eine Differenzierung in die *kontinuierliche* und *diskrete* Simulation ist bereits in Abschnitt 2.3 erfolgt. Für die *diskrete Simulation* werden wir im Folgenden zeitgesteuerte und ereignisgesteuerte Zeitfortschreibung unterscheiden (Abb. 12). Auf in der Literatur dargestellte Varianten der ereignisgesteuerten Zeitfortschreibung werden wir in Abschnitt 3.2.3 kurz eingehen.

Bei der *zeitgesteuerten Simulationsmethode* („Fixed-Increment Time-Advance Mechanism", vgl. Mattern und Mehl 1989, S. 202-203; Law 2014, S. 7-9 und S. 72-73) schreitet die Simulationszeit in konstanten, äquidistanten Zeitschritten Δt voran. Zustandsänderungen, die innerhalb eines Intervalls Δt auftreten, werden in ihrer zeitlichen Abfolge im Simula-

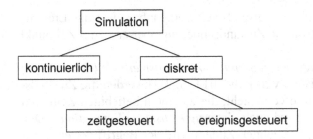

Abb. 12. Klassifikation von Simulationsmethoden

tionsmodell nicht mehr unterschieden und nach Erhöhung der Simulationszeit um Δt durchgeführt. Zustandsänderungen aufgrund der Ereignisse in einem Intervall Δt werden also erst am Ende des Intervalls gesammelt verarbeitet.

Mathematische Modelle, die nur aus Variablen und Gleichungen bestehen, stellen ein anschauliches Beispiel für diese Form der Simulation dar. So kann z. B. der Bestand B_i eines Durchlaufkanals für einen Artikel zum Zeitpunkt t_i durch Gleichung 3.1 in Abhängigkeit der summierten Liefermenge L_i und Nachfragemenge N_i im Intervall $[t_{i-1}; t_i]$ mit der Länge Δt beschrieben werden:

$$B_i = \max (0, B_{i-1} + L_i - N_i) \qquad (3.1)$$

Die Wahl des Zeitschrittes Δt bestimmt unmittelbar den Rechenaufwand. Ein zu klein gewähltes Zeitinkrement Δt führt zu einer hohen Rechenzeit, da nach jedem Zeitinkrement die Zustände neu geprüft werden (bzw. die Variablenwerte neu berechnet werden), auch wenn keine Änderungen (im Beispiel also keine Lieferung oder Nachfrage für den Artikel) erfolgt sind.

Ein zu groß gewähltes Zeitinkrement Δt birgt hingegen die Gefahr von Fehlern, da grundsätzlich alle während des Intervalls aufgetretenen Zustandsänderungen erst nach dem Ende des Intervalls berechnet werden. Nehmen wir für das Beispiel des Lagerbestandes an, dass der Bestand zum Zeitpunkt t_{i-1} bei 0 Einheiten liegt. Wird das entsprechende Teil an einer Station benötigt, so befindet sich die Station bis zum Zeitpunkt t_i im Zustand „Wartend auf Fehlteil". Erfolgt ein Zugang im realen System tatsächlich zu Beginn des Zeitintervalls $[t_{i-1}; t_i]$, so wird dieser im Modell beispielsweise erst zum Zeitpunkt t_i „verbucht". Erst zu diesem Zeitpunkt würde die Station wieder in den Zustand „Arbeitend" wechseln können. Dies entspricht aber nicht dem realen Systemverhalten, das durch einen sofortigen Verbau der Teile nach Anlieferung an die Station charakterisiert ist. Treten mehrere Ereignisse in einem Zeitinkrement auf, muss zudem geklärt werden, in welcher Reihenfolge die aufgetretenen Zustandsänderungen berechnet werden sollen.

In Abbildung 13, Fall b, ist beispielsweise erkennbar, dass das Ereignis e_1 zum Zeitpunkt t_{e1} eintritt, die Zustandsänderung aber erst zum Zeitpunkt $3\Delta t$ erfolgt.

Bei der *diskreten ereignisgesteuerten Simulationsmethode* („Next-Event Time-Advance Mechanism", vgl. Law 2014, S. 7-9) werden die Zustandsänderungen über Ereignisse verursacht, die zu einem beliebigen Zeitpunkt eintreten. Diese Methode wird auch als *ereignisdiskrete Simulation* („Discrete Event Simulation") bezeichnet. Zudem wird der Begriff der *ereignisorientierten Simulation* synonym zur ereignisgesteuerten Simulation verwendet, wobei sich aber auch Differenzierungen dieser Begriffe in der Literatur finden (vgl. Mattern und Mehl 1989).

Bei der ereignisdiskreten Simulationsmethode wird die Zeit jeweils auf den Zeitpunkt des nächsten Ereignisses gesetzt. Die Zustandsänderungen sind unmittelbar mit dem Eintreten eines Ereignisses verbunden und somit ebenfalls diskret (Abb. 13, Fall a). Mögliche Ereignisse können etwa Beginn oder Ende einer Bearbeitung sowie die Ein- oder Ausfahrt eines Objektes aus einer Förderstrecke sein.

Im Gegensatz zur zeitgesteuerten Simulation werden die jeweiligen Zustandsänderungen also zu dem Zeitpunkt im Modell vorgenommen, in dem das entsprechende Ereignis eintritt. Nehmen wir wieder das Beispiel des Bestandsverlaufes von Teilen im Durchlaufkanal. Bei der ereignisgesteuerten Simulation würden nur Ereignisse wie beispielsweise Anlieferung und Entnahme von Teilen eine erneute Berechnung des Bestandes auslö-

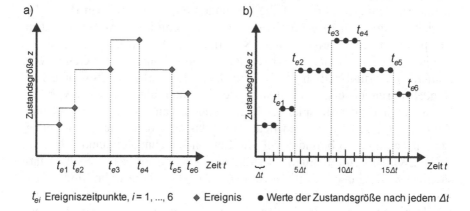

t_{ei} Ereigniszeitpunkte, $i = 1, ..., 6$ ◆ Ereignis   ● Werte der Zustandsgröße nach jedem Δt

Abb. 13. Vergleich von Zuständen, Ereignissen und Zustandswechseln (a) ereignisgesteuerte Simulation: Zustandsänderungen erfolgen jeweils zu den tatsächlichen Ereigniszeitpunkten t_{e1}, t_{e2}, t_{e3}, t_{e4}, t_{e5} und t_{e6} (b) zeitgesteuerte Simulation: Zustandsänderungen erfolgen jeweils zu den Zeitpunkten $3\Delta t$, $5\Delta t$, $9\Delta t$, $12\Delta t$, $16\Delta t$

sen. Im Vergleich zur zeitgesteuerten Simulation mit einem sehr kleinen Δt ist die Rechenzeit somit deutlich geringer, da sie von der Anzahl der eintretenden Ereignisse und nicht von der Länge der Zeitintervalle abhängt. Die erforderliche Rechenzeit nimmt allerdings mit der Anzahl der eintretenden Ereignisse zu. Während bei der zeitgesteuerten Simulation der Zustand der Montagestation nur nach jedem Zeitinkrement überprüft und möglicherweise neu festgelegt wird (im obigen Beispiel also zum Zeitpunkt t_i der Status der Station auf „Arbeitend" gesetzt wird), so muss im Falle der ereignisgesteuerten Simulation der Status der Station mit jedem Ereignis überprüft und ggf. direkt verändert werden.

3.2 Die Ablaufsteuerung in der ereignisdiskreten Simulation

In diesem Abschnitt stellen wir zunächst die grundlegende Ablaufsteuerung der ereignisdiskreten Simulation vor, die für die korrekte Verarbeitung der zu im Prinzip beliebigen Zeitpunkten eintretenden Ereignisse sorgt. Anschließend stellen wir dar, wie die Implementierung von Modellen mit der ereignisgesteuerten Simulationsmethode aussehen kann und veranschaulichen die Abläufe dann an einem Beispiel.

3.2.1 Das Prinzip der ereignisdiskreten Simulation

Das Grundprinzip der ereignisdiskreten Simulation geht davon aus, dass eine Folge von Ereignissen mit *Zeitstempeln* vorliegt, die chronologisch abgearbeitet werden müssen. Der aktuelle Zeitpunkt t, also die aktuelle *Simulationszeit* dargestellt über die *Simulationsuhr*, wird jeweils auf den Zeitpunkt des nächsten zu betrachtenden Ereignisses gesetzt. Zur Umsetzung dieses Konzeptes bedarf es einer Liste, in der alle künftigen Ereignisse verwaltet werden. Dabei enthält die Liste zum jeweils aktuellen Zeitpunkt nur die zu diesem Zeitpunkt bereits bekannten künftigen Ereignisse. Diese Liste wird auch als *Ereignisliste* („Event List") oder *Ereigniskalender* bezeichnet. Die *Ablaufsteuerung* sorgt nun dafür, dass das jeweils erste Element der Ereignisliste aus der Liste entfernt wird, die Simulationsuhr auf den Zeitpunkt, zu dem das Ereignis eintreten soll, gesetzt wird und die zu dem Ereignis gehörenden Zustandsänderungen über sogenannte *Ereignisroutinen* durchgeführt werden. Die Ausführung der den Ereignissen zugeordneten Ereignisroutinen wird auch als Abarbeitung der Ereignisse bezeichnet. Innerhalb der Ereignisroutinen können neue Ereignisse erzeugt werden, die wiederum in die Ereignisliste eingetragen werden müssen.

Nehmen wir wieder unser Beispiel aus Abschnitt 2.1. Bei Beginn der Prüfung eines PCs an der Station „P2" kann beispielsweise innerhalb einer Ereignisroutine der Zeitpunkt für das Ende der Prüfung stochastisch bestimmt werden, womit sich ein neues Ereignis (Ende der Prüfung des betrachteten PCs an Station „P2" zu diesem Zeitpunkt) ergibt, das in die Ereignisliste einzutragen ist.

Neue Ereignisse, die bei der Ausführung einer Ereignisroutine entstehen, werden als *Folgeereignisse* des auslösenden Ereignisses bezeichnet. Folgeereignisse können für den gleichen oder einen späteren Zeitpunkt entstehen.

Der eben beschriebene Grundablauf der Ablaufsteuerung in der ereignisdiskreten Simulation ist in Algorithmus 1 dargestellt. Zu Beginn müssen die Ereignisliste mit anfänglich bekannten Ereignissen initialisiert und die Anfangswerte der Zustandsgrößen gesetzt werden. Der Algorithmus besteht im Wesentlichen aus einer Schleife, mit der die Ereignisse in der zeitlichen Folge abgearbeitet werden. Als Abbruchkriterien dieser Schleife kommen in Frage:

- Die Ereignisliste ist leer. Dies kann beispielsweise bei dem Modell einer Werkstatt eintreten, wenn alle vorhandenen Aufträge abgearbeitet sind.
- Ein vorgegebener Endzeitpunkt der Simulation ist erreicht. Dieses Abbruchkriterium findet typischerweise bei Systemen Anwendung, die dauerhaft laufen und in einem Modell über einen festgelegten Zeitabschnitt, z. B. einen Monat, betrachtet werden sollen.
- Die Bedingungen für das Ende eines Simulationslaufs werden durch den Anwender in einer eigenen Bedingung festgelegt. Dies kann etwa genutzt werden, um vorhersehbar nicht erfolgreiche Simulationsläufe vor-

Algorithmus 1. Grundablauf der Ablaufsteuerung in der ereignisorientierten Simulation

```
simulationszeit := 0
Trage zu Beginn bekannte Ereignisse in die
    Ereignisliste ein
Setze Anfangswerte der Zustandsgrößen
while not (Abbruchkriterium erfüllt)
    Nimm das erste Ereignis e aus der Ereignisliste
        und streiche es aus der Liste
    simulationszeit := t_e
    Führe die Ereignisroutine zum Ereignis e aus
        [dadurch können neue Ereignisse in die
        Ereignisliste eingetragen werden]
```

zeitig abzubrechen, beispielsweise wenn wichtige Maschinen über mehrere Schichten zu weniger als 50 % genutzt werden.

Mit diesem Grundablauf kann es mehrere Ereignisse geben, die den gleichen Zeitstempel besitzen. Echte Gleichzeitigkeit kann es bei der ereignisgesteuerten Simulation jedoch nicht geben, da die Abarbeitung entsprechend Algorithmus 1 immer sequentiell erfolgt. Folglich stehen diese Ereignisse nacheinander in der Ereignisliste. Allerdings kann in diesem Fall die Reihenfolge der Ereignisse trotz gleicher Zeitstempel eine Rolle spielen. Wenn beispielsweise das Ereignis „Eintreffen eines Transportauftrages" mit dem Ereignis „Fertigstellung eines Transportauftrages" (und damit der Suche nach einem neuen Auftrag) durch einen Stapler zeitlich zusammenfällt, so können sich je nach Reihenfolge der Abarbeitung der Ereignisse unterschiedliche Abläufe im Modell und damit auch unterschiedliche Simulationsergebnisse ergeben: Wenn das Eintreffen eines neuen Transportauftrages vor der Auftragssuche bearbeitet wird, so wird dieser Auftrag bei der Suche berücksichtigt, ansonsten nicht. Je nach Realisierung der Ablaufsteuerung kann neben der Möglichkeit, ein Ereignis für einen bestimmten Zeitpunkt t_e einzutragen, auch die Möglichkeit bestehen, ein Ereignis gezielt vor oder hinter einem bereits eingetragenen Ereignis mit gleichem Zeitpunkt einzutragen. Da viele Simulationswerkzeuge diese Möglichkeit allerdings nicht vorsehen, muss der Modellierer hierfür bei Bedarf spezifische Programmierungen vornehmen.

3.2.2 Bedingte Ereignisse

Der in Algorithmus 1 wiedergegebene Grundablauf setzt voraus, dass bei der Abarbeitung eines Ereignisses alle Folgeereignisse und der Zeitpunkt ihres Eintretens in die Ereignisliste eingetragen werden. Dies ist allerdings nicht in allen Fällen so einfach wie bei dem oben als Beispiel gegebenen Ende der Prüfung, deren Zeitpunkt sich vorab definieren lässt. In vielen Fällen wird ein Folgeereignis nicht über einen Zeitpunkt, sondern über das Eintreten einer oder mehrerer Bedingungen bestimmt. So kann beispielsweise mit der Bearbeitung eines PCs an einer Montagestation nicht immer direkt mit Eintritt des PCs auf der Station begonnen werden. Dies darf nur erfolgen, wenn alle erforderlichen Komponenten verfügbar sind. Der Zeitpunkt, zu dem alle fehlenden Komponenten durch Stapler angeliefert worden sind, ist aber zum Zeitpunkt der Ankunft des PCs unter Umständen noch gar nicht bekannt. Daher ist es nicht möglich, in der zuvor beschriebenen Weise ein Folgeereignis mit fixem Eintrittszeitpunkt zu definieren und in den Ereigniskalender einzutragen. Der PC würde an der Station letztendlich „hängen" bleiben, wenn nicht anderweitig sichergestellt wird, dass mit der Montage nach dem Eintreffen der erforderlichen Teile begonnen wird.

Eine mögliche Lösung für dieses Problem ist eine Erweiterung des Algorithmus 1 auf die Verwaltung von zwei Ereignislisten (Drei-Phasen-Ansatz, vgl. Robinson 2014, S. 25-33):

1. Liste der *gebuchten Ereignisse* („Booked Events"): Dies sind die uns bereits bekannten Ereignisse, die für einen bestimmten Zeitpunkt eingeplant („gebucht") sind.

2. Liste der *bedingten Ereignisse* („Conditional Events"): Hier finden sich alle Ereignisse, deren Zeitpunkt noch nicht bekannt ist und deren Eintreten an Bedingungen geknüpft ist.

Der entsprechend erweiterte Grundablauf (Algorithmus 2) muss in jeder Iteration beide Listen verarbeiten. Zunächst wird wie im zuvor betrachteten Grundablauf die neue Simulationszeit bestimmt (Phase 1). Dann werden sukzessive alle für die aktuelle Simulationszeit gebuchten Ereignisse aus der Liste gestrichen und die jeweils zugehörige Ereignisroutine ausge-

Algorithmus 2. Grundablauf mit gebuchten und bedingten Ereignissen (in Anlehnung an Robinson 2014, S. 27)

```
simulationszeit := 0
Trage zu Beginn bekannte Ereignisse in die
    Ereignislisten ein
Setze Anfangswerte der Zustandsgrößen
while not (Abbruchkriterium erfüllt)
    Nimm das erste Ereignis e aus der Liste der
        gebuchten Ereignisse
    simulationszeit := t_e
    for alle Ereignisse e aus der Liste der
        gebuchten Ereignisse mit
        t_e = simulationszeit
        Streiche e aus der Liste
        Führe die Ereignisroutine zum Ereignis e
        aus [dadurch können neue Ereignisse in die
        Ereignisliste eingetragen werden]
    repeat
        for alle Ereignisse e aus der Liste der
            bedingten Ereignisse
            if Bedingungen von e erfüllt
                Streiche e aus der Liste
                Führe die Ereignisroutine zum
                Ereignis e aus
    until (kein bedingtes Ereignis ausgeführt)
```

führt (Phase 2). In der dritten – zusätzlichen – Phase werden jetzt alle bedingten Ereignisse daraufhin überprüft, ob alle an das jeweilige Ereignis geknüpften Bedingungen erfüllt sind. Das ist der Fall, wenn durch die zuvor abgearbeiteten Ereignisse die erforderlichen Zustandsänderungen eingetreten sind. Sind die Bedingungen erfüllt, wird das jeweilige bedingte Ereignis genauso abgearbeitet wie zuvor die gebuchten Ereignisse. Die Ereignisroutinen zu den bedingten Ereignissen können ebenfalls Folgeereignisse bewirken (gebuchte oder bedingte), die in die entsprechenden Listen eingetragen werden. Zudem können sich Zustände im Modell ändern, sodass weitere Bedingungen von Ereignissen aus der Liste der bedingten Ereignisse nunmehr erfüllt sein könnten. Es reicht daher nicht aus, alle bedingten Ereignisse einmal (in einem einzigen Durchlauf) zu prüfen. Vielmehr muss die Prüfung aller bedingten Ereignisse der Liste solange wiederholt erfolgen, bis in einem Durchlauf kein bedingtes Ereignis mehr in der Liste gefunden wird, dessen Bedingungen erfüllt sind. Erst dann darf die Simulationszeit auf den nächsten Zeitpunkt der gebuchten Ereignisse gesetzt werden.

Bei größeren Modellen aus Produktion und Logistik hat die Verwendung bedingter Ereignisse allerdings einen entscheidenden Nachteil, weil die entsprechende Liste hunderte oder tausende von bedingten Ereignissen enthalten kann. Wie in Algorithmus 2 dargestellt, muss für jeden Zeitpunkt, den die Simulationszeit annimmt, die Liste der bedingten Ereignisse vollständig abgearbeitet werden, und zwar oft nicht nur einmalig, sondern mehrfach. Das Simulationsmodell kann daher sehr langsam werden. Simulationswerkzeuge setzen aus diesem Grund den Drei-Phasen-Ansatz nicht oder allenfalls eingeschränkt ein und versuchen, das Problem der bedingten Ereignisse in anderer Weise effizienter zu lösen.

Wenn auf die Liste der bedingten Ereignisse verzichtet wird, muss die Prüfung von Bedingungen in den Ereignisroutinen umgesetzt werden. Im genannten Beispiel für die Montage eines PCs würde dies konkret bedeuten, dass die erneute Prüfung, ob ein wartender PC montiert werden kann, immer dann angestoßen werden muss, wenn Komponenten in das Durchlaufregal gelegt werden. Die Grundidee ist also, nicht immer alle bedingten Ereignisse zu prüfen, sondern möglichst nur die, deren Bedingungen durch gerade ausgeführte Ereignisroutinen beeinflusst werden könnten. Dazu werden statt der einen Liste mit bedingten Ereignissen mehrere Listen angelegt, die oftmals mit Modellelementen verknüpft sind. In unserem Beispiel könnte eine solche Liste etwa PCs auf Montagestationen umfassen, die auf Komponenten warten. Die Prüfung dieser Listen ist nur erforderlich, wenn sich an den Zuständen der in den Bedingungen enthaltenen Modellelemente Änderungen ergeben.

Zu beachten ist allerdings, dass ein solches (effizienteres) Vorgehen typischerweise mehr Verantwortung in die Hände des Modellierers legt. Zwar unterstützen viele Simulationswerkzeuge für grundlegende Abläufe die auf die Modellelemente bezogene Verwaltung von Bedingungen und Listen. Für spezifische Abläufe, wie beispielsweise für unsere auf Komponenten wartenden PCs, kann es jedoch je nach verwendetem Simulationswerkzeug vorkommen, dass der Modellierer selbst geeignete Algorithmen zur Prüfung von Bedingungen implementieren muss.

3.2.3 Konzeptionelle Ansätze

Das in Abschnitt 3.2.1 beschriebene Grundkonzept basiert auf der Annahme, dass Änderungen in der Realität als Ereignisse eintreten und typischerweise auch zu einer Zustandsänderung führen. Dieser *ereignisorientierte Ansatz* („Event Scheduling Approach") impliziert eine detaillierte Beschreibung von Schritten, die als Ereignisroutine abzuarbeiten sind, wenn ein individuelles Ereignis eintritt. Ergänzend hierzu gibt es Ansätze, auch Methoden, Strategien oder zum Teil *Weltsichten* („World View") genannt, die sich darin unterscheiden, wie das nächste Ereignis auszuwählen ist, wie mit bedingten Ereignissen verfahren wird und welche weiteren grundlegenden Mechanismen für die Modellierung der zeitlichen und logischen Zusammenhänge einzelner Ereignisse vorgesehen sind (zu den verschiedenen Ansätzen vgl. auch Fishman 1973; Hooper 1986; Derrick et al. 1989; Mattern und Mehl 1989).

Der *aktivitätsorientierte Ansatz* („Activity Scanning Approach") setzt voraus, dass ein Modell durch eine Menge an Aktivitäten beschrieben wird, die über ein Anfangs- und Endereignis definiert sind. Der Ansatz basiert auf einem zeit- und bedingungsabhängigen Durchsehen (Scannen) aller Aktivitäten in der Simulation, um zu bestimmen, welche Aktivitäten begonnen oder abgeschlossen werden können, wenn ein Ereignis eintritt. Der aktivitätsorientierte Ansatz kann als der wenig effiziente Vorläufer des Drei-Phasen-Ansatzes („Three-Phase Approach", vgl. O'Keefe 1986; Derrick et al. 1989) bezeichnet werden, der bereits in Abschnitt 3.2.2 beschrieben ist.

Der *prozessorientierte Ansatz* („Process Interaction Approach") ist dadurch gekennzeichnet, dass als Strukturierungshilfe ein Prozess als Folge zusammengehöriger Ereignisse eingeführt wird und die auf ein Modellelement (Objekt, Entität) bezogenen Aktivitäten und Attribute zusammengefasst werden. Der Prozess könnte sowohl für ein bewegliches Element (z. B. PC, Kundenauftrag), das sich durch mehrere stationäre Elemente (z. B. Maschine, Förderstrecke) bewegt, als auch für die stationären Elemente beschrieben werden. Bei der Implementierung werden die Prozesse durch sogenannte *Prozessroutinen* umgesetzt (für ein einfaches prozessorientiertes Modell einer Warteschlange mit Kunden- und Kassenprozess vgl. Hedtstück 2013, S. 26-30). Diese Prozessroutinen sind mit den Ereignisroutinen vergleichbar. Der Unterschied liegt aber darin, dass Aktionen zu einem Modellelement lokal in einer Routine zusammengeführt und nicht auf mehrere Ereignisroutinen verteilt sind. Zudem lassen sich Prozessroutinen inaktiv bzw. passiv setzen, während Ereignisroutinen immer nach der Durchführung terminieren. Als Spezialfall des prozessorientierten Ansatzes (vgl. z. B. Hooper 1986) kann der *transaktionsflussorientierte Ansatz* („Transaction Flow") gesehen werden. Dieser führt für bewegliche Modellelemente den Begriff Transaktion und für stationäre Modellelemente den Begriff Station ein (vgl. Mattern und Mehl 1989; Schriber et al. 2016).

Nach Fishman (1973) und Pegden (2010) steht die Entwicklung dieser Ansätze in enger Beziehung zur Entwicklung unterschiedlicher Simulationssprachen in den 1960er und 1970er Jahren. Eine Zuordnung von frühen Simulationssprachen zum ereignisgesteuerten, aktivitätsorientierten und prozessorientierten Ansatz ist beispielsweise in Hooper (1986) zu finden.

Mit dem Fortschritt in der Implementierung von Simulationswerkzeugen für Anwendungen in Produktion und Logistik ist eine zurückgehende Verwendung von Simulationssprachen, die genau einen der genannten Ansätze umsetzen, zu konstatieren. Tatsächlich kombinieren moderne Simulationswerkzeuge Elemente aus unterschiedlichen Ansätzen miteinander, beispielsweise aus der Prozess- und der Ereignisorientierung (vgl. Pegden 2010).

3.2.4 Ereignistypen, Ereignisroutinen und die Ablaufsteuerung am Beispiel

Das Verständnis des in Abschnitt 3.2.1 eingeführten Grundablaufes der Ablaufsteuerung ist für die Arbeit mit modernen Simulationswerkzeugen von großer Relevanz, da nur so das spezifische Modellverhalten nachvollziehbar wird. Dieses Nachvollziehen unterstützen fast alle Werkzeuge dadurch, dass das Simulationsmodell schrittweise ausgeführt werden kann. Schrittweise Ausführung bedeutet, dass die in Algorithmus 1 dargestellte Schleife pro Schritt einmal durchlaufen wird. Gleichzeitig besteht in der Regel die Möglichkeit, die Einträge in dem Ereigniskalender oder – je nach Art der Verwaltung von bedingten Ereignissen (vgl. Abschnitt 3.2.2) – in den Ereigniskalendern zu verfolgen. Dabei umfasst ein Eintrag im Ereigniskalender typischerweise auch die vom Ereignis betroffenen Modellelemente (d. h. die Modellelemente, deren Zustand sich voraussichtlich durch das Ereignis ändern wird) und einen sogenannten Ereignistyp.

Die Zuordnung eines Ereignisses zu einem *Ereignistyp* schafft eine einfache softwaretechnische Möglichkeit, gleichartige Ereignisse gleichartig zu behandeln. So bilden für Modellelemente, die Puffer oder Stationen repräsentieren, Eintritts- und Austrittsereignisse charakteristische Ereignistypen. Erstere treten immer dann auf, wenn ein (beliebiger) Puffer oder eine (beliebige) Station von einem beweglichen Modellelement (in unserem Beispiel von einem PC) betreten wird, letztere immer dann, wenn ein bewegliches Modellelement einen Puffer oder eine Station verlassen könnte. Weitere Ereignistypen beschreiben beispielsweise den Beginn eines Rüstvorganges, das Ende eines Rüstvorganges, den Beginn einer Bearbeitung oder das Bearbeitungsende. Für Ereignistypen lassen sich losgelöst von konkreten Modellelementen Ereignisroutinen implementieren. Wenn zur Laufzeit des Simulationsmodells ein Ereignis des entsprechenden Typs eintritt, wird die jeweilige Routine für die durch das Ereignis betroffenen Modellelemente ausgeführt.

Eine Ereignisroutine für Eintrittsereignisse könnte unter anderem anhand der Bearbeitungszeit des als Parameter übergebenen Modellelementes berechnen, wann der Austritt erfolgen soll und ein entsprechendes Folgeereignis erzeugen. Eine Routine für Austrittsereignisse muss beispielsweise dafür Sorge tragen, dass das bewegliche Modellelement an die folgende Station oder den folgenden Puffer übergeben wird. Allerdings sind das Austrittsereignis eines Elementes und das Eintrittsereignis des nächsten Elementes logisch nicht trennbar, da mit dem Austritt aus dem Vorgängerelement der Eintritt in das Nachfolgerelement unmittelbar verbunden ist. Daher finden sich in vielen Simulationswerkzeugen entweder Eintritts- oder Austrittsereignisse, die jeweils die vollständige Übergabe umsetzen. Das zeigen auch die folgenden Ausführungen, an denen wir anhand eines kleinen und etwas vereinfachten Ausschnittes aus unserem Montagebeispiel in Abschnitt 2.1 veranschaulichen, wie sich die Simulationszeit und der Ereigniskalender über mehrere Iterationen der Schleife aus Algorithmus 1 hinweg entwickeln. Wir betrachten vier PCs, die sich über die beiden Montagestationen „M3" und „M4" bewegen, wobei vor den Montagestationen die Puffer „PU1" und „PU2" jeweils einen PC aufnehmen können. Zum Ende der Transportzeit wird bei den Puffern jeweils unmittelbar ein Austrittsereignis eingeplant, bei den Montagestationen gibt es dagegen nach der Montagezeit zunächst ein Ereignis „BearbeitungEnde" und dann ein Austrittsereignis. Die Bearbeitungszeit auf Station „M3" beträgt 210 Sekunden und auf Station „M4" 218 Sekunden je PC, die Transportzeit durch die Puffer (hier der Einfachheit halber ebenfalls als Bearbeitungszeit geführt) beträgt jeweils acht Sekunden. Abbildung 14

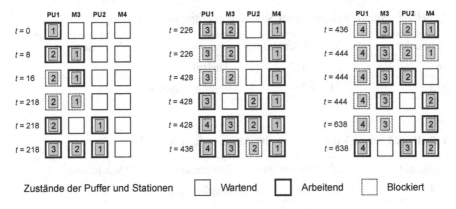

Abb. 14. Belegung von PU1, M3, PU2 und M4 mit den PCs 1 bis 4 im Simulationsverlauf

illustriert den Weg der PCs über die Puffer und Stationen im Zeitverlauf. Visualisiert wird auch, welche Zustände PU1, PU2, M3 und M4 jeweils haben (vgl. Abschnitt 2.6.1 für einen Überblick über mögliche Zustände der Stationen in unserem Beispiel).

Parallel zur Belegung der vier stationären Modellelemente entwickelt sich der Ereigniskalender wie in den Tabellen 4-21 gezeigt. Dabei unterstellen wir vereinfachend, dass ein (in unserem Beispiel nicht explizit berücksichtigter) Quellenprozess immer dann einen neuen PC auf dem Puffer „PU1" erzeugt, wenn der Puffer leer ist. Das gilt auch für den Beginn des von uns verfolgten Simulationsverlaufes, sodass zum Zeitpunkt $t = 0$ der PC1 auf PU1 erscheint. Aufgrund der Transportzeit von acht Sekunden ergibt sich ein im Ereigniskalender geplantes Austrittsereignis, das in Tabelle 4 dargestellt ist.

Die Ereignisroutine des Austrittsereignisses versucht, den PC an das folgende Modellelement weiterzugeben. Hier wird also nach dem Fortschreiben der Simulationszeit auf $t = 8$ versucht, den PC1 auf die Station „M3" weiterzugeben. Station „M3" ist nicht belegt, daher gelingt die Weitergabe, wobei die Austrittsroutine hier auch gleichzeitig den Eintritt in die Station „M3" handhabt. Als Folgeereignis ergibt sich zum Zeitpunkt $t = 218$ (= aktuelle Simulationszeit + Bearbeitungszeit auf Station „M3") das Ereignis „BearbeitungEnde" auf Station „M3" (Tabelle 5). Da der Puffer „PU1" durch den Austritt von PC1 leer geworden ist, erzeugt unser

Tabelle 4. Ereigniskalender zum Simulationszeitpunkt $t = 0$

Zeitpunkt	Modellelemente	Ereignistyp	Warteliste
8	PU1, PC1	Austritt	

Tabelle 5. Ereigniskalender zum Simulationszeitpunkt $t = 8$

Zeitpunkt	Modellelemente	Ereignistyp	Warteliste
16	PU1, PC2	Austritt	
218	M3, PC1	BearbeitungEnde	

Tabelle 6. Ereigniskalender zum Simulationszeitpunkt $t = 16$

Zeitpunkt	Modellelemente	Ereignistyp	Warteliste
218	M3, PC1	BearbeitungEnde	PC2

Quellenprozess einen weiteren PC auf PU1. Das führt zu einem Folgeer-eignis „Austritt" von PC2 aus PU1, das zum Zeitpunkt $t = 16$ in den Ereig-niskalender eingereiht wird.

Zum Zeitpunkt $t = 16$ wird die Ereignisroutine für Austrittsereignisse er-neut ausgeführt. Diesmal ist Station „M3" allerdings durch PC1 belegt, so-dass PC2 nicht weitergegeben werden kann. Das Austrittsereignis hat so-mit kein Nachfolgeereignis und der Ereigniskalender verkürzt sich wieder auf nur ein Ereignis (Tabelle 6). Der Austritt von PC2 aus PU1 wird da-durch zu einem bedingten Ereignis. Die Bedingung für den erneuten Aus-trittsversuch ist, dass sich der Belegungszustand von M3 ändert. Für die Verwaltung dieses bedingten Ereignisses müssen, wie in Abschnitt 3.2.2 erläutert, ergänzende softwaretechnische Lösungen vorliegen. Wir gehen in unserem Beispiel davon aus, dass die Austrittsereignisroutine den PC in eine Liste einträgt, falls das Zielmodellelement belegt ist. Diese Listen, die wir im Folgenden als Wartelisten bezeichnen, werden nicht zentral geführt, sondern sind jeweils mit den Zielmodellelementen verknüpft, also bei-spielsweise mit Station „M3".

Zum Zeitpunkt $t = 218$ wird zunächst das in Tabelle 6 enthaltene Bear-beitungEnde-Ereignis ausgeführt. Bei der Abarbeitung dieses Ereignisses wird die Station unabhängig vom Zustand des nachfolgenden Elementes zunächst in einen Zustand „Blockiert" gesetzt, der gegebenenfalls zum gleichen Zeitpunkt wieder aufgehoben wird, wenn eine Weitergabe des PCs möglich ist. Die Ereignisroutine für das Ereignis „BearbeitungEnde" verändert also den Zustand der Station „M3" von „Arbeitend" in „Blockiert" und erzeugt als Folgeereignis ein Austrittsereignis für PC1. Dieses in Tabelle 7 im Ereignisverwalter dargestellte Folgeereignis findet wiederum zum Zeitpunkt $t = 218$ statt. Die Abarbeitung dieses Folgeereig-nisses in der Ereignisroutine für Austrittsereignisse hat mehrere Konse-quenzen: Zum einen wird PC1 an den Puffer „PU2" weitergereicht, sodass

Tabelle 7. Ereigniskalender zum Simulationszeitpunkt $t = 218$ (1)

Zeitpunkt	Modellelemente	Ereignistyp	Warteliste
218	M3, PC1	Austritt	PC2

Tabelle 8. Ereigniskalender zum Simulationszeitpunkt $t = 218$ (2)

Zeitpunkt	Modellelemente	Ereignistyp	Warteliste
218	PU1, PC2	Austritt	
226	PU2, PC1	Austritt	

Tabelle 9. Ereigniskalender zum Simulationszeitpunkt $t = 218$ (3)

Zeitpunkt	Modellelemente	Ereignistyp	Warteliste
226	PU2, PC1	Austritt	
226	PU1, PC3	Austritt	
428	M3, PC2	BearbeitungEnde	

sich nach Ablauf der Transportzeit von acht Sekunden ein Austrittsereignis für PC1 auf diesem Puffer ergibt (Tabelle 8). Gleichzeitig wird durch die Weitergabe von PC1 die Station „M3" frei. Das sorgt dafür, dass für den PC2 in der Warteliste von Station „M3" erneut ein Austrittsereignis erzeugt wird, und zwar ohne dass Simulationszeit verstreicht, d. h. erneut zum Zeitpunkt $t = 218$ (Tabelle 8).

Die in der folgenden Iteration (Tabelle 9) stattfindende Abarbeitung dieses Austrittsereignisses führt dann zu einer Weitergabe von PC2 auf Station „M3" und damit zu einem entsprechenden Austrittsereignis, das nach Ablauf der Bearbeitungszeit für den Zeitpunkt $t = 428$ eingeplant wird. Gleichzeitig rückt PC3 auf den Puffer „PU1" nach und wird versuchen, dort zum Zeitpunkt $t = 226$ auszutreten.

Bei den zuletzt beschriebenen Abarbeitungsschritten wollen wir drei Punkte hervorheben. Die Abarbeitung des BearbeitungEnde-Ereignisses in Tabelle 6 hat dazu geführt, dass die Station „M3" in den Zustand „Blockiert" gewechselt ist. Die unmittelbar anschließende Iteration zum unveränderten Simulationszeitpunkt $t = 218$ bearbeitet das Austrittsereignis (Tabelle 7) und gibt PC1 von Station „M3" auf den Puffer „PU2" weiter. Das führt zu einer erneuten Statusänderung der Station in den Zustand „Wartend". Mit der nächsten Iteration (Tabelle 8), wiederum bei Simulationszeitpunkt $t = 218$, wird Station „M3" erneut belegt und beginnt mit der Bearbeitung von PC2. Der Zustand der Station ändert sich also wieder auf „Arbeitend". Die Station hat die Zustände „Blockiert" und „Wartend" zwar innegehabt, aber jeweils für exakt null Zeiteinheiten. Trotz des Einnehmens dieser Zustände für jeweils eine Iteration der Schleife von Algorithmus 1 ergeben sich in diesem Fall keine Blockier- oder Warteanteile.

Zweitens zeigen die bisher betrachteten Schritte, wie unterschiedlich lang die Simulationszeit sein kann, die zwischen Ereignissen verstreicht. Während die Simulationszeit in den ersten drei Iterationen jeweils inkrementiert wurde (zweimal um acht Sekunden und einmal um 202 Sekunden), verweilt sie dann über drei Iterationen bei 218 Sekunden, weil sich jeweils Folgeereignisse mit gleichem Zeitpunkt ergeben.

Drittens sehen wir in Tabelle 9, dass die Gleichzeitigkeit nicht nur die Konsequenz von Folgeereignissen sein muss, die nacheinander für den aktuellen Simulationszeitpunkt erzeugt werden. Vielmehr können wir auch zukünftige Ereignisse haben, die zum gleichen Zeitpunkt stattfinden. Die Sortierung dieser Ereignisse kann dabei durchaus unterschiedlich sein. Wir gehen der Einfachheit halber davon aus, dass mehrere Ereignisse zum gleichen Simulationszeitpunkt in der Reihenfolge ihres Entstehens in den Ereigniskalender einsortiert werden. Da das Austrittsereignis von PC3 aus PU1 nach dem Austrittsereignis von PC1 aus PU2 entsteht, ergibt sich die in Tabelle 9 enthaltene Reihenfolge. Wie in Abschnitt 3.2.1 diskutiert, kann sich der Umgang mit Ereignissen, die zum gleichen Zeitpunkt stattfinden, von Simulationswerkzeug zu Simulationswerkzeug unterscheiden, sodass auch andere Sortierungen denkbar wären.

In den nächsten beiden Iterationen (Tabellen 10 und 11) belegt zunächst PC1 die Station „M4" für die nächsten 218 Sekunden. Anschließend scheitert die Weitergabe von PC3 an Station „M3", sodass PC3 gemäß dem zuvor beschriebenen Mechanismus in die Warteliste der Station eingereiht wird.

In den folgenden drei Iterationen (Tabellen 12, 13 und 14) wird die Simulationszeit zunächst auf $t = 428$ fortgeschrieben. Es ergeben sich dann zweimal Folgeereignisse zum gleichen Zeitpunkt, sodass für die Simula-

Tabelle 10. Ereigniskalender zum Simulationszeitpunkt $t = 226$ (1)

Zeitpunkt	Modellelemente	Ereignistyp	Warteliste
226	PU1, PC3	Austritt	
428	M3, PC2	BearbeitungEnde	
444	M4, PC1	BearbeitungEnde	

Tabelle 11. Ereigniskalender zum Simulationszeitpunkt $t = 226$ (2)

Zeitpunkt	Modellelemente	Ereignistyp	Warteliste
428	M3, PC2	BearbeitungEnde	PC3
444	M4, PC1	BearbeitungEnde	

Tabelle 12. Ereigniskalender zum Simulationszeitpunkt $t = 428$ (1)

Zeitpunkt	Modellelemente	Ereignistyp	Warteliste
428	M3, PC2	Austritt	PC3
444	M4, PC1	BearbeitungEnde	

Tabelle 13. Ereigniskalender zum Simulationszeitpunkt $t = 428$ (2)

Zeitpunkt	Modellelemente	Ereignistyp	Warteliste
428	PU1, PC3	Austritt	
436	PU2, PC2	Austritt	
444	M4, PC1	BearbeitungEnde	

tionszeit $t = 428$ dreimal Ereignisroutinen aufgerufen werden. Zunächst wird das BearbeitungEnde-Ereignis abgearbeitet, was gemäß der rund um die Tabellen 6 und 7 beschriebenen Vorgehensweise zu einem Austrittsereignis führt (Tabelle 12). Der Austritt von PC2 führt dann zu einer Belegung von PU2 und sorgt dank freiwerdender Station „M3" wieder für ein Austrittsereignis aus dem Puffer „PU1" (Tabelle 13). Die Abarbeitung dieses Austrittsereignisses führt zur Weitergabe von PC3 an Station „M3", der Einplanung eines BearbeitungEnde-Ereignisses für diese Station zum Zeitpunkt $t = 638$ ($= 428 + 210$) und der Erzeugung von PC4 auf dem Puffer „PU1" (Tabelle 14).

Die beiden Austrittsereignisse aus den Puffern in den folgenden beiden Iterationen (Tabellen 15 und 16) ändern nichts an der Belegung der Stationen und Puffer, sondern sorgen lediglich dafür, dass sich zunächst PC2 bei Station „M4" und dann PC4 bei Station „M3" in die internen Wartelisten eintragen.

Zum Zeitpunkt $t = 444$ geht aus dem BearbeitungEnde-Ereignis auf Station „M4" zunächst ein Austrittsereignis hervor (Tabelle 17). Das Abarbeiten dieses Austrittsereignisses sorgt dafür, dass PC1 weitergegeben wird und damit den hier betrachteten kleinen Modellausschnitt verlässt.

Tabelle 14. Ereigniskalender zum Simulationszeitpunkt $t = 428$ (3)

Zeitpunkt	Modellelemente	Ereignistyp	Warteliste
436	PU2, PC2	Austritt	
436	PU1, PC4	Austritt	
444	M4, PC1	BearbeitungEnde	
638	M3, PC3	BearbeitungEnde	

Tabelle 15. Ereigniskalender zum Simulationszeitpunkt $t = 436$ (1)

Zeitpunkt	Modellelemente	Ereignistyp	Warteliste
436	PU1, PC4	Austritt	
444	M4, PC1	BearbeitungEnde	PC2
638	M3, PC3	BearbeitungEnde	

Tabelle 16. Ereigniskalender zum Simulationszeitpunkt $t = 436$ (2)

Zeitpunkt	Modellelemente	Ereignistyp	Warteliste
444	M4, PC1	BearbeitungEnde	PC2
638	M3, PC3	BearbeitungEnde	PC4

Tabelle 17. Ereigniskalender zum Simulationszeitpunkt $t = 444$ (1)

Zeitpunkt	Modellelemente	Ereignistyp	Warteliste
444	M4, PC1	Austritt	PC2
638	M3, PC3	BearbeitungEnde	PC4

Mit der Weitergabe wird Station „M4" wieder frei und der bislang wartende PC2 versucht erneut, aus dem Puffer „PU2" auszutreten (Tabelle 18). Die Abarbeitung des Austrittsereignisses für PC2 ist erfolgreich und der PC wird auf Station „M4" für die nächsten 218 Zeiteinheiten bearbeitet (Tabelle 19).

Die letzten beiden in diesem Beispiel verfolgten Iterationen zeigen noch einmal, wie nach Abarbeitung des BearbeitungEnde-Ereignisses an einer Station ein Austrittsereignis folgt (Tabelle 20) sowie die Weitergabe von

Tabelle 18. Ereigniskalender zum Simulationszeitpunkt $t = 444$ (2)

Zeitpunkt	Modellelemente	Ereignistyp	Warteliste
444	PU2, PC2	Austritt	
638	M3, PC3	BearbeitungEnde	PC4

Tabelle 19. Ereigniskalender zum Simulationszeitpunkt $t = 444$ (3)

Zeitpunkt	Modellelemente	Ereignistyp	Warteliste
638	M3, PC3	BearbeitungEnde	PC4
662	M4, PC2	BearbeitungEnde	

Tabelle 20. Ereigniskalender zum Simulationszeitpunkt $t = 638$ (1)

Zeitpunkt	Modellelemente	Ereignistyp	Warteliste
638	M3, PC3	Austritt	PC4
662	M4, PC2	BearbeitungEnde	

Tabelle 21. Ereigniskalender zum Simulationszeitpunkt $t = 638$ (2)

Zeitpunkt	Modellelemente	Ereignistyp	Warteliste
638	PU1, PC4	Austritt	
646	PU2, PC3	Austritt	
662	M4, PC2	BearbeitungEnde	

PC3 an den folgenden Puffer „PU2" und das sich daraus ergebende Austrittsereignis von PC4 auf dem Puffer „PU1" (Tabelle 21).

Wir verlassen unser Beispiel an dieser Stelle, da sich für den betrachteten Ausschnitt mit den betrachteten Ereignistypen „Austritt" und „BearbeitungEnde" keine wesentlich anderen Konstellationen mehr ergeben würden.

Abhängig vom Simulationswerkzeug kann es eine Reihe weiterer Ereignistypen geben. Das können – wie zu Beginn dieses Abschnitts erwähnt – Beginn oder Ende von Rüstvorgängen sein. Genauso kommen auch Beginn oder Ende von Störungen als Ereignistypen oder spezielle Ereignistypen an den Modellgrenzen (Quellen und Senken) vor. Für den Modellierer ist es in jedem Fall empfehlenswert, sich einen Überblick über die vom jeweiligen Simulationswerkzeug verwendeten Ereignistypen zu verschaffen. Ein solcher Überblick ist Voraussetzung für das Verständnis der Abläufe, die im Simulationswerkzeug bei Abarbeitung von Algorithmus 1 erfolgen.

3.3   Modellierungskonzepte

In Abschnitt 3.2 haben wir verschiedene Mechanismen zur Zeitablaufsteuerung in der ereignisdiskreten Simulation kennengelernt. Ergänzend hierzu werden zur Modellierung eines konkreten Systems unterschiedliche Modellierungskonzepte eingesetzt. *Modellierungskonzepte* stellen Hilfsmittel wie beispielsweise Bausteine zur Abbildung des betrachteten Systems in einem Modell zur Verfügung und legen somit die Sichtweise des Modellierers für die Modellbildung fest (vgl. VDI 2016b).

In der englischsprachigen Literatur werden die Mechanismen zur Zeitablaufsteuerung und zur Modellierung oftmals unter dem Begriff *Conceptual Frameworks* zusammengefasst. Balci et al. (1990, S. 260) bezeichnen Conceptual Frameworks als „structure of concepts under which a modeler is guided to represent a system in the form of a model". Weitere englische Begriffe sind *Simulation Strategy*, *World View* oder auch *Formalism*. Derrick et al. (1989) klassifizieren und vergleichen in ihrem Beitrag unterschiedliche Conceptual Frameworks miteinander. Hierbei differenzieren sie die in Abschnitt 3.2 gegenübergestellten Methoden der Zeitablaufsteuerung, diskutieren aber auch eher generische Conceptual Frameworks wie das objektorientierte Paradigma oder Frameworks mit Anwendungsbezug. In der aktuelleren Literatur wird zudem auch der Begriff *Modeling Framework* (vgl. Cassandras und Lafortune 2010; van der Zee und van der Vorst 2005) verwendet.

In den nachfolgenden Abschnitten werden die in den ereignisdiskreten Simulationswerkzeugen für Produktion und Logistik typischerweise zu findenden Modellierungskonzepte mit ihren charakteristischen Eigenschaften erläutert und bei Bedarf anhand eines Auszugs aus unserem Beispiel in Abschnitt 2.1 veranschaulicht. Auch wenn es Schnittmengen zwischen den Modellierungskonzepten gibt und in konkreten Implementierungen von Simulationswerkzeugen immer wieder Mischformen zu finden sind, erfolgen die Erläuterungen zu den einzelnen Modellierungskonzepten jeweils getrennt. Ziel der Erläuterungen ist, die grundsätzlichen Eigenschaften und Unterschiede der Modellierungskonzepte im Kontext des Anwendungsbereiches darzustellen. Eine detaillierte Darstellung der jeweiligen theoretischen Grundlagen der Konzepte ist nicht vorgesehen.

Zunächst werden die in der Anwendung im Bereich Produktion und Logistik weit verbreiteten bausteinorientierten Modellierungskonzepte in Ab-

schnitt 3.3.1 vorgestellt. Neben diesem applikationsorientierten Modellierungskonzept gibt es solche, die sich an allgemeinen Paradigmen wie dem
objektorientierten Paradigma (vgl. Abschnitt 3.3.2) anlehnen oder an theoretischen Konzepten wie Petrinetzen als graphentheoretischem Konzept
oder an Warteschlangen orientieren (vgl. Abschnitt 3.3.3). Konzepte, bei
denen als Modellierungshilfsmittel lediglich Elemente einer Programmiersprache zur Verfügung stehen, wie es bei den Sprachkonzepten der Fall ist,
werden in Abschnitt 3.3.4 behandelt.

In Abhängigkeit von dem in einem Simulationswerkzeug verwendeten
Modellierungskonzept wird die Abbildung eines gegebenen Systems mit
einer vorgegebenen Fragestellung unterschiedlich gut unterstützt. Auch der
zeitliche Aufwand der Modellbildung wird vom verwendeten Modellierungskonzept beeinflusst. Insbesondere hängt das resultierende Modell
maßgeblich vom Modellierungskonzept ab. Wir verdeutlichen dies für die
jeweiligen Modellierungskonzepte an dem in Abschnitt 3.2.4 gegebenen
Beispiel, in dem nur das Zusammenspiel zwischen den Montagestationen
„M3" und „M4" und den jeweiligen Puffern betrachtet wird.

3.3.1 Bausteinorientierte Modellierungskonzepte

Bausteinorientierte Modellierungskonzepte stellen in Bausteinbibliotheken
für einen Anwendungsbereich vordefinierte Modellelemente bereit, mit deren Hilfe ein Modell aufgebaut werden kann. Diese *Bausteine* („Building
Blocks") sind dadurch charakterisiert, dass sie fest definierte Zustände und
Zustandsübergänge sowie ggf. eine interne Ablauflogik besitzen, eine Parametrisierung über vorgegebene Masken ermöglichen und sich flexibel
miteinander kombinieren lassen. Sie besitzen definierte Mechanismen für
den Austausch von Daten, insbesondere auch für die materialflusstechni-
sche Verknüpfung untereinander. Die Bausteine können

- stationär oder mobil sein,
- physische oder logische Aspekte eines realen Systems abbilden,
- permanent oder temporär im Modell vorhanden sein und
- sich eher an der Technik oder an den Prozessen orientieren.

Die Bausteine „Maschine" und „Bearbeiten" sind Beispiele für stationäre,
physische Aspekte abbildende, permanente Elemente, wobei „Maschine"
an der Technik, „Bearbeiten" an dem Prozess orientiert ist. Ein Baustein
„Stapler" unterscheidet sich von einem Baustein „Maschine" dadurch, dass
er mobil und möglicherweise temporär ist. Bausteine wie „Transportauf-
tragsliste" oder „Staplersteuerung" bilden logische Aspekte des Systems
ab und sind stationär und permanent. Beispiele für an der Technik orien-

tierte Bausteine reichen von Quellen oder Senken, die die Schnittstellen des abgebildeten Systems repräsentieren, über unterschiedliche Fördertechnikelemente (z. B. Rollenbahn, Verteilwagen, Drehtisch), Bausteine zur Modellierung von Produktionsressourcen (Maschine, Montageplatz, Prüfplatz) und Lagereinrichtungen (Hochregallager, Blocklager, Durchlaufregal) bis hin zu Bausteinen zur Modellierung von manuellen Tätigkeiten durch Werker (z. B. Werkerpool) und zur Modellierung von verschiedenen Fertigungs-, Transport- oder Lagersteuerungen. Beispiele für an Prozessen orientierte Bausteine sind „Erzeugen", „Vernichten", „Bearbeiten", „Transportieren", „Verteilen", „Montieren" oder „Prüfen".

Bei *technikorientierten Bausteinen* ist je nach Simulationswerkzeug eine maßstabsgetreue Abbildung erreichbar, wobei neben 2D-Symbolen auch 3D-Darstellungen Verwendung finden können. Die Modellelemente werden über technische Leistungsdaten der Systemelemente, zu denen beispielsweise Geschwindigkeiten, Bearbeitungszeiten oder Rüstzeiten gehören können, parametrisiert. Bei *an den Prozessen orientierten Bausteinen* werden geometrische Informationen und damit auch das Layout normalerweise nicht berücksichtigt. Den Bausteinen werden bei der Parametrisierung Zeiten und möglicherweise erforderliche Ressourcen zugeordnet.

Bausteine zur Abbildung logischer Aspekte eines Systems kommen sowohl im Kontext mit an der Technik als auch an Prozessen orientierten Bausteinen zum Tragen. Sie können sehr umfangreich sein und nehmen möglicherweise auf mehrere andere Bausteine Einfluss. Beispiele dafür sind neben der bereits genannten Staplersteuerung etwa Betriebsstrategien, Personaleinsatzstrategien oder auch Stör- und Pausenkonzepte. Bei diesen Bausteinen reicht allerdings die einfache Parametrisierung nicht immer aus. Diese logischen Aspekte sind dann in der Regel modellspezifisch, z. B. mittels Skriptsprachen oder Entscheidungstabellen (zur Darstellung von Entscheidungstabellen vgl. Abschnitt 5.3.2), in das Modell zu integrieren.

Die Bausteine, die wir bisher benannt haben, bestimmen Modellstruktur und Ablauflogik. Ergänzend zu diesen Bausteinen stellen bewegliche Elemente die das Modell durchlaufenden physischen oder logischen Elemente wie Transporthilfsmittel, Güter, Werkzeuge oder Aufträge dar. Diese Elemente sind stets mobil und können permanent oder temporär im Modell zur Verfügung stehen. Temporäre Elemente betreten oder verlassen während des Simulationslaufes das Modell. In diesem Zusammenhang dienen die Bausteine „Quelle" und „Senke" dazu, bewegliche Elemente zu erzeugen oder zu vernichten (vgl. Abschnitt 2.2.1).

Bei der Arbeit mit einer Bausteinbibliothek kann der Anwender die für das zu modellierende System relevanten Elemente auswählen, diese zur Erstellung des Modells in eine Modellstruktur einbinden und geeignet parametrisieren oder möglicherweise programmtechnisch erweitern. Für den Nutzer wird durch die Konzentration auf eine an die eigene Erfahrungswelt angelehnte Modellbildung, Parametrisierung und Kennzahlenbildung eine effiziente Modellerstellung möglich. Beschränkungen, die durch die Funktionalität von Bausteinen gegeben sein können, werden bei fast allen auf dem Bausteinkonzept basierenden Simulationswerkzeugen durch die Bereitstellung einer Programmierschnittstelle oder auch durch die Möglichkeit, eigene Bausteine zu ergänzen, weitgehend aufgehoben.

Die Nutzung von vordefinierten Bausteinen befreit den Anwender jedoch nicht davon zu prüfen, ob diese für die jeweilige eigene Anwendung geeignet sind. Auch können Bausteine fehlerhaft, ganz oder in Teilen funktionsgleich, in ihrer Anwendung eingeschränkt oder aufgrund ihrer Mechanismen zum Datenaustausch in Teilen inkompatibel und damit nicht beliebig mit anderen Bausteinen verknüpfbar sein. Daher ist der Einsatz der Bausteine im Kontext des eigenen Modells stets zu validieren (vgl. Rabe et al. 2008, S. 130).

Unser kleines Beispiel mit zwei Montagestationen und den zugehörigen Puffern kann beispielsweise technikorientiert modelliert werden. Die die Modellstruktur bestimmenden Bausteine sind dann „Maschine" und „Puffer", die dem Materialfluss entsprechend miteinander zu verknüpfen sind. Die Parameter der Bausteine „Puffer" sind typischerweise Kapazität und Transportzeit. Die Parameter der Bausteine „Maschine" sind etwa Bearbeitungszeit und Kapazität, wobei wir im Beispiel von einer Kapazität von eins ausgehen. Im Detail wird es erforderlich sein, die Auswahl an Bausteinen genauer zu betrachten. So könnte es Bausteine mit unterschiedlichen Pufferfunktionalitäten wie *Last In – First Out* (LIFO) oder *First In – First Out* (FIFO) geben. An Stelle des Bausteins „Maschine" könnte es erforderlich sein, einen Baustein „Montageplatz" zu verwenden, wenn Bauteile als Voraussetzung für den Montagevorgang und ihr Verbau während der Montage explizit abgebildet werden sollen.

Die das Modell durchlaufenden physischen oder logischen Elemente sind die zu montierenden PCs und die gegebenenfalls abgebildeten Bauteile. Zu ihrer Differenzierung sind sie im Modell über unterschiedliche Elementtypen abzubilden.

3.3.2 Objektorientierte Modellierungskonzepte

Das *objektorientierte Paradigma* hat seinen Ursprung in der Softwareentwicklung und geht statt von Prozeduren und Daten (prozedurale Sicht) von einer Strukturierung mit Hilfe von Klassen von Objekten aus (vgl. Claus und Schwill 2006, S. 466). Eine wesentliche Idee ist dabei, Dinge oder Begriffe der realen Welt oder der Vorstellungswelt über interagierende Objekte zu beschreiben, die Eigenschaften (Attribute) mit spezifischen Werten (Attributwerte), ein eigenes Verhalten (Methoden) und eine eindeutige unveränderliche Objektidentität besitzen (vgl. Balzert 2005, S. 104 und S. 109). Über Attribute können auch Beziehungen zu anderen Objekten definiert werden. Die Attributwerte bestimmen den Zustand eines Objektes. Nach dem sogenannten *Geheimnisprinzip* (Balzert 2005, S. 105) ist der Zustand eines Objektes für andere Objekte grundsätzlich nicht sichtbar. Objekte mit identischen Eigenschaften (Attributen) und einem identischen Verhalten (Methoden) werden über eine gemeinsame *Klasse* beschrieben, wobei die Objekte einer Klasse auch als *Instanzen* dieser Klasse bezeichnet werden. Für die Kommunikation zwischen Objekten werden in der jeweiligen Klasse einzelne Methoden und ggf. auch Attribute als öffentlich zugreifbar definiert. Objekte kommunizieren über den gegenseitigen Aufruf von solchen öffentlichen Methoden. In der Kommunikation zwischen Objekten wird dem jeweils anderen Objekt dabei nur mitgeteilt, was zu tun ist. Wie das erfolgt, ist innerhalb des Objektes umgesetzt, ohne dass andere Objekte darauf Einfluss haben können.

Basierend auf bestehenden Klassen können über sogenannte *Vererbungsmechanismen* neue Klassen als Unterklassen abgeleitet werden. Eine Unterklasse erbt alle Attribute und Methoden ihrer Oberklasse, kann jedoch um Attribute und Methoden erweitert werden. Zudem können aus der Oberklasse geerbte Methoden in der Unterklasse überschrieben werden. Auch geerbte Attribute können in der Unterklasse neu definiert werden.

Beziehen wir das objektorientierte Paradigma auf die ereignisdiskrete Simulation, lassen sich drei Fälle unterscheiden:

1. *Objektorientierte Entwicklung eines Simulationswerkzeuges*: Die Implementierung des Simulationswerkzeuges ist objektorientiert und basiert auf einer objektorientierten Programmiersprache.
2. *Objektorientierte Weltsicht* im Sinne eines konzeptionellen Ansatzes der Ablaufsteuerung (vgl. Abschnitt 3.2.3): In Analogie zu den Ereignissen, Aktivitäten und Prozessen beinhaltet dies, dass das Verhalten der Objekte in Bezug zur Simulationszeit gesetzt wird und dass die Objekte ihre eigenen Ereignisse intern verwalten (vgl. Pegden 2010; Meyer 2014a, S. 58-59).
3. *Objektorientiertes Modellierungskonzept*: Die Erstellung des Simulationsmodells wird durch Modellierungsmechanismen in Anlehnung an das objektorientierte Paradigma unterstützt.

Im Rahmen dieses Abschnittes konzentrieren wir uns auf den dritten Fall, bei dem einem Anwender Konzepte des objektorientierten Paradigmas bei der Modellerstellung zur Verfügung stehen. Grundsätzlich erfordert ein objektorientiertes Modellierungskonzept keine objektorientierte Implementierung der Simulationssoftware. Das Modellierungskonzept stellt lediglich die in dem objektorientierten Paradigma bekannten Konzepte wie Klassenbildung, Kommunikation und Vererbung zur Verfügung. Für die Modellbildung werden Klassen bereitgestellt, von denen Objekte (Instanzen) erzeugt werden. Typische Klassen sind auf ein physikalisches System bezogene Modellelemente wie beispielsweise Maschinen, Gabelstapler oder Förderstrecken sowie logische Prozesse abbildende Klassen wie Bearbeiten, Lagern oder Fördern. Die Objekte selbst lassen sich eindeutig referenzieren, können individuelle Attributwerte enthalten, nutzen die ihnen über ihre Klasse zugeordneten Methoden und können, wie bereits beschrieben, untereinander kommunizieren. Damit lehnt sich die Sichtweise, die ein Modellierer bei Verwendung eines objektorientierten Modellierungskonzeptes einnimmt, stark an die bestehende Realität und die miteinander kommunizierenden Systemelemente in einem Produktions- oder Logistiksystem an. Ausgehend von den bereits vorhandenen Klassen kann der Modellierer eigene Unterklassen durch Vererbung aus den bestehenden Klassen ableiten und entsprechend des Vererbungsprinzips Methoden oder auch Attribute verändern. Alle definierten Klassen und Unterklassen sind die Basis für die Erstellung des individuellen Simulationsmodells, das der Modellierer durch Erzeugung von Instanzen aus den Klassen aufbaut.

Die in der Regel in Bibliotheken liegenden vordefinierten Klassen unterscheiden sich dabei nicht wesentlich von den Modellelementen der in Abschnitt 3.3.1 erläuterten bausteinorientierten Konzepte. Tatsächlich unterstützen viele bausteinorientierte Simulationswerkzeuge Konzepte der objektorientierten Modellbildung, insbesondere die Mechanismen der Vererbung sowie die Möglichkeit, eigene Modellelemente als spezialisierte Unterklassen zu implementieren.

Für unser kleines Beispiel steht im Fall eines objektorientierten Modellierungskonzeptes beispielsweise nur eine Klasse „Maschine" mit einem einfachen Bearbeitungsvorgang mit den Attributen „Bearbeitungszeit" und „Kapazität" zur Verfügung. Wenn diese einfache Bearbeitung nicht hinreichend ist, könnte der Modellierer von der Klasse „Maschine" eine Unterklasse „Montageplatz" ableiten und den konkreten Montagevorgang in Abhängigkeit von vorhandenen Bauteilen als zusätzliche Methode der Unterklasse abbilden. In diesem Fall ließe sich auch eine neue Klasse „Bauteil" anlegen, von der Objekte instanziiert werden, um den Verbau während der Montage explizit abzubilden.

Das objektorientierte Modellierungskonzept bietet diesbezüglich verschiedene Möglichkeiten einer effizienten und individuellen Modellierung. Erstellen wir für unser Beispiel eine neue Unterklasse „Montageplatz" auf Basis der Klasse „Maschine" und erstellen Instanzen zu dieser

Unterklasse, lassen sich nachträglich Fehler in einer der neu erstellten Methoden der Unterklasse beheben, ohne die Instanzen neu erzeugen zu müssen.

Zudem erlauben einige Simulationswerkzeuge das Setzen von Attributwerten aller Instanzen einer Klasse und ihrer Unterklassen durch Setzen der entsprechenden Attributwerte der zugehörigen Klasse. Unabhängig davon können die Attributwerte der Instanzen geändert werden, indem diese einzeln überschrieben werden.

Haben wir also beispielsweise die Unterklasse „Montageplatz" mit einem Wert von 120 Sekunden für das Attribut „Bearbeitungszeit" fünfmal instanziiert und wollen den Wert des Attributes für alle Instanzen nachträglich auf 125 Sekunden ändern, so reicht es aus, den Attributwert in der Klasse einmalig anzupassen. Nach Änderung eines Attributwertes auf Objektebene wird eine Änderung des Attributwertes in der Klasse allerdings nicht mehr auf die jeweilige Instanz übertragen. Hat der Modellierer also beispielsweise die Bearbeitungszeit für die Instanz „M5" von 120 Sekunden auf 122 Sekunden gesetzt und möchte zu einem späteren Zeitpunkt die Bearbeitungszeit für alle Montageplätze auf 125 Sekunden setzen, indem er den Attributwert in der Klasse entsprechend ändert, so wird diese Änderung nur noch auf die Instanzen „M1" bis „M4" übertragen. Auf diese Art und Weise können leicht Fehler in der Modellparametrisierung entstehen.

Dieses einfache Beispiel zeigt bereits, dass bezüglich Vererbung und Instanzenbildung hohe Sorgfalt geboten ist. Die Beziehungen zwischen Klassen, Unterklassen und zugeordneten Objekten sind für den Modellierer nicht immer transparent. Sie können – wie am Beispiel gezeigt – zu unerwünschten Nebeneffekten beim Setzen von Attributwerten führen.

Auch hinsichtlich des Erzeugens von Objekten ist Sorgfalt geboten. Objekte können außer durch Instanziierung einer Klasse auch durch Kopieren oder Klonen eines bereits existierenden Objektes erzeugt werden. Beim Klonen bleibt im Gegensatz zum Kopieren eine Relation zwischen dem Originalobjekt und dem geklonten Objekt bestehen, sodass Veränderungen des Originals möglicherweise unbeabsichtigt auf den Klon übertragen werden.

Insgesamt kann festgehalten werden, dass die Objektorientierung eine hohe Flexibilität in der Modellierung ermöglicht. Zudem wird die Strukturierung in Objekte vom Menschen typischerweise auch bei der Beschreibung von Systemen intuitiv genutzt. Die Umsetzung eines objektorientierten Modellierungskonzeptes in einem Simulationswerkzeug entspricht allerdings nicht immer der klassischen Lehre des objektorientierten Paradigmas. Damit die Zusammenhänge bei der Modellbildung nachvollzogen werden können, sollte der Modellersteller bei der Nutzung eines objektorientierten Modellierungskonzeptes über ein Grundverständnis des objektorientierten Paradigmas und insbesondere auch dessen spezifische Umsetzung im verwendeten Simulationswerkzeug verfügen.

3.3.3 Theoretische Modellierungskonzepte

Für ereignisdiskrete Systeme gibt es unterschiedliche theoretische Modellierungskonzepte (vgl. Lunze 2012). Als Modellierungskonzepte nennt Schmidt (1982) im Kontext der Modelltheorie warteschlangen-, automaten- und graphentheoretische Konzepte, wobei er diese als Strukturkonzepte bezeichnet. Diese eignen sich teilweise auch als Modellierungskonzepte für die ereignisdiskrete Simulation.

Die Abbildung des zeitlichen Ankunfts- und Bedienverhaltens von Kunden in Warteschlangensystemen haben wir bereits in Abschnitt 2.5.3 behandelt. Bei einem Modellierungskonzept basierend auf Warteschlangensystemen werden als Modellelemente einzelne Wartesysteme bestehend aus Warteräumen und Bedieneinrichtungen verwendet. Kunden durchlaufen die Wartesysteme und unterliegen dem dort vorhandenen Warte- und Bedienverhalten.

Automaten mit Zuständen und Zustandsübergängen (vgl. hierzu auch Abschnitt 2.2.1) stellen laut Lunze (2012, S. 255) eine der grundlegenden Formen der Modellierung für ereignisdiskrete Systeme dar. Allerdings wird die Abbildung eines Systems mit nebenläufigen Prozessen, die in nicht vorherbestimmbarer Reihenfolge in neue Zustände wechseln können, nur unter Verwendung von Zuständen und Zustandsübergängen sehr schnell sehr komplex, da alle möglichen Kombinationen erfasst werden müssen.

Petrinetze zählen zu den graphentheoretischen Konzepten und erlauben eine Abbildung nebenläufiger Prozesse mit weniger Modellelementen als bei Automaten (vgl. Lunze 2012, S. 255). Da sie sich als Modellierungskonzept in einigen Simulationswerkzeugen in Produktion und Logistik finden, werden wir sie im Folgenden ausführlicher erläutern. Die nach dem deutschen Mathematiker Carl Adam Petri benannten Petrinetze stellen einen gerichteten Graphen dar. In ihrer statischen Netztopologie verbinden Kanten zwei unterschiedliche Arten von Knoten (in Anlehnung an Claus und Schwill 2006, S. 499, sowie Lunze 2012, S. 256):

- *Stellen* (auch als passive Knoten, Plätze, Zustände, Bedingungen bezeichnet) werden als Kreise dargestellt und beschreiben den Systemzustand.
- *Transitionen* (auch als aktive Knoten, Hürden, Ereignisse, Aktionen bezeichnet) werden durch Rechtecke oder Balken dargestellt und beschreiben die Zustandsübergänge.

Kanten sind gerichtet und stellen die Verbindung zwischen den Knoten im Sinne einer Vorgänger-Nachfolger-Beziehung dar, allerdings dürfen sie nur Knoten unterschiedlicher Art miteinander verbinden. Der mittels Knoten und Kanten erzeugte Graph spiegelt die Ablaufstruktur des Systems wider. Zur Beschreibung der Dynamik eines Systems werden als schwarze Punkte gezeichnete *Marken* (auch als *Token* oder Objekte bezeichnet) eingeführt, die die Stellen belegen können und über Transitionen weitergereicht werden. Die Dynamik im Netz entsteht durch das Bewegen der Marken über die Transitionen und Stellen. Im einfachsten Fall – dem sogenannten Bedingungs-Ereignis-Netz – kann eine Transition schalten, wenn alle Stellen vor der Transition (Eingabestellen) mit einer Marke belegt sind und alle Stellen nach der Transition (Ausgabestellen) nicht markiert (d. h. frei) sind. Beim Schalten der Transition wird allen vorgelagerten Stellen die Marke entnommen, und alle nachgelagerten Stellen werden mit einer Marke belegt. Ist eine Transition aktiviert, kann sie schalten. Mehrere gleichzeitig aktivierte Transitionen ohne gemeinsame Ein- oder Ausgabestellen können unabhängig voneinander schalten. Das Schalten kann zur Veränderung der Anzahl der Marken im Netz führen.

Eine Erweiterung stellen *Stellen-Transitionen-Netze* dar (vgl. Lunze 2012, S. 305-309), die mehrere Marken pro Stelle zulassen. Durch eine Kapazitätsangabe an jeder Stelle kann die maximale Anzahl möglicher Markierungen individuell festgelegt werden. Über ein Kantengewicht wird je Kante angegeben, wie viele Marken von einer Eingabestelle zur Schaltung erforderlich sind oder wie viele Marken für die jeweilige Ausgabestelle erzeugt werden.

Um die Zeit als Teil des Modells abzubilden, können beispielsweise den Knoten noch Dauern für das Schalten hinzugefügt werden. Damit können Schaltvorgänge mit Zeiten versehen werden, etwa um die Bearbeitungszeit an einer Station zu modellieren.

Nehmen wir zur Veranschaulichung einer petrinetzbasierten Modellierung wieder unser kleines Beispiel mit zwei Montagestationen und den zugehörigen Puffern: Um den Zustand unserer Montagestation mit Kapazität 1 abzubilden, wird für jede Station eine Stelle eingeführt, die den Platz beschreibt, auf der das zu produzierende Produkt (unser PC) platziert werden kann, und eine Stelle eingeführt, die die freie Kapazität beschreibt („M3 frei" und „M4 frei"). Wir unterstellen, dass alle Kanten im Netz mit 1 gewichtet sind. Sind „M4 frei" und „PU2 belegt" mit einer Marke belegt, kann die Transition schalten. In diesem Fall wird eine Marke an die Station „M4" weitergereicht. Hieran erkennen wir bereits, dass unsere Marken unterschiedliche Bedeutungen haben: Zum einen können sie unseren PC, zum anderen eine freie Kapazität beschreiben. Wir betrachten das Modell zum Simulationszeitpunkt $t = 100$, an dem die Station „M3" frei ist (entsprechende Marke ist gesetzt), PU2 voll belegt ist (drei Marken in der entsprechenden Stelle) und zu dem die Station „M4" mit einem PC belegt ist, sodass die folgende Transition „PC an M4 montieren" schalten kann (Abb. 15). Weil wir eine Dauer $d = 40$ Sekunden für die Montage annehmen, wird die sprechende Marke aber erst zum Zeitpunkt $t = 140$ entfernt und eine neue Marke an der Stelle „PC fertig an Station M4" gesetzt werden.

Zum Zeitpunkt $t = 110$ wird eine Marke an der Stelle „PU1 belegt" gesetzt, da ein neuer PC den entsprechenden Puffer erreicht hat (Abb. 16).

Nachdem damit die Bedingungen für das Schalten der Transition „Übergabe an M3" erfüllt sind (beide Eingabestellen besitzen eine Marke), werden nach der angegeben Dauer $d = 5$ Sekunden die beiden Marken entfernt und eine Marke auf der Stelle „PC an Station M3" zum Zeitpunkt $t = 115$ erzeugt (Abb. 17).

Im nächsten Schritt kann die Transition „PC an M3 montieren" schalten. Da wir eine Dauer von 20 Sekunden annehmen, ändert sich die Markenbelegung zum Zeitpunkt $t = 135$ (Abb. 18).

Die Transition „Übergabe an PU2" kann zum Zeitpunkt $t = 135$ aber nicht schalten, da die Stelle „PU2 belegt" bereits mit drei Marken belegt und damit die maximale Kapazität erreicht ist. Hier muss also gewartet werden, bis die Stelle wieder hinreichend Platz hat. Zum Zeitpunkt $t = 140$

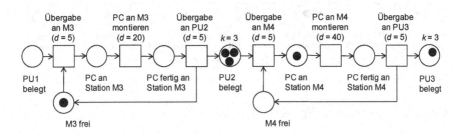

Abb. 15. Petrinetz zum Zeitpunkt $t = 100$

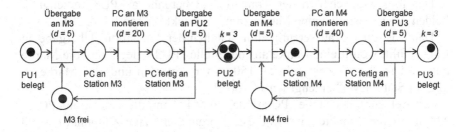

Abb. 16. Petrinetz zum Zeitpunkt $t = 110$

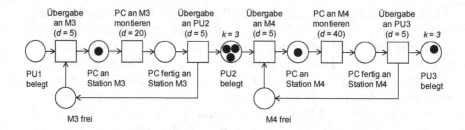

Abb. 17. Petrinetz zum Zeitpunkt $t = 115$

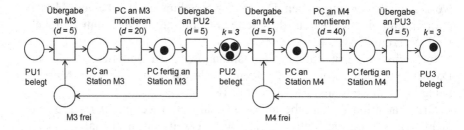

Abb. 18. Petrinetz zum Zeitpunkt $t = 135$

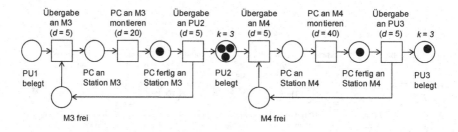

Abb. 19. Petrinetz zum Zeitpunkt $t = 140$

wird die Montage an „M4" beendet und das Schalten abgeschlossen (Abb. 19).

Das folgende Schalten der Transition „Übergabe an PU3" erzeugt in beiden Ausgabestellen eine Marke zum Zeitpunkt $t = 145$ (Abb. 20).

Damit ist die Voraussetzung zum Schalten der Transition „Übergabe an M4" erfüllt, womit eine Marke aus der Stelle „PU2 belegt" und die Marke aus „M4 frei" zum Zeitpunkt $t = 150$ entfernt werden und eine Marke an „PC an Station M4" erzeugt wird (Abb. 21).

Mit Belegung der Stelle „PC an Station M4" kann die Transition „PC an M4 montieren" schalten, wobei dieser Vorgang erst zum Zeitpunkt $t = 190$ abgeschlossen wird. Gleichzeitig kann zum Zeitpunkt $t = 150$ auch die

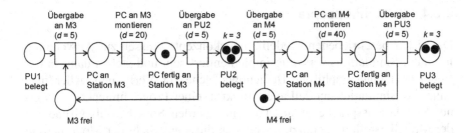

Abb. 20. Petrinetz zum Zeitpunkt $t = 145$

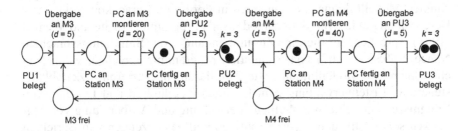

Abb. 21. Petrinetz zum Zeitpunkt $t = 150$

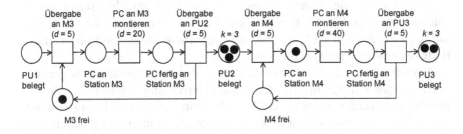

Abb. 22. Petrinetz zum Zeitpunkt $t = 155$

Transition „Übergabe an PU2" schalten, da nun die Anzahl Marken in der Stelle „PU2 belegt" kleiner als die maximale Kapazität ist. Nach dem Schalten ergibt sich der in Abb. 22 dargestellte Zustand zum Zeitpunkt $t = 155$.

Um die Komplexität von Produktions- und Logistiksystemen angemessen abzubilden, sind zahlreiche Erweiterungen des grundlegenden Konzeptes von Petrinetzen entstanden. So gibt es beispielsweise Netze mit unterschiedlichen Arten von Kanten, hierarchische Netze, objektorientierte Netze und unterschiedliche Arten der Zeitabbildung (vgl. Rabe 2003b, S. 184-198; Reisig 2010).

3.3.4 Sprachkonzepte

Die bisher beschriebenen Modellierungskonzepte müssen zur Anwendung in einem Simulationswerkzeug implementiert sein und stehen dann in der Regel über eine graphische Bedienoberfläche zur Verfügung. Allerdings kann das Simulationsmodell auch direkt in einer Programmier- oder in einer Simulationssprache umgesetzt sein. Werden Sprachen als Grundlage der Modellerstellung genutzt, lassen sich diese aus Sicht der Modellierung als *Sprachkonzepte* bezeichnen (vgl. Noche und Wenzel 1991; Hollocks 2006). Grundidee der Sprachkonzepte ist die Bereitstellung von sogenannten Modellbildungsmechanismen in Form von Sprachkonstrukten zur Beschreibung eines Simulationsmodells als Programm. Noche und Wenzel (1991) sprechen in diesem Zusammenhang von Simulationssprachen, Nance (1995, S. 1307) von Simulationsprogrammiersprachen, wenn Mechanismen zur Modellbildung wie Zufallszahlengenerierung, Zeitablaufsteuerung, Listenverwaltung zum Erzeugen, Verändern und Löschen von Ereignissen und Objekten, Aufbau, Verwaltung und Aufbereitung von Statistiken sowie Ein- und Ausgaberoutinen und das Erzeugen von Berichten bereitgestellt werden.

In Abhängigkeit von der Art und den Möglichkeiten der zugrunde liegenden Programmiersprache können verschiedene Sprachkonzepte unterschieden werden. Für den hier betrachteten Anwendungsbereich der Simulation in Produktion und Logistik sind vor allem block- und objektorientierte Sprachkonzepte von Interesse.

Blockorientierte Sprachkonzepte stellen als Sprachkonstrukte sogenannte Blöcke zur Verfügung. Aus der Aneinanderreihung von Blöcken, die parametrisiert werden müssen, ergibt sich dann ein Simulationsprogramm. Bewegliche Elemente (in einer Reihe von blockorientierten Sprachen auch als Transaktionen bezeichnet) passieren zur Laufzeit des Modells zeilenweise die programmierten Blöcke. Algorithmus 3 verdeutlicht das Prinzip anhand eines Ausschnittes aus einem blockorientierten Programm, wobei wir wieder auf unser kleines Beispiel mit den Montagestationen und den zugehörigen Puffern zurückgreifen. Der Block „BELEGEN" schließt in diesem Programm die Prüfung, ob die Maschine „M3" bzw. „M4" noch hinreichend freie Kapazität zur Bearbeitung der Transaktion hat, ein. Solange dies nicht der Fall ist, verbleibt die Transaktion im vorhergehenden Block („PU1" bzw. „PU2"). Erkennbar ist, dass alle von einer Transaktion zu durchlaufenden Blöcke in der entsprechenden Reihenfolge angegeben und die im Modell vorkommenden Maschinen und Puffer im Programm explizit benannt werden müssen. Würde die Transaktion zwölf Maschinen durchlaufen, müssten die Blöcke „PUFFERN", „BELEGEN", „VERZÖ-

Algorithmus 3. Ausschnitt aus einem blockorientierten Simulationsprogramm (Pseudocode)

```
ERZEUGE PC-Transaktion entsprechend vorgegebener Ver-
teilung
[...]
PUFFERN in PU1
BELEGEN M3
VERZÖGERN entsprechend Bearbeitungszeit in M3
FREIGEBEN M3
PUFFERN in PU2
BELEGEN M4
VERZÖGERN entsprechend Bearbeitungszeit in M4
FREIGEBEN M4
PUFFERN in PU3
[...]
VERNICHTE PC-Transaction
```

Algorithmus 4. Beispiel für eine Klassenerweiterung (Pseudocode)

```
class Pruefplatz extends Maschine
{
    public bearbeiten();
    {
        super.bearbeiten();
        if (Zufallszahl() < 0.1) then
            Werkstueck.setze_status ("defekt")
    }
}
```

GERN" und „FREIGEBEN" zwölfmal hintereinander mit den entsprechenden Maschinen- und Pufferbezeichnungen programmiert werden.

Objektorientierte Sprachkonzepte stellen neben den oben genannten Mechanismen der Modellbildung auch Konstrukte der objektorientierten Programmierung wie Klassen und Unterklassen, die wir in Abschnitt 3.3.2 kennengelernt haben, zur Verfügung. Beispiele für die Umsetzung objektorientierter Sprachkonzepte sind SIMULA (vgl. Rohlfing 1973) oder auch simulationsspezifische Erweiterungen aktueller objektorientierter Programmiersprachen wie beispielsweise Java. Das in Algorithmus 4 illustrierte Beispiel zeigt, wie sich im objektorientierten Sprachkonzept eine Klasse „Maschine" zu einer Unterklasse „Pruefplatz" erweitern lässt. Die Attribute der Maschine, wie beispielsweise die Referenz auf das zu bearbeitende Werkstück, werden durch Vererbung übernommen. Die Methode

„bearbeiten" wird durch eine Entscheidung ergänzt, ob das Werkstück defekt ist, wobei ein konstanter Anteil von 10 % defekter Werkstücke angenommen wird. Dazu wird zunächst die ursprüngliche Methode der Oberklasse „Maschine" ausgeführt. Im zweiten Schritt wird über eine Zufallszahl festgelegt, ob das Werkstück defekt ist. Ist dies der Fall, so wird die Methode „setze_status" des durch das Attribut „Werkstueck" referenzierten Objektes aufgerufen, die dessen Status entsprechend verändert.

Sowohl bei den block- als auch bei den objektorientierten Sprachkonzepten liegt der Nachteil im bestehenden Programmieraufwand bei neuen Problemstellungen und generell in der fehlenden graphischen Visualisierung. Bei objektorientierten Sprachkonzepten bietet sich die Wiederverwendung von Klassen an, sodass sich bei strukturierter Herangehensweise der Programmieraufwand reduzieren lässt. Vorteil vor allem der objektorientierten Sprachkonzepte ist die hohe Flexibilität aufgrund der Möglichkeiten zur individuellen Programmierung. Die besondere Bedeutung von blockorientierten Sprachkonzepten liegt in ihrer sehr hohen Verbreitung und der Anwendung in einer großen Anzahl von kommerziellen Simulationswerkzeugen.

4 Stochastische Grundlagen und ihre Anwendung

Der Begriff Stochastik ist in der Mathematik die Bezeichnung für die „Lehre von den Gesetzmäßigkeiten des Zufalls" (Georgii 2009, S. 1). Die Bedeutung der Stochastik für die Untersuchung von Logistik- und Produktionssystemen ergibt sich aus den zahlreichen Vorgängen, die in diesen Systemen dem Zufall unterliegen. Ein Vorgang unterliegt dem Zufall, wenn er grundsätzlich zu unterschiedlichen Ergebnissen führen kann und diese Ergebnisse in ihrer Gesamtheit bekannt sind, sich aber im Einzelfall nicht vorhersagen lässt, zu welchem konkreten Ergebnis der Vorgang führt. Dabei ist die Frage, ob es tatsächlich Zufälle gibt oder ob es nur am Verständnis der Gesetzmäßigkeiten mangelt, die zu einem bestimmten Ergebnis führen, eher philosophischer Natur und hängt mitunter auch mit dem betrachteten Ausschnitt der Realität zusammen (vgl. Georgii 2009, S. 1).

Wird etwa ein PC aus der Beispielfertigung in Abschnitt 2.1 auf Funktionsfähigkeit geprüft, so kann sich das Gerät im Ergebnis einer Prüfung als funktionsfähig oder als nicht funktionsfähig erweisen. Welches dieser beiden möglichen Ergebnisse sich bei einer konkreten Prüfung einstellt, ist ungewiss und aus Sicht des Prüfers zufällig. Bei genauerer Betrachtung der vorhergehenden Abläufe ließen sich jedoch möglicherweise nicht vom Zufall beeinflusste Kausalzusammenhänge aufdecken, die zu den beobachteten Fehlern führen.

Weitere Beispiele für Vorgänge in produktionslogistischen Systemen, deren Ergebnisse sich aus Sicht des Betrachters zufällig einstellen können, sind Art und Umfang eintreffender Aufträge, Ausfälle von Maschinen, Krankenstand von Personal oder Transport- und Bearbeitungszeiten. Derartige dem Zufall unterliegende Vorgänge sind in der überwiegenden Mehrzahl der Fälle von so großer Bedeutung für das Verhalten von Produktions- und Logistiksystemen, dass sie in den entsprechenden Modellen in geeigneter Art und Weise berücksichtigt werden müssen.

Daher geben wir im Folgenden einen Überblick über die Grundlagen der Stochastik, die für die Durchführung von Simulationsstudien in Produktion und Logistik unbedingt erforderlich sind. Hierzu gehen wir auf drei Teilgebiete der Stochastik ein: die deskriptive Statistik, die Wahrscheinlichkeitstheorie und die induktive Statistik. Dabei befasst sich die deskriptive (beschreibende) Statistik damit, durch Beobachtungen aufgenommene Daten mittels statistischer Kennzahlen oder in Form graphischer Darstellungen zu beschreiben und aufzubereiten. Die Wahrscheinlichkeitstheorie stellt mathematische Modelle zur Beschreibung und Untersuchung des Zufalls in beobachteten Daten bereit. Deskriptive Statistik und Wahrscheinlichkeitstheorie bilden gemeinsam die Grundlage der induktiven (schließenden) Statistik, mit deren Methoden Schlussfolgerungen aus den beobachteten Daten gezogen werden können.

Naturgemäß kann ein einzelnes Kapitel nur einen Einblick vermitteln und Grundbegriffe sowie anwendungsbezogenes „Handwerkszeug" erläutern. Für vertiefende Darstellungen sowie für eine Einführung in die Wahrscheinlichkeitstheorie und Statistik insgesamt empfehlen sich unter anderem Fahrmeir et al. (2016) und Georgii (2009).

Unsere Einführung beginnt im folgenden Abschnitt mit einem Beispiel und gibt in Abschnitt 4.2 einen kurzen Überblick über die bei fast jeder Simulationsstudie benötigten Beschreibungsmittel der deskriptiven Statistik. Anschließend stellt Abschnitt 4.3 einige Grundbegriffe der Wahrscheinlichkeitstheorie zusammen. Abschnitt 4.4 geht dann mit Zufallsvariablen und Verteilungen vertiefend auf Begriffe und Konzepte der Wahrscheinlichkeitstheorie ein, deren Kenntnis für Simulationsanwendungen elementar ist. Die Abschnitte 4.5 und 4.6 widmen sich Schätz- und Testverfahren, die der schließenden Statistik zuzurechnen sind. Wie „der Zufall in den Rechner kommt", wird in Abschnitt 4.8 verdeutlicht, in dem die Erzeugung von Zufallszahlen durch Zufallszahlengeneratoren behandelt wird.

Während die bisher genannten Abschnitte eher Grundlagen darstellen, sind die verbleibenden beiden Abschnitte 4.7 und 4.9 des Kapitels stärker anwendungsorientiert. Abschnitt 4.7 zeigt, wie aus aufgezeichneten Daten Verteilungen gewonnen werden können (Verteilungsanpassung). Abschnitt 4.9 stellt eine Reihe von anwendungsbezogenen Hinweisen zusammen, die bei der Durchführung von Simulationsstudien vor dem Hintergrund der zuvor diskutierten Grundlagen zu beachten sind.

4.1   Einführendes Beispiel

Vom Zufall beeinflusste Vorgänge haben oftmals erhebliche Auswirkungen auf die Ausgangsgrößen eines Systems. Zur Verdeutlichung betrachten wir einen kleinen, nur aus dem Aufgabepunkt der PC-Gehäuse und der ersten Station „M1" bestehenden Teilausschnitt des Fallbeispiels aus Abschnitt 2.1: Wenn der Aufgabepunkt in Abbildung 2 in einem festen Takt von 220 Sekunden ein Produkt bereitstellt und M1 eine konstante Bearbeitungszeit (inklusive des Transportes innerhalb der Station) von 219 Sekunden hat, dann ergibt sich für die maximale Belegung der Pufferstrecke zwischen dem Aufgabepunkt und M1 ein Wert von 1, vorausgesetzt die Pufferstrecke transportiert die Produkte hinreichend schnell. Schwankt die zwischen der Ankunft zweier Produkte verstreichende Zeit (Zwischenankunftszeit; vgl. Abschnitt 2.5.3) zufällig zwischen 160 und 280 Sekunden, so kann die Belegung der Pufferstrecke auf bis zu sieben Produkte steigen, wie Abbildung 23 zeigt.

Lediglich dadurch, dass für die Einsteuerung der Bauteile anstelle einer deterministischen Größe eine stochastische Größe verwendet wird, ändert sich der beobachtete Bedarf an Pufferplätzen und damit das Verhalten des betrachteten (Teil-)Systems ganz erheblich. Dieses Beispiel unterstreicht, wie wichtig der angemessene Umgang mit Vorgängen, die dem Zufall unterliegen, ist.

4.2 Grundbegriffe der deskriptiven Statistik

Bei der Anzahl der belegten Pufferplätze im Beispiel des vorangegangenen Abschnittes handelt es sich aus Sicht der Statistik um Beobachtungen, die

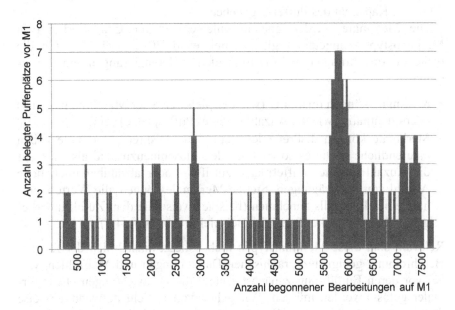

Abb. 23. Schwankung der Pufferbelegung im Produktionsverlauf bei variierender Zwischenankunftszeit der zu produzierenden Teile auf M1

zunächst einmal in geeigneter Weise aufbereitet und beschrieben werden müssen. Die deskriptive (beschreibende) Statistik stellt zur Aufbereitung von Beobachtungen, die unter Zufallseinfluss zustande kommen, eine Reihe von Hilfsmitteln bereit. Dieser Abschnitt wird keinen umfassenden Überblick über die deskriptive Statistik geben (können), sondern sich auf die für die Simulationsanwendung in Produktion und Logistik in erster Linie relevanten Hilfsmittel fokussieren.

Vereinfacht zusammengefasst bietet die deskriptive Statistik zum einen graphische Darstellungen wie Histogramme oder Punktdiagramme an und stellt zum anderen sogenannte Maßzahlen bereit. Ausgangspunkt sowohl für Graphiken als auch für Maßzahlen sind sogenannte *Merkmale*, die an statistischen Einheiten (Beobachtungseinheiten, Merkmalsträgern) von Interesse sind. *Statistische Einheiten* sind in unserem Beispiel unter anderem jede einzelne Station oder auch jeder Puffer. Die beobachteten *Merkmale* für diese Einheiten, die auch als Variablen bezeichnet werden, sind dann beispielsweise der Zustand der jeweiligen Station oder die Anzahl der belegten Plätze des jeweiligen Puffers. Für jedes Merkmal können verschiedene Ergebnisse beobachtet werden, die sogenannten *Merkmalsausprägungen*. So kann das Merkmal „Zustand einer Station" etwa die Ausprägungen „Wartend", „Blockiert", „Arbeitend" oder „Gestört" haben (vgl. auch Abschnitt 2.6.1). Die möglichen Ausprägungen des Merkmals „Anzahl der belegten Plätze eines Puffers" sind durch die Elemente der Menge {0, 1, ..., Kapazität des Puffers} gegeben.

Die Merkmale werden anhand unterschiedlicher Charakteristika in Merkmalstypen eingeteilt (vgl. Fahrmeir et al. 2016, S. 14-18). Für die weiteren Ausführungen sind die folgenden Differenzierungen von Bedeutung:

- Merkmale können qualitativ (wie beispielsweise der Maschinenzustand) oder quantitativ (wie die Anzahl belegter Pufferplätze) sein.
- Merkmale können diskret oder stetig sein. Diskrete Merkmale haben eine endliche – wie es sowohl auf den Maschinenzustand als auch auf die Anzahl belegter Pufferplätze zutrifft – oder abzählbar unendliche Anzahl von Ausprägungen. Stetige Merkmale können alle Werte innerhalb eines Intervalls annehmen (beispielsweise die dem Zufall unterliegende Zwischenankunftszeit im Beispiel in Abschnitt 4.1).

Relevant sind diese Merkmalstypen nicht zuletzt hinsichtlich der für ihre Beschreibung geeigneten graphischen Darstellungen und Maßzahlen, wobei vor deren Einführung zunächst einmal die Beobachtungen etwas formaler gefasst werden müssen: Wir gehen von n nicht notwendigerweise voneinander verschiedenen Werten $x_1, ..., x_n$ aus, die als Ausprägungen eines Merkmals *X* an *n* statistischen Einheiten beobachtet oder gemessen worden sind. Diese Werte werden im Folgenden als *Messreihe* bezeichnet.

Die Beobachtungen bzw. Messungen werden in vielen Fällen an einer Stichprobe durchgeführt. Eine *Stichprobe* ist eine Teilmenge der Menge aller potenziell relevanten statistischen Einheiten, wobei letztere als *Grundgesamtheit* bezeichnet wird. Was genau die statistischen Einheiten sind und wie sich dementsprechend die Grundgesamtheit zusammensetzt, ist im Übrigen schon für die hier diskutierten vergleichsweise einfachen Fälle nicht immer intuitiv klar: Soll die Belegung der Durchlaufkanäle in unserem Beispiel aus Abschnitt 2.1 analysiert werden, so bildet jeder DLK eine statistische Einheit, das beobachtete quantitative, diskrete Merkmal ist die Anzahl der Behälter pro DLK mit möglichen Merkmalsausprägungen zwischen 0 und 5. Das gilt allerdings nur bei einer statischen Betrachtung der DLK-Belegung (zu einem Zeitpunkt, gewissermaßen als „Momentaufnahme"). Wenn die Belegung von einem (oder mehreren) DLK im Zeitverlauf betrachtet werden soll, müssen wiederholte Erhebungen für aufeinanderfolgende Zeitpunkte vorgenommen werden. Die so zustande kommenden Messreihen werden als *Zeitreihen* bezeichnet. Die Besonderheit bei Zeitreihen ist, dass sich die statistische Einheit unter expliziter Berücksichtigung der Zeit (oder genauer des Messereignisses) ergibt. Im Fall der DLK-Belegung im Zeitverlauf ist eine statistische Einheit jeweils ein Tupel aus DLK und Messereignis, z. B. die Belegung des ersten DLKs zum Zeitpunkt t_1 oder die Belegung des gleichen DLKs zum Zeitpunkt t_2. Dass der Begriff der statistischen Einheit an Zustandsänderungen im System („Ereignisse", vgl. Abschnitt 2.2.3) gebunden sein kann, macht auch eine Betrachtung der Zwischenankunftszeiten der Produkte aus dem Beispiel in Abschnitt 4.1 deutlich. In diesem Fall bildet jedes Ankunftsereignis eine statistische Einheit. Das beobachtete quantitative, stetige Merkmal ist der zeitliche Abstand zum vorhergehenden Ankunftsereignis und die Grundgesamtheit ergibt sich aus der Menge aller Ankunftsereignisse. Tabelle 22 stellt einige Grundbegriffe anhand der DLK-Belegungen und der Zwischenankunftszeiten noch einmal im Überblick zusammen. Auf Zeitreihen und ihre Besonderheiten bei der statistischen Auswertung werden wir noch mehrfach zurückkommen, da sie für die Analyse von Produktions- und Logistiksystemen eine große Rolle spielen.

Für die Erhebung einer Messreihe wird in vielen Fällen eine Stichprobe und nicht die Grundgesamtheit herangezogen, da die Grundgesamtheit zu viele Elemente enthält oder ihre Elemente gar nicht vollständig vorliegen. In unserem Beispiel dürfte etwa die Aufnahme aller auftretenden Zwischenankunftszeiten während der Lebensdauer des Produktionssystems zu aufwendig werden oder zum Zeitpunkt der Untersuchung nachträglich gar nicht möglich sein. Eine Reihe von Messwerten wird sich dagegen sicher

Tabelle 22. Grundbegriffe und Beispiele

Begriff	Beispiel „DLK-Belegung statisch"	Beispiel „DLK-Belegung im Zeitverlauf"	Beispiel „Zwischen-ankunftszeit"
statistische Einheit	jeder einzelne DLK	Tupel aus (DLK, Messereignis)	jedes Ankunftser-eignis
Merkmal	Anzahl Behälter im DLK	Anzahl Behälter im DLK (zum Zeitpunkt des Messereignisses)	Zeitabstand zum vorhergehenden Ankunftsereignis
Merkmalstyp	quantitativ, diskret	quantitativ, diskret	quantitativ, stetig
Merkmals-ausprägungen	{0, 1, ..., 5}	{0, 1, ..., 5}	[160; 280]
Grund-gesamtheit	Menge aller DLK im System	Menge aller Kombinationen aus DLK und Messereignissen während der Systemlebensdauer	Menge aller Ankunftsereignisse während der Systemlebensdauer
Stichprobe	alle DLK an der Station „M1"	Messereignisse für einen DLK während der letzten 20 Produktionstage	Ankunftsereignisse der letzten 20 Produktionstage

und mit überschaubarem Aufwand aufnehmen lassen. Messreihen lassen sich in unterschiedlicher Weise darstellen und beschreiben:

Für diskrete Merkmale lässt sich angeben, wie oft in n Beobachtungen eines Merkmals eine bestimmte Merkmalsausprägung a_j ($j = 1, ..., k$) vorkommt. Dabei gibt k die Anzahl unterschiedlicher Ausprägungen an, und es muss gelten $k \leq n$. Die Anzahl der Messwerte x_i ($i = 1, ..., n$), für die $x_i = a_j$ gilt, wird als absolute Häufigkeit der Ausprägung a_j bezeichnet und wird als $h(a_j) = h_j$ notiert. Die Graphik in Abbildung 23 umfasst beispielsweise $n = 7.832$ aufgezeichnete Ausprägungen für die Belegung des betrachteten Puffers. Dabei lassen sich gemäß Darstellung in Spalte 1 von Tabelle 23 $k = 8$ Ausprägungen unterscheiden. Spalte 2 zeigt die durch Auszählung ermittelten absoluten Häufigkeiten und Spalte 3 die relativen Häufigkeiten $f(a_j) = f_j = h_j / n$, die sich bei Division der absoluten Häufigkeiten durch die Anzahl der Beobachtungen n ergeben.

Tabelle 23. Häufigkeitstabelle für die Pufferbelegung

Ausprägung a_j	Absolute Häufigkeit h_j	Relative Häufigkeit f_j
0	3885	49,60 %
1	1887	24,09 %
2	1059	13,52 %
3	497	6,35 %
4	179	2,29 %
5	118	1,51 %
6	119	1,52 %
7	88	1,12 %

Bei quantitativen, stetigen Merkmalen wie der Zwischenankunftszeit wird die Anzahl unterschiedlicher Merkmalsausprägungen k nicht viel kleiner sein als die Anzahl betrachteter Werte n, da zwei exakt gleiche Zwischenankunftszeiten selten oder gar nicht auftreten werden. Daher werden die Merkmalsausprägungen für diesen Typ von Merkmalen in Klassen eingeteilt (beispielsweise in Intervalle mit einer Breite von zehn Sekunden: [160; 170), [170; 180), ...; [270; 280], wenn – wie in dem Beispiel in Abschnitt 4.1 angegeben – die Zwischenankunftszeit zwischen 160 und 280 Sekunden liegt). Darauf basierend lassen sich dann wieder absolute und relative Häufigkeiten angeben, die sich jetzt aber auf die Klassen beziehen. Tabelle 24 zeigt die entsprechenden Häufigkeiten; Abbildung 24 zeigt ein auf Basis dieser Darstellung erstelltes Histogramm als graphische Repräsentation der Tabelle.

Für die Festlegung der Anzahl der Klassen gibt es keine feste Regel. Fahrmeir et al. (2016, S. 40) geben als Faustregel an, die Klassenanzahl k gemäß Formel 4.1 zu wählen, weisen aber gleichzeitig darauf hin, dass der subjektive Eindruck, den das Histogramm vermittelt, zu berücksichtigen sei.

$$k = \left\lceil \sqrt{n} \right\rceil \tag{4.1}$$

Neben dem Histogramm gibt es für die Darstellung der Häufigkeit noch zahlreiche andere graphische Darstellungsformen wie Kreisdiagramme, Säulen-, Balken- oder Stabdiagramme (vgl. Fahrmeir et al. 2016, S. 32-48). Beispielsweise ist bei Kreisdiagrammen der Kreissektor für eine Klasse oder eine Merkmalsausprägung proportional zur relativen Häufigkeit zu wählen.

92 Stochastische Grundlagen und ihre Anwendung

Tabelle 24. Häufigkeitstabelle für die Zwischenankunftszeiten

Klasse	Absolute Klassenhäufigkeit h_j	Relative Klassenhäufigkeit f_j
[160; 170)	632	8,07 %
[170; 180)	636	8,12 %
[180; 190)	640	8,17 %
[190; 200)	653	8,34 %
[200; 210)	619	7,90 %
[210; 220)	649	8,29 %
[220; 230)	641	8,18 %
[230; 240)	680	8,68 %
[240; 250)	692	8,84 %
[250; 260)	690	8,81 %
[260; 270)	652	8,32 %
[270; 280]	648	8,27 %

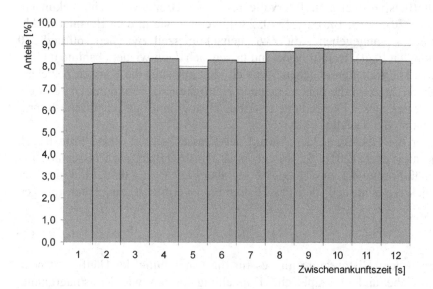

Abb. 24. Histogramm als graphische Repräsentation der Tabelle 24

Die graphischen Darstellungen werden durch *Maßzahlen* zu Lage und Streuung der Werte einer Messreihe ergänzt. Ein regelmäßig verwendetes

Lagemaß ist der Mittelwert (empirischer Mittelwert, arithmetisches Mittel) der Messwerte x_i eines Merkmals X mit $i = 1, \ldots, n$ und n Anzahl der Beobachtungen, der wie folgt definiert ist:

$$\bar{x} = \frac{1}{n} \cdot (x_1 + \ldots + x_n) = \frac{1}{n} \cdot \sum_{i=1}^{n} x_i \qquad (4.2)$$

Der Mittelwert reagiert vergleichsweise empfindlich auf einzelne deutlich abweichende Werte („Ausreißer"). Ein gegenüber Ausreißern robusteres Lagemaß ist der *Median*, der sich ergibt, in dem die Werte der Messreihe der Größe nach aufsteigend sortiert werden, sodass $x_{(1)} \leq x_{(2)} \leq \ldots \leq x_{(n)}$ gilt. Der Median markiert dann die „Mitte" dieser aufsteigenden Zahlenfolge und ist entsprechend definiert als

$$\tilde{x} = \begin{cases} x_{(\frac{n+1}{2})} & \text{für } n \text{ ungerade} \\ \frac{1}{2} \cdot (x_{(\frac{n}{2})} + x_{(\frac{n}{2}+1)}) & \text{für } n \text{ gerade} \end{cases} \qquad (4.3)$$

Eine Verallgemeinerung des Medians stellen die sogenannten *p-Quantile* x_p $(0 < p < 1)$ dar. Sie teilen die sortierten Stichprobenwerte derart, dass für den Wert x_p gilt, dass mindestens $p \cdot 100\,\%$ der Werte in der Messreihe nicht größer und mindestens $(1 - p) \cdot 100\,\%$ der Werte nicht kleiner als x_p sind. Der Median ist dann das 0,5-Quantil $x_{0,5}$. Die Quantile $x_{0,25}$ und $x_{0,75}$ werden als erstes und drittes (oder auch als unteres und oberes) *Quartil* bezeichnet. Der über die Quartile ermittelbare Quartilsabstand $x_{0,75} - x_{0,25}$ ist ein Maß dafür, wie „weit" die einzelnen Werte der Messreihe auseinander liegen. Es wird daher auch als ein *Streuungsmaß* (im Unterschied zu den Lagemaßen Mittelwert und Median) bezeichnet. Das gängigste Streuungsmaß ist die *empirische Standardabweichung*, die angibt, wie stark die Werte um den Mittelwert schwanken:

$$s = \sqrt{\frac{1}{n-1} \cdot \sum_{i=1}^{n} (x_i - \bar{x})^2} \qquad (4.4)$$

Wird die Standardabweichung s quadriert, so erhält man die *empirische Varianz* s^2. Als einfach zu ermittelndes Streuungsmaß (neben einer Vielzahl weiterer Maße, die die Statistik bereitstellt) sei die *Spannweite* $x_{(n)} - x_{(1)}$ erwähnt. Diese hat allerdings wie das Lagemaß Mittelwert den Nachteil, dass sie empfindlich auf Ausreißer reagiert.

Betrachtungen von einer Messreihe mit Beobachtungen eines einzigen Merkmals werden auch als *univariat* (oder *eindimensional*) bezeichnet. Mit Hilfe sogenannter *multivariater Beschreibungsmittel* lassen sich Daten aus mehr als einer Messreihe aufbereiten, wobei wir uns hier auf den *empirischen Korrelationskoeffizienten* r_{XY} als Maß für den Zusammenhang von Messreihen $x_1, \dots, x_n$ und $y_1, \dots, y_n$ für zwei Merkmale X und Y sowie auf *Streudiagramme* als graphische Veranschaulichung beschränken wollen. Bezogen auf das Beispiel in Abschnitt 4.1 kann mit diesen Beschreibungsmitteln etwa untersucht werden, ob ein Zusammenhang zwischen den beobachteten Zwischenankunftszeiten und der jeweiligen Pufferbelegung existiert. Der empirische Korrelationskoeffizient der Merkmale X und Y ist wie folgt definiert:

$$r_{XY} = \frac{\sum_{i=1}^{n}(x_i - \bar{x}) \cdot (y_i - \bar{y})}{\sqrt{\sum_{i=1}^{n}(x_i - \bar{x})^2 \cdot \sum_{i=1}^{n}(y_i - \bar{y})^2}} = \frac{s_{XY}}{s_X \cdot s_y} \qquad (4.5)$$

Dabei sind

$$s_X = \sqrt{\frac{1}{n-1} \cdot \sum_{i=1}^{n}(x_i - \bar{x})^2} \quad \text{und } s_Y = \sqrt{\frac{1}{n-1} \cdot \sum_{i=1}^{n}(y_i - \bar{y})^2} \qquad (4.6)$$

die Streuungen der beiden Messreihen und

$$s_{XY} = \frac{1}{n-1} \cdot \sum_{i=1}^{n}(x_i - \bar{x}) \cdot (y_i - \bar{y}) \qquad (4.7)$$

ist die empirische Kovarianz der Merkmale X und Y. Der Korrelationskoeffizient misst die Stärke des linearen Zusammenhanges der beobachteten Werte aus den beiden Messreihen. Grundsätzlich gilt, dass der Korrelationskoeffizient r_{XY} zwischen -1 und 1 liegt. Wenn der Wert nahe bei 1 liegt, handelt es sich um eine stark positive Korrelation. Liegt er in der Nähe von -1, ist die Korrelation stark negativ. Eine graphische Veranschaulichung der Korrelation ergibt sich mit Hilfe des sogenannten Streudiagramms, bei dem die Werte der beiden Messreihen als Tupel (x_i, y_i) in ein zweidimensionales Koordinatensystem eingezeichnet werden.

In Abbildung 25 sind vier Beispiele für Streudiagramme mit den jeweils dazugehörigen Korrelationskoeffizienten zu sehen. Das Streudiagramm, Fall a, zeigt Werte von Messreihen, die nicht korreliert sind. Fall b enthält positiv korrelierte Werte. Fall c zeigt ein Beispiel für eine stark negative, Fall d für eine stark positive Korrelation.

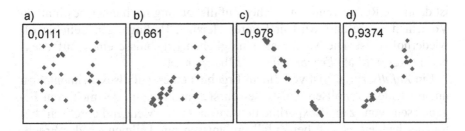

Abb. 25. Beispiele für Streudiagramme unterschiedlich korrelierter Messreihen mit Angabe des jeweiligen Korrelationskoeffizienten

4.3   Grundbegriffe der Wahrscheinlichkeitstheorie

Im vorangegangenen Abschnitt wurden Messreihen x_1, ..., x_n eingeführt, die aus der Beobachtung eines Merkmals statistischer Einheiten hervorgehen. In vielen Fällen wird dazu – wie in dem Abschnitt beschrieben – eine Stichprobe herangezogen und nicht die Grundgesamtheit. Nun sind aber häufig gerade die Eigenschaften der Grundgesamtheit von Interesse. Betrachten wir dazu noch einmal unser Pufferbelegungsbeispiel mit den in Tabelle 23 zusammengestellten Häufigkeiten. Auf Basis der dort zusammengefassten Messwerte könnte ein Produktionsverantwortlicher fragen, ob denn auch mit einer Pufferbelegung von acht oder mehr PCs zu rechnen sei. Das führt unmittelbar zu der Frage, wie wahrscheinlich es auf Basis der Messwerte aus der Stichprobe ist, dass in der Grundgesamtheit Werte größer als sieben enthalten sind. Die Grundlage für die Beantwortung dieser und ähnlicher Fragen liefert die Wahrscheinlichkeitstheorie.

Gegenstände der Wahrscheinlichkeitstheorie sind unter anderem Wahrscheinlichkeiten auf Basis von Zufallsexperimenten, Ereignis- und Wahrscheinlichkeitsräume, die Kombinatorik, Zufallsvariablen und ihre Verteilungen sowie mehrdimensionale Zufallsvariablen. Zweck dieses Abschnittes ist es, die elementaren Grundbegriffe der Wahrscheinlichkeitstheorie kurz darzustellen und so die Grundlage für den Umgang mit Zufallsvariablen im folgenden Abschnitt 4.4 zu legen. Vertiefende Darstellungen finden sich beispielsweise bei Fahrmeir et al. (2016, S. 165-335) und Georgii (2009, S. 5-182).

Bereits in der Einleitung dieses Kapitels haben wir einen Vorgang als *Zufallsvorgang* charakterisiert, wenn er grundsätzlich zu unterschiedlichen Ergebnissen führen kann, die möglichen Ergebnisse in ihrer Gesamtheit bekannt sind, sich aber im konkreten Einzelfall vorab nicht sagen lässt, zu welchem Ergebnis der Vorgang führen wird. Von einem *Zufallsexperiment* ist dann die Rede, wenn ein solcher Zufallsvorgang nach einer bestimmten Vorschrift ausgeführt wird und unter gleichen Bedingungen beliebig oft wiederholbar ist. Die Menge aller möglichen Ergebnisse eines Zufallsexperimentes wird als *Ergebnismenge* Ω bezeichnet.

Ein *Zufallsereignis* ist von einem Ergebnis eines Zufallsexperimentes zu unterscheiden: Zufallsereignisse setzen sich aus einem oder mehreren Ergebnissen von Zufallsexperimenten zusammen. Mengentheoretisch betrachtet handelt es sich bei Zufallsereignissen um Teilmengen der Ergebnismenge Ω, während es sich bei Ergebnissen um Elemente der Menge handelt.

Zur Verdeutlichung betrachten wir erneut das in Abschnitt 4.1 eingeführte kleine Beispiel. Im Sinne der eingangs formulierten Fragestellung des Produktionsverantwortlichen lässt sich als Zufallsexperiment definieren, den Pufferfüllstand jeweils dann zu messen, wenn das nächste PC-Gehäuse am Aufgabepunkt eintrifft. Als Ergebnis dieses Zufallsexperimentes erhalten wir die Anzahl an Teilen im Puffer. Als Ergebnismenge ergibt sich $\Omega = \{0, 1, ..., \text{Kapazität des Puffers}\}$.

Ereignisse sind gemäß Definition beliebige Teilmengen von Ω. Betrachten wir beispielsweise die vier Teilmengen

1. $A_1 = \{0\}$,
2. $A_2 = \{\text{Kapazität des Puffers}\}$,
3. $A_3 = \{0, 2, ..., \text{Kapazität des Puffers}\}$, wenn die Pufferkapazität eine gerade Zahl ist, bzw. $A_3 = \{0, 2, ..., \text{Kapazität des Puffers} - 1\}$, wenn die Pufferkapazität eine ungerade Zahl ist, sowie
4. $A_4 = \{8, 9, ..., \text{Kapazität des Puffers}\}$.

Dabei nehmen wir (wegen A_4) an, dass der Puffer mindestens zehn Teile aufnehmen kann (Kapazität des Puffers ≥ 10). Damit ergeben sich die folgenden vier Ereignisse:

1. Ereignis A_1: Der Puffer ist leer.
2. Ereignis A_2: Der Puffer ist voll.
3. Ereignis A_3: Der Puffer ist mit einer geraden Anzahl von Teilen belegt.
4. Ereignis A_4: Der Puffer ist mit mehr als sieben Teilen belegt.

Ereignisse wie A_1 und A_2, die durch Teilmengen mit nur einem Element beschrieben werden, werden als *Elementarereignisse* bezeichnet.

Jedem Ereignis A (mengentheoretisch: jeder Teilmenge $A \subseteq \Omega$) wird durch die *Wahrscheinlichkeit P(A)* ein Wert zwischen 0 und 1 zugeordnet. Formal ist die *Wahrscheinlichkeit* eine Abbildung von einer Menge von Teilmengen von Ω (oder anders formuliert: von einer Menge von Ereignissen) auf das Intervall [0; 1]. Vereinfacht formuliert gibt also *P(A)* an, wie wahrscheinlich das Eintreten von A auf einer Skala von 0 (das Ereignis A tritt nie ein und ist damit unmöglich) bis 1 (das Ereignis A tritt mit Sicherheit ein) ist.

Die Werte von $P(A)$ hängen dabei von den Bedingungen bzw. Eingangsgrößen des betrachteten Zufallsexperimentes ab. Verändern wir beispielsweise die Zwischenankunftszeit der PC-Gehäuse unserer Produktion, so bekommen wir möglicherweise andere Wahrscheinlichkeiten für die Ereignisse A_1 bis A_4 als zuvor. Als ein Anhaltspunkt für die Ermittlung von Wahrscheinlichkeiten für ein Zufallsexperiment können die in Abschnitt 4.2 beschriebenen relativen Häufigkeiten herangezogen werden. Allerdings können auch Wahrscheinlichkeiten aufgrund theoretischer Vorüberlegungen gegeben sein. Beide Fälle werden in den folgenden Abschnitten konkretisiert.

4.4 Zufallsvariablen und Verteilungen

Die Ergebnisse eines Zufallsexperimentes werden, wie im vorangegangenen Abschnitt beschrieben, in einer Ergebnismenge Ω zusammengefasst. Eine solche Ergebnismenge kann, wie unser mehrfach verwendetes Beispiel der Pufferbelegung zeigt, aus Zahlen bestehen. Bei einem anderen (eher einfacherem) Beispiel wie dem Werfen einer Münze ergibt sich die Ergebnismenge $\Omega = \{$„Zahl", „Wappen"$\}$ und beim Werfen von zwei unterscheidbaren Würfeln erhalten wir eine Ergebnismenge $\Omega = \{(1, 1),$ $(1, 2), (1, 3), …, (6, 4), (6, 5), (6, 6)\}$ mit 36 Zahlentupeln. Für den Umgang mit Ergebnissen von Zufallsexperimenten ist es in vielen Fällen allerdings zweckmäßig, mit Zahlen zu arbeiten. Zur Abbildung der Ergebnisse auf – im allgemeinen Fall reelle – Zahlen werden daher Zufallsvariablen eingeführt, die mit ihren Eigenschaften und Verteilungen Gegenstand dieses Abschnittes sind. Zufallsvariablen sind für Zufallsexperimente das, was die Merkmale für die deskriptive Statistik sind (vgl. Abschnitt 4.2). Während es in der deskriptiven Statistik allerdings um Beobachtungen an Merkmalsträgern aus Stichproben oder Grundgesamtheiten geht, benötigen wir für den Umgang mit Zufallsvariablen immer die in Abschnitt 4.3 eingeführten Wahrscheinlichkeiten.

4.4.1 Zufallsvariablen

Zufallsvariablen bilden Ergebnisse eines Zufallsexperimentes auf „Zahlenwerte" ab, wobei wir uns im Folgenden auf solche Zufallsvariablen beschränken, die einem Ergebnis eines Zufallsexperimentes eine reelle Zahl als Wert zuordnen. Formal ist eine Zufallsvariable X also eine Abbildung der Ergebnismenge Ω in die Menge der reellen Zahlen: $X: \Omega \rightarrow \mathbb{R}$. Eine Zahl $x \in \mathbb{R}$, die eine Zufallsvariable X für ein Ergebnis eines Zufallsvorganges annimmt, heißt auch Realisierung oder Wert von X.

Für das einleitende Beispiel des Werfens von zwei Würfeln können Ergebnisse durch eine Zufallsvariable Y auf die Summe der Augenzahlen der Würfel abgebildet werden. Denkbar wäre ebenso die Definition einer anderen Zufallsvariable Z, die jedes Element der Ergebnismenge auf das Produkt der beiden Augenzahlen abbildet.

Zufallsvariablen und Ereignisse stehen wie folgt miteinander in Beziehung: Mit $\{X = a\}$ bezeichnen wir für einen Wert $a \in \mathbb{R}$ die Menge aller Ergebnisse in Ω, für die die Zufallsvariable X den Wert a annimmt. So lassen sich für das Werfen unserer beiden Würfel die Ergebnisse, bei denen die Summe der Augenzahlen vier ergibt, unter Verwendung der Zufallsvariablen Y mit $\{Y = 4\}$ wesentlich kompakter darstellen als die äquivalente Aufzählung der drei Einzelergebnisse $\{(1, 3), (2, 2), (3, 1)\}$. Allgemein steht also die Menge $\{X = a\}$ für eine Menge von Ergebnissen eines Zufallsexperimentes. Gemäß der Definition von Ereignissen als Menge von Ergebnissen beschreibt also die Menge $\{X = a\}$ ein Ereignis. Führen wir einen zweiten Wert $b \in \mathbb{R}$ mit $b > a$ ein, so lassen sich in ähnlicher Weise die Ereignisse $\{a < X \leq b\}$, $\{a < X\}$ und $\{X \leq b\}$ definieren. Für die Wahrscheinlichkeit dieser Ereignisse schreiben wir vereinfachend $P(X = a)$, $P(a < X \leq b)$, $P(a < X)$ sowie $P(X \leq b)$.

In einem Simulationsmodell treten Zufallsvariablen an unterschiedlichen Punkten auf. So kann beispielsweise die Bearbeitungszeit an einer Montagestation durch eine Zufallsvariable M beschrieben werden. Dies bedeutet, dass jedes Mal, wenn ein Produkt bearbeitet werden soll (Eintrittsereignis auf der Montagestation), die konkrete Bearbeitungszeit als Realisierung der Zufallsvariable M ermittelt werden muss. Auch zur Modellierung einer Qualitätsprüfung an der Prüfstation unserer PC-Fertigung kann eine Zufallsvariable T verwendet werden, wobei wir uns auf eine Variable mit zwei Realisierungen beschränken können: für $T(\text{Prüfergebnis}) = 1$ ist der PC fehlerhaft und muss zurücktransportiert werden. Wenn dagegen $T(\text{Prüfergebnis}) = 0$ gilt, dann ist der PC fehlerfrei.

Die Wertebereiche der beiden Zufallsvariablen M und T unterscheiden sich deutlich: Während T nur endlich viele (in diesem Fall sogar nur zwei) Werte annehmen kann, soll M jeden Wert zwischen einer minimalen und einer maximalen Bearbeitungszeit annehmen können. Damit gehört T zu den diskreten und M zu den stetigen Zufallsvariablen. Dies ist eine wichtige Differenzierung, die wir etwas genauer fassen wollen:

Eine Zufallsvariable X heißt *diskret*, wenn sie nur endlich viele oder abzählbar unendlich viele Werte $x_1, x_2, \dots x_n, \dots$ annehmen kann. Die

Wahrscheinlichkeiten $P(X = x_i)$ für die Ereignisse $\{X = x_i\}$ ($i = 1, 2, \ldots, n,$ $\ldots$) werden verkürzt mit $p(x_i)$ oder p_i notiert. Die Wahrscheinlichkeiten müssen für jeden Wert zwischen 0 und 1 liegen und in Summe über alle Werte 1 ergeben:

$$0 \le p(x_i) \le 1 \;\; \forall i \quad \text{sowie} \quad \sum_{i=1}^{\infty} p(x_i) = 1 \qquad (4.8)$$

Die *Wahrscheinlichkeitsfunktion* $f(x)$ einer diskreten Zufallsvariable X ist für $x \in \mathbb{R}$ definiert durch:

$$f(x) = \begin{cases} P(X = x_i) = p_i & \text{für } x = x_i \in \{x_1, x_2, \ldots, x_n, \ldots\} \\ 0 & \text{sonst} \end{cases} \qquad (4.9)$$

Die *Verteilungsfunktion* $F(x)$ einer Zufallsvariablen X ist definiert als $F(x) = P(X \le x)$ und ergibt sich im diskreten Fall durch Summation der Funktionswerte von f für die x_i, die kleiner oder gleich x sind:

$$F(x) = P(X \le x) = \sum_{i:x_i \le x} f(x_i) \qquad (4.10)$$

Eine Zufallsvariable X heißt *stetig*, wenn es eine nichtnegative Funktion $f \colon \mathbb{R} \to \mathbb{R}$ gibt, sodass für jedes Intervall $[a; b]$ mit $a < b$ und $a, b \in \mathbb{R}$ gilt:

$$P(a \le X \le b) = \int_a^b f(x)\, dx \qquad (4.11)$$

Die Funktion $f(x)$ heißt *(Wahrscheinlichkeits-)Dichte* oder *Dichtefunktion* von X. Analog zu der in Formel 4.8 angegebenen Wahrscheinlichkeitsfunktion für den diskreten Fall muss die Dichtefunktion über dem Intervall $[a; b]$ Werte größer als 0 annehmen, und die Fläche unter der Dichtefunktion muss 1 sein:

$$0 \le f(x) \;\; \forall x \in \mathbb{R} \quad \text{sowie} \quad \int_{-\infty}^{\infty} f(x)\, dx = 1 \qquad (4.12)$$

Die Wahrscheinlichkeit, dass X einen Wert zwischen a und b annimmt, ist also durch die Fläche unter der Dichtefunktion über dem Intervall $[a; b]$ bestimmt. Da das Intervall über der Menge der reellen Zahlen definiert ist, beinhaltet es überabzählbar viele Werte und eine Summation von Einzelwerten – wie in Formel 4.10 für den diskreten Fall dargestellt – ist nicht möglich. Stattdessen ergibt sich im stetigen Fall die Verteilungsfunktion $F(x)$ der Zufallsvariablen X durch Integration:

$$F(x) = P(X \leq x) = \int_{-\infty}^{x} f(y)dy \qquad (4.13)$$

Für stetige Zufallsvariablen gibt die Verteilungsfunktion $F(x)$ in ähnlicher Weise wie Formel 4.10 für diskrete Verteilungsfunktionen die Wahrscheinlichkeit dafür an, dass die Zufallsvariable X Werte kleiner oder gleich x annimmt.

Wie sich im konkreten Beispiel, etwa für die oben eingeführten Zufallsvariablen M und T die Verteilungs- und die Dichtefunktion bestimmen lassen, greifen wir in Abschnitt 4.7 wieder auf.

4.4.2 Kenngrößen von Zufallsvariablen

Auf Basis der Wahrscheinlichkeitsfunktion für den diskreten Fall sowie der Dichtefunktion für den stetigen Fall lassen sich Kenngrößen für Zufallsvariablen angeben.

Der *Erwartungswert* $\mu = E(X)$ einer Zufallsvariablen X ist der Wert, den die Zufallsvariable „im Mittel" annimmt. Die Definition unterscheidet sich wiederum für diskrete und stetige Zufallsvariablen:

$$E(X) = \begin{cases} \sum_{i=1}^{\infty} x_i \cdot p(x_i) & \text{falls } X \text{ diskret ist} \\ \int_{-\infty}^{\infty} x \cdot f(x)\, dx & \text{falls } X \text{ stetig ist} \end{cases} \qquad (4.14)$$

Der Erwartungswert einerseits und der Mittelwert aus der deskriptiven Statistik andererseits (vgl. Formel 4.2) sind sorgfältig auseinanderzuhalten. Formel 4.14 bezieht sich auf Verteilungen, Formel 4.2 dagegen auf Messreihen. Um den Erwartungswert berechnen zu können, muss die Dichte- bzw. die Wahrscheinlichkeitsfunktion bekannt sein, für den Mittelwert werden „nur" Messwerte benötigt. Beide Größen, Mittelwert und Erwartungswert, sind Lagemaße (vgl. Abschnitt 4.2), wobei der Mittelwert etwas über die Lage der Messreihe und der Erwartungswert etwas über die Lage der Verteilung aussagt.

Eine weitere Kenngröße ist die *Varianz* $\sigma^2 = V(X)$ einer Zufallsvariablen X. Die Varianz ist ein Maß für die Streuung der Verteilung um den Erwartungswert. Sie wird auch als quadratische Abweichung bezeichnet und ist wie folgt definiert:

$$V(X) = E(X - E(X))^2 \qquad (4.15)$$

Die *Standardabweichung* σ oder $S(X)$ ist als positive Quadratwurzel aus der Varianz definiert. Varianz und Standardabweichung haben ihre Entsprechung in empirischer Varianz und empirischer Standardabweichung der deskriptiven Statistik (vgl. Formel 4.4).

Betrachten wir zwei Zufallsvariablen X und Y, so ist die *Kovarianz* $Cov(X, Y)$ ein Maß für den Zusammenhang der Variablen. Sie ist wie folgt definiert:

$$Cov(X,Y) = E\big((X - E(X)) \cdot (Y - E(Y))\big) \qquad (4.16)$$

Bei Division der Kovarianz durch die Standardabweichungen $S(X)$ und $S(Y)$ der beiden Zufallsvariablen X und Y ergibt sich der *Korrelationskoeffizient* $\rho(X, Y)$ wie folgt:

$$\rho(X,Y) = \frac{Cov(X,Y)}{S(X) \cdot S(Y)} = \frac{Cov(X,Y)}{\sqrt{V(X) \cdot V(Y)}} \qquad (4.17)$$

Der Korrelationskoeffizient liegt immer zwischen -1 und 1. Auch Kovarianz und Korrelationskoeffizient haben ihre Entsprechung in der deskriptiven Statistik (vgl. Formeln 4.5 und 4.7).

Weitere Kenngrößen von Zufallsvariablen sind z. B. *Schiefe* oder *Exzess*. Diese Größen sind für Simulationsanwendungen normalerweise nicht unmittelbar relevant und werden daher nicht betrachtet (für eine Vertiefung zu Schiefe und Exzess vgl. Lehn und Wegmann 2006, S. 61-62). Der Vollständigkeit halber sei erwähnt, dass es Zufallsvariablen gibt, für die der Erwartungswert nicht definiert ist (vgl. Georgii 2009, S. 93-101). Auch diese Fälle spielen in Simulationsstudien typischerweise keine Rolle.

4.4.3 Verteilungen von Zufallsvariablen

Zur Beschreibung von diskreten und stetigen Zufallsvariablen gibt es eine Vielzahl von Verteilungen (oft auch als *theoretische Verteilungen* bezeichnet), für die Dichte- und Verteilungsfunktion, Eigenschaften wie Erwartungswert und Varianz und nicht zuletzt auch charakteristische Anwendungsfälle beschrieben sind. Simulationswerkzeuge stellen typischerweise eine Auswahl dieser Verteilungen zur Verfügung (vgl. Abschnitt 6.2). Aus Anwendungssicht ist es also – nicht zuletzt für den qualifizierten Einsatz der Software – erforderlich, sich mit theoretischen Verteilungen, ihren Kennwerten und den Zufallsprozessen, in denen sie typischerweise zum Einsatz kommen, auseinanderzusetzen.

Insgesamt wird in der Literatur eine Vielzahl theoretischer Verteilungen benannt (vgl. zu diskreten Verteilungen Johnson et al. 2005 sowie Johnson et al. 1995 zu stetigen Verteilungen). Die folgende Darstellung beschränkt sich auf acht Verteilungen, die erfahrungsgemäß regelmäßig in Simulationsstudien in Produktion und Logistik Verwendung finden. Als diskrete Verteilungen werden Bernoulli-, Binomial-, und Poisson-Verteilung erläutert, als stetige Verteilungen werden Exponential-, Erlang-k-, Normal- sowie Gleich- und Dreiecksverteilung behandelt. Ausführlichere Darstellungen von Verteilungen mit Bezug zur Simulation finden sich in Banks et al. (2014, S. 183-211) sowie in Law (2014, S. 285-319).

Die *Bernoulli-Verteilung* findet Verwendung für zufällige Ereignisse mit lediglich zwei möglichen Ausgängen. Eine Bernoulli-verteilte Zufallsvariable X (binäre Zufallsvariable) nimmt nur die Werte 0 und 1 an. Die Verteilung wird insbesondere zur Modellierung von Prüfvorgängen benötigt: Die Ergebnisse an der Prüfstation „P1" in unserer PC-Fertigung kann sich z. B. aus einer Bernoulli-Verteilung ergeben (vgl. dazu die Zufallsvariable T in Abschnitt 4.4.1). Die Wahrscheinlichkeitsfunktion stellt sich wie folgt dar:

$$p(x) = \begin{cases} p & \text{für } x = 1 \\ 1 - p & \text{für } x = 0 \\ 0 & \text{sonst} \end{cases} \tag{4.18}$$

Für die Verteilungsfunktion gilt:

$$F(x) = \begin{cases} 0 & \text{für } x < 0 \\ 1 - p & \text{für } 0 \leq x < 1 \\ 1 & \text{für } x \geq 1 \end{cases} \tag{4.19}$$

Der konstante Parameter p wird auch als Erfolgs- oder Trefferwahrscheinlichkeit bezeichnet. Für Erwartungswert und Varianz gilt: $E(X) = p$ und $V(X) = p \cdot (1 - p)$.

Die *Binomialverteilung* hängt eng mit der Bernoulli-Verteilung zusammen: Wird ein Bernoulli-Experiment (also z. B. eine Qualitätsprüfung) n-mal mit der Erfolgswahrscheinlichkeit p hintereinander ausgeführt, dann gibt die Binomialverteilung die Wahrscheinlichkeit dafür an, x-mal eine 1 zu erhalten. Die Wahrscheinlichkeitsfunktion $p(x)$ und die Verteilungsfunktion $F(x)$ der Binomialverteilung sind:

$$p(x) = \begin{cases} \binom{n}{x} \cdot p^x \cdot (1 - p)^{n-x} & \text{für } x = 0, 1, 2, ..., n \\ 0 & \text{sonst} \end{cases} \tag{4.20}$$

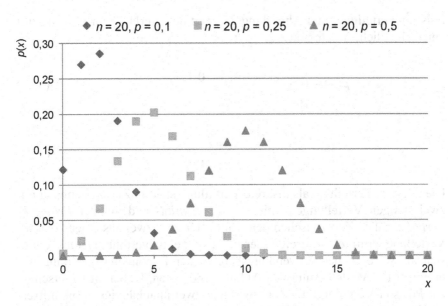

Abb. 26. Wahrscheinlichkeitsfunktion der Binomialverteilung mit unterschiedlichen Werten für p

$$F(x) = \sum_{k=0}^{x} \binom{n}{k} \cdot p^k \cdot (1-p)^{n-k} \tag{4.21}$$

Der Erwartungswert ist $E(X) = n \cdot p$ und die Varianz $V(X) = n \cdot p \cdot (1-p)$. In einem Simulationsmodell bietet sich der Einsatz der Binomialverteilung beispielsweise dann an, wenn n Bauteile unabhängig voneinander geprüft werden und per Zufall ermittelt werden soll, wie viele Bauteile darunter nicht in Ordnung sind. Abbildung 26 zeigt den Verlauf der Binomialverteilung für $n = 20$ für unterschiedliche Werte von p.

Die Poisson-Verteilung beschreibt die Wahrscheinlichkeit, dass in einem bestimmten Zeitraum eine bestimmte Anzahl von Ereignissen auftritt. Der einzige Parameter $\lambda > 0$, auch als *Intensitätsrate* bezeichnet, gibt an, wie viele Ereignisse durchschnittlich in diesem Zeitraum zu erwarten sind. Für Erwartungswert und Varianz gilt: $E(X) = V(X) = \lambda$. Diese Verteilung eignet sich insbesondere zur Modellierung von Ankunftsprozessen, beispielsweise zur Beschreibung der zufälligen Anzahl von Kunden, die in einem System eintreffen, oder der zufälligen Anzahl am Wareneingang ankommender Lkw pro Stunde. In diesem Fall wird die Intensitätsrate als *Ankunftsrate* bezeichnet. Formel 4.22 und Formel 4.23 definieren die Wahrscheinlichkeitsfunktion $p(x)$ und die Verteilungsfunktion $F(x)$ der

Poisson-Verteilung, und Abbildung 27 zeigt den Verlauf von $p(x)$ für drei unterschiedliche Werte von λ.

$$p(x) = \begin{cases} \dfrac{\lambda^x}{x!} \cdot e^{-\lambda} & \text{für } x = 0, 1, 2, \ldots \\ 0 & \text{sonst} \end{cases} \tag{4.22}$$

$$F(x) = e^{-\lambda} \cdot \sum_{k=0}^{n} \frac{\lambda^k}{k!} \tag{4.23}$$

Die Poisson-Verteilung als diskrete Verteilung steht in Zusammenhang mit zwei stetigen Verteilungen: mit der *Exponential-* und mit der *Erlang-k-Verteilung*. Die Zeit zwischen dem Eintreffen von zwei aus einer Poisson-Verteilung ermittelten Ereignissen ist exponentialverteilt. Daraus ergibt sich als wesentlicher Anwendungsbereich der Exponentialverteilung unmittelbar die Modellierung von Ankunftsprozessen, wobei im Unterschied zur Poisson-Verteilung die Zeit zwischen zwei unabhängigen Ankunftsereignissen betrachtet wird. So wird die Exponentialverteilung beispielsweise verwendet, um die Zeit zu bestimmen, die zwischen zwei Störungen einer Maschine vergeht.

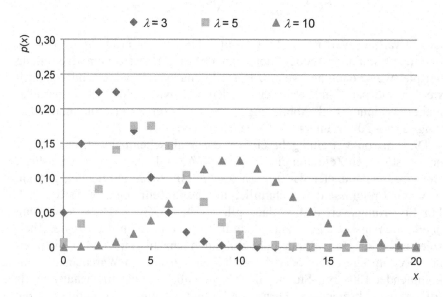

Abb. 27. Wahrscheinlichkeitsfunktion der Poisson-Verteilung mit unterschiedlichen Werten für λ

Für Erwartungswert und Varianz einer exponentialverteilten Zufallsvariable X gilt: $E(X) = 1 / \lambda$ und $V(X) = 1 / \lambda^2$. Abbildung 28 zeigt exemplarisch den Verlauf der Dichtefunktion, die sich wie folgt darstellt:

$$f(x) = \begin{cases} \lambda \cdot e^{-\lambda \cdot x} & \text{für } x \geq 0 \\ 0 & \text{sonst} \end{cases} \qquad (4.24)$$

Die Verteilungsfunktion $F(x)$ der Exponentialverteilung lautet:

$$F(x) = \begin{cases} 1 - e^{-\lambda \cdot x} & \text{für } x \geq 0 \\ 0 & \text{sonst} \end{cases} \qquad (4.25)$$

Während die Exponentialverteilung wie beschrieben den Abstand von einem Ereignis zu einem unmittelbaren Folgeereignis angibt, ist die Erlang-k-Verteilung (teilweise auch mit vorlaufendem k als k-Erlang-Verteilung bezeichnet) insofern eine Verallgemeinerung, als sie den Abstand zum k-ten Folgeereignis beschreibt. Daraus folgt, dass k ganzzahlig und größer als 0 ist. Die Erlang-k-Verteilung hat die folgende Dichtefunktion $f(x)$ und die folgende Verteilungsfunktion $F(x)$:

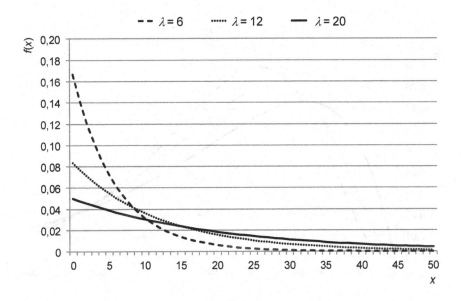

Abb. 28. Dichtefunktion der Exponentialverteilung für unterschiedliche Werte von λ

$$f(x) = \begin{cases} \lambda^k \cdot \dfrac{x^{k-1}}{(k-1)!} \cdot e^{-\lambda \cdot x} & \text{für } x \geq 0 \\ 0 & \text{sonst} \end{cases} \tag{4.26}$$

$$F(x) = \begin{cases} 1 - e^{-\lambda \cdot x} \cdot \sum_{i=0}^{k-1} \dfrac{(\lambda \cdot x)^i}{i!} & \text{für } x \geq 0 \\ 0 & \text{sonst} \end{cases} \tag{4.27}$$

Der Zusammenhang von Exponential- und Erlang-k-Verteilung wird auch aus den Dichtefunktionen schnell deutlich: für $k = 1$ ergibt sich aus Formel 4.26 die Formel 4.24. Die Dichtefunktion für die auch als Formparameter bezeichneten Werte $k = 2$, 3 und 4 ist in Abbildung 29 dargestellt.

Für Erwartungswert und Varianz gilt: $E(X) = k / \lambda$ und $V(X) = k / \lambda^2$. Daraus folgt, dass bei gegebenem Erwartungswert und gegebenem Formparameter k die Varianz bestimmt ist über $V(X) = E(X)^2 / k$. Dieser Zusammenhang macht eine besondere Sorgfalt bei der Verwendung der Erlang-k-Verteilung in den Simulationswerkzeugen erforderlich, in denen die Parametrisierung über die Angabe von $E(X)$ und $V(X)$ erfolgt. Für den gewählten Formparameter k muss die Varianz $V(X)$ dann vom Anwender entsprechend berechnet werden.

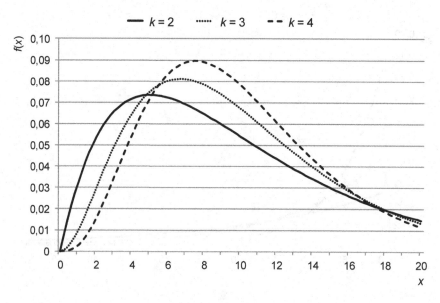

Abb. 29. Dichtefunktion der Erlang-k-Verteilung für $k = 2$, 3 und 4; jeweils mit $E(X) = 10$

Die Erlang-k-Verteilung mit $k = 2$ eignet sich sehr gut zur Modellierung der Zeiten für manuelle Aktivitäten, beispielsweise Montage- oder Reparaturtätigkeiten. Eine gängige Parametrisierung von Maschinenstörungen setzt sich beispielsweise aus der Erlang-k-Verteilung mit $k = 2$ für die Reparaturzeiten und aus der Exponentialverteilung für die Fehlerabstände zusammen.

Die *Normalverteilung* mit dem bekannten glockenförmigen Verlauf ihrer Dichtefunktion (Abb. 30) ist insbesondere geeignet, Streuungen um den Erwartungswert zu beschreiben, die sich bei einer großen Anzahl an beobachteten Objekten ergeben. Das kann etwa die Streuung der Maße von Bauteilen um einen vorgegebenen Wert sein oder auch die Anzahl von Schrauben in einem bereitgestellten Behälter. Die Dichtefunktion der Normalverteilung ist:

$$f(x) = \frac{1}{\sigma \cdot \sqrt{2 \cdot \pi}} \cdot e^{-\frac{1}{2} \cdot \left(\frac{x-\mu}{\sigma} \right)^2} \tag{4.28}$$

Eine Besonderheit der Verteilungsfunktion $F(x)$ ist, dass sie sich nicht in geschlossener Form aufschreiben lässt. Das Integral in Formel 4.29 ist analytisch nicht lösbar, sondern nur mit Hilfe von numerischen Verfahren berechenbar.

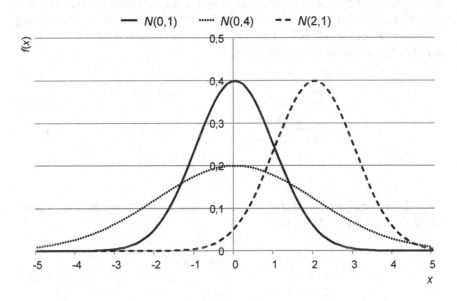

Abb. 30. Dichtefunktionen der Normalverteilung $N(\mu, \sigma^2)$ mit unterschiedlichen Werten für μ und σ^2

$$F(x) = \frac{1}{\sigma \cdot \sqrt{2 \cdot \pi}} \cdot \int_{-\infty}^{x} e^{-\frac{1}{2} \cdot \left(\frac{t-\mu}{\sigma}\right)^2} dt \qquad (4.29)$$

Die Normalverteilung hat den Erwartungswert $E(X) = \mu$ und die Varianz $V(X) = \sigma^2$. Eine abkürzende Schreibweise für die Normalverteilung unter Angabe ihrer Eigenschaften ist $N(\mu, \sigma^2)$. Eine Normalverteilung mit den Werten $\mu = 0$ und $\sigma^2 = 1$ (also eine $N(0, 1)$-Verteilung) wird als *Standardnormalverteilung* bezeichnet. Jede normalverteilte Zufallsvariable X lässt sich wie folgt auf eine standardnormalverteilte Zufallsvariable Z zurückführen:

$$Z = \frac{X - \mu}{\sigma} \qquad (4.30)$$

Für die Dichtefunktion einer standardnormalverteilten Zufallsvariablen Z hat sich das Symbol ϕ etabliert; für die Funktion wird $\phi(z)$ geschrieben. Die p-Quantile (vgl. Abschnitt 4.2) z_p der Standardnormalverteilung (also z. B. das 95 %-Quantil $z_{0,95}$) spielen eine besondere Rolle bei einigen Schätz- und Testverfahren. Sie werden uns in den Abschnitten 4.5 und 4.6 wieder begegnen.

Die *stetige Gleichverteilung* und die *Dreiecksverteilung* sind Verteilungen mit vergleichsweise einfachen Dichtefunktionen, wie sich aus Abbildung 31 entnehmen lässt. Die Dichtefunktion der Dreiecksverteilung beinhaltet zwei Geradengleichungen, die die Werte im Intervall $[a; b]$ mit dem häufigsten Wert m beschreiben:

$$f(x) = \begin{cases} \dfrac{2 \cdot (x - a)}{(m - a) \cdot (b - a)} & \text{für } a \leq x \leq m \\[2ex] \dfrac{-2 \cdot (x - b)}{(b - m) \cdot (b - a)} & \text{für } m < x \leq b \\[2ex] 0 & \text{sonst} \end{cases} \qquad (4.31)$$

Die Gleichverteilung wird dagegen durch nur eine Gerade in einem definierten Intervall [a; b] beschrieben:

$$f(x) = \begin{cases} \dfrac{1}{b - a} & \text{für } a \leq x \leq b \\[2ex] 0 & \text{sonst} \end{cases} \qquad (4.32)$$

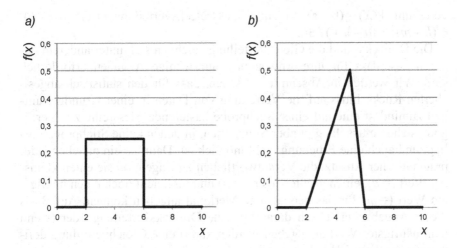

Abb. 31. Dichtefunktion (a) einer stetigen Gleichverteilung mit den Intervallgrenzen $a = 2$ und $b = 6$ und (b) einer Dreiecksverteilung mit den Intervallgrenzen $a = 2$ und $b = 6$ und dem häufigsten Wert $m = 5$

Dementsprechend stellen sich die Verteilungsfunktionen von Dreiecksverteilung (Formel 4.33) und Gleichverteilung (Formel 4.34) wie folgt dar:

$$F(x) = \begin{cases} 0 & \text{für } x < a \\[2mm] \dfrac{(x-a)^2}{(b-a)\cdot(m-a)} & \text{für } a \le x \le m \\[2mm] 1 - \dfrac{(b-x)^2}{(b-a)\cdot(b-m)} & \text{für } m < x \le b \\[2mm] 1 & \text{für } x > b \end{cases} \tag{4.33}$$

$$F(x) = \begin{cases} 0 & \text{für } x < a \\[2mm] \dfrac{x-a}{b-a} & \text{für } a \le x \le b \\[2mm] 1 & \text{für } x > b \end{cases} \tag{4.34}$$

Der Erwartungswert der Gleichverteilung ist $E(X) = (a + b) / 2$ und für die Dreiecksverteilung $E(X) = (a + m + b) / 3$. Für die Varianz gilt bei Gleichverteilung $V(X) = (b - a)^2 / 12$ und bei Dreiecksverteilung $V(X) = ((a - b)^2 + (b - m)^2 + (a - m)^2) / 36$.

Die Dreiecks- und die Gleichverteilung zeichnen sich unter anderem dadurch aus, dass für ihre Anwendung nur wenige Angaben erforderlich sind. Wir werden in Abschnitt 4.7 sehen, dass für den statistisch abgesicherten Rückschluss auf die Verteilung von Daten in einer Grundgesamtheit zumindest eine auf einer Stichprobe basierende Messreihe zur Verfügung stehen muss. Es gibt aber Situationen, in denen keine Stichprobe vorliegt und auch eine Erhebung nicht möglich ist. Dann ist ein naheliegender pragmatischer Ansatz, die Verantwortlichen zu fragen, ob sie einen kleinsten Wert (= a), einen größten Wert (= b) und vielleicht noch einen häufigsten Wert (= m) für das beobachtete Merkmal angeben können. Auf Basis dieser Angaben lässt sich daraufhin eine Dreiecksverteilung oder (wenn kein häufigster Wert angegeben werden kann) eine Gleichverteilung definieren (vgl. Law 2014, S. 375-376).

Bislang wurden in diesem Abschnitt eine Reihe von diskreten und stetigen Verteilungsfunktionen vorgestellt, die geeignet sind, eine Vielzahl von stochastischen Vorgängen in Produktions- oder Logistiksystemen nachzubilden. Auf der Basis einer vorliegenden Messreihe kann idealerweise die Auswahl und Parametrisierung einer dazu passenden Verteilung erfolgen (vgl. Abschnitt 4.7). Je nach Beschaffenheit der Daten lässt sich aber unter Umständen keine theoretische Verteilung finden, die die Messreihe geeignet abbildet. In diesem Fall können die in Abschnitt 4.2 eingeführten relativen Häufigkeiten f_i zur Beschreibung des jeweiligen stochastischen Prozesses verwendet werden. Die relativen Häufigkeiten ergeben sich aus den beobachteten empirischen Daten. Die daraus abgeleiteten Verteilungen werden als *empirische Verteilungen* bezeichnet.

Bei diskreten Merkmalen ergibt sich die empirische Wahrscheinlichkeitsfunktion unmittelbar, indem wir $p_i = f_i$ für die Wahrscheinlichkeiten in Formel 4.9 setzen. Für quantitative, stetige Merkmale ergibt sich für klassierte Daten eine Dichtefunktion, indem die Klassenhäufigkeiten f_i durch die jeweilige Klassenbreite geteilt werden. Im Beispiel in Abbildung 24 wären demnach die Häufigkeiten jeweils durch die Klassenbreite 10 zu dividieren, um das Histogramm in eine empirische Dichtefunktion zu überführen.

Die Konstruktion einer Dichtefunktion für quantitative, stetige Merkmale ohne Bildung von Klassen ist etwas aufwendiger. In dem Fall müssen wir die Messreihe mit den n Werten $x_1, \ldots, x_n$ nach Größe aufsteigend sortieren, sodass gilt $x_{(1)} \leq x_{(2)} \leq \ldots \leq x_{(n)}$. Mit diesen sortierten Werten $x_{(i)}$ können wir dann wie folgt eine Dichtefunktion definieren:

$$f(x) = \begin{cases} 0 & \text{für } x < x_{(1)} \text{ oder } x \geq x_{(n)} \\[2mm] \dfrac{1}{(n-1) \cdot (x_{(i)} - x_{(i-1)})} & \text{für } x_{(i-1)} \leq x < x_{(i)} \quad \forall i = 2, ..., n \end{cases} \tag{4.35}$$

Aus dieser Definition ergibt sich eine stückweise lineare Funktion, deren Funktionswerte höher sind, wenn die Werte der Messreihe „dicht" beieinander liegen, und die entsprechend niedriger sind, wenn die Werte weniger dicht verteilt sind. Die Verteilungsfunktion einer empirischen Verteilung stellt sich wie folgt dar:

$$F(x) = \begin{cases} 0 & \text{für } x < x_{(1)} \\[2mm] \dfrac{x - x_{(i-1)} + i}{(n-1) \cdot (x_{(i)} - x_{(i-1)})} & \text{für } x_{(i-1)} \leq x < x_{(i)} \quad \forall i = 2, ..., n \\[2mm] 1 & \text{für } x \geq x_{(n)} \end{cases} \tag{4.36}$$

Wenn Simulationswerkzeuge die Parametrisierung von empirischen Verteilungen erlauben, können typischerweise entweder diskrete Merkmale oder Klassenhäufigkeiten mit zugehörigen Klassen für quantitative, stetige Merkmale angegeben werden.

4.4.4 Unabhängigkeit von Zufallsvariablen

Der Begriff der Unabhängigkeit ist uns in den vorhergehenden Abschnitten bereits in unterschiedlichen Zusammenhängen begegnet. Stochastische Unabhängigkeit bedeutet, dass sich Zufallsereignisse nicht gegenseitig beeinflussen. Vereinfacht formuliert gelten zwei Zufallsereignisse A und B als unabhängig, wenn die Wahrscheinlichkeit, dass A eintritt, nicht davon beeinflusst wird, ob B eintritt und umgekehrt. Etwas formaler gefasst sind die beiden Ereignisse A und B als unabhängig definiert, wenn sich die Wahrscheinlichkeit, dass beide Ereignisse eintreten, aus dem Produkt der Wahrscheinlichkeiten für das Eintreten der einzelnen Ereignisse berechnen lässt:

$$P(A \cap B) = P(A) \cdot P(B) \tag{4.37}$$

Die stochastische Unabhängigkeit lässt sich auf diskrete und stetige Zufallsvariablen übertragen: Zwei Zufallsvariablen X und Y mit den Verteilungsfunktionen $F_X(x)$ und $F_Y(y)$ sind unabhängig, wenn sich die gemeinsame Verteilungsfunktion $F_{XY}(x, y)$ als Produkt der Funktionen $F_X(x)$ und $F_Y(y)$ ergibt:

$$F_{XY}(x, y) = F_X(x) \cdot F_Y(y) \qquad (4.38)$$

Bei unabhängigen Zufallsvariablen sind Kovarianz und Korrelationskoeffizient (vgl. Formeln 4.16 und 4.17) immer 0.

Von besonderer Bedeutung für Simulationsstudien ist die Frage nach der Unabhängigkeit von Zufallsereignissen, wenn mit Hilfe von Konfidenzintervallen oder durch die Anwendung von Testverfahren (vgl. Abschnitte 4.5 und 4.6) Schlüsse aus Simulationsergebnissen gezogen werden sollen. Diese Methoden der schließenden Statistik setzen jeweils voraus, dass die in die Berechnung einbezogenen Werte als Realisierungen von unabhängigen (und identisch verteilten) Zufallsvariablen angesehen werden können. Insbesondere bei aufgezeichneten Zeitreihenwerten darf davon jedoch nicht ohne Überprüfung ausgegangen werden: Wenn wir für unsere PC-Fertigung den Erwartungswert der pro Stunde herstellbaren PCs bestimmen wollen, so ist eine naheliegende Vorgehensweise, eine Messreihe x_1, ..., x_n dadurch zu ermitteln, dass wir die Stundendurchsätze am Abnahmepunkt über einen Zeitraum von n Stunden aufzeichnen. Je nach Struktur des betrachteten Produktionssystems kann die Produktionsmenge in der Folgestunde $i + 1$ aber von der Produktionsmenge der vorhergehenden Stunde i abhängig sein. Wir dürfen also keinesfalls davon ausgehen, dass die Werte x_i und x_{i+1} als Realisierungen zweier unabhängiger Zufallsvariablen X_i und X_{i+1} zustande gekommen sind. Eine Abhängigkeit von X_i und X_{i+1} wird als *Autokorrelation erster Ordnung* bezeichnet. Etwas verallgemeinert wird von Autokorrelation j-ter Ordnung gesprochen, wenn die j Perioden auseinanderliegenden Zufallsvariablen X_i und X_{i+j} (mit $0 < j \leq n - i$) abhängig sind.

Tatsächlich helfen die Formeln 4.37 und 4.38 bei der Bestimmung der Unabhängigkeit von X_i und X_{i+1} nicht weiter. Dazu müssten unter anderem die Verteilungen der Zufallsvariablen bekannt sein; das ist aber bei zu bestimmenden Ausgangsgrößen in der Regel nicht der Fall. Rückschlüsse auf Korrelationen zwischen Zufallsvariablen lässt dagegen der in Formel 4.5 definierte empirische Korrelationskoeffizient zu. Zur Abschätzung der Autokorrelation betrachten wir im Zähler der Formel 4.5 anstelle der Messreihen x_1, ..., x_n und y_1, ..., y_n nur jeweils die Ausschnitte x_1 bis x_{n-j} und x_{j+1}, ..., x_n der Messreihe x_1, ..., x_n. Dann ergibt sich der *empirische Autokorrelationskoeffizient j-ter Ordnung r_j* wie folgt:

$$r_{X_i X_{i+j}} = r_j = \frac{(n-1) \cdot \sum_{i=1}^{n-j}(x_i - \bar{x}) \cdot (x_{i+j} - \bar{x})}{(n-j) \cdot \sqrt{\sum_{i=1}^{n}(x_i - \bar{x})^2 \cdot \sum_{i=1}^{n}(x_i - \bar{x})^2}}$$

(4.39)

$$= \frac{\sum_{i=1}^{n-j}(x_i - \bar{x}) \cdot (x_{i+j} - \bar{x})}{(n-j) \cdot s^2}$$

Dabei ist s^2 die empirische Varianz der Messreihe x_1, ..., x_n. Wie Messreihen mit Hilfe des Autokorrelationskoeffizienten auf Autokorrelation getestet werden können und welche Konsequenzen Autokorrelation für berechnete Konfidenzintervalle hat, greifen wir in den Abschnitten 4.5 und 4.6 wieder auf.

4.5   Konfidenzintervalle und weitere Schätzverfahren

Im bisherigen Verlauf dieses Kapitels haben wir einerseits im Umgang mit Messreihen x_1, ..., x_n, die sich aus der Beobachtung eines Merkmals statistischer Einheiten ergeben, die Grundlagen der deskriptiven Statistik kennengelernt. Andererseits haben wir uns mit ausgewählten Grundlagen der Wahrscheinlichkeitstheorie befasst und dabei gesehen, wie sich Zufallsvorgänge mit Hilfe von Zufallsvariablen und Verteilungen allgemein beschreiben lassen. Auf diesen Grundlagen baut die induktive (schließende) Statistik auf, mit deren Hilfe sich aus Messreihen Rückschlüsse auf Verteilungen und auf Kenngrößen von Verteilungen ziehen lassen.

Die schließende Statistik hilft zum einen bei der Beschreibung von Eingangsgrößen und zum anderen bei der Analyse von Ausgangsgrößen, wie sich an dem einleitenden Beispiel aus Abschnitt 4.1 verdeutlichen lässt. Wenn wir für die Zwischenankunftszeit der PCs in der Montage eine Zufallsvariable als Eingangsgröße modellieren wollen, dann müssen wir eine Verteilung und die Kenngrößen der Verteilung angeben. Wenn die zu erwartende Anzahl von PCs im Puffer vor der Station „M1" als Ausgangsgröße ermittelt werden soll, dann müssen wir in der Lage sein, eine Aussage zum Erwartungswert einer entsprechenden Zufallsvariablen (und nicht „nur" über den Mittelwert der beobachteten Pufferbelegungen) zu machen.

Zur Ermittlung von Aussagen über eine statistische Kenngröße (z. B. über den Erwartungswert einer Zufallsvariablen X) aus einer Messreihe stellt die schließende Statistik *Punktschätzer* und *Intervallschätzer* zur

Verfügung. Diese beiden Arten von Schätzern sollen im Folgenden etwas genauer betrachtet werden. Ausgangspunkt ist stets eine Messreihe $x_1, \ldots,$ x_n, die als Realisierung von n unabhängigen, identisch wie X verteilten Zufallsvariablen $X_1, \ldots, X_n$ verstanden wird. Etwas formaler ist das n-Tupel $(x_1, \ldots, x_n)$ eine Realisierung der n-dimensionalen Zufallsvariablen $(X_1, \ldots, X_n)$ (vgl. Lehn und Wegmann 2006, S. 109). Dabei steht die Forderung nach identischer Verteilung dafür, dass das entsprechende Zufallsexperiment n-mal unter jeweils gleichen Bedingungen durchgeführt wird. Auf die bereits in Abschnitt 4.4.4 diskutierte Unabhängigkeitsannahme und ihre Verletzung durch Autokorrelation kommen wir gleich noch einmal zurück.

Als *Punktschätzer* wird eine Funktion $g: \mathbb{R}^n \to \mathbb{R}$ bezeichnet, die die n Zufallsvariablen $X_1, \ldots, X_n$ auf eine Schätzfunktion T abbildet, die als Funktion von Zufallsvariablen selbst wieder eine Zufallsvariable ist. Formel 4.40 zeigt diese ganz allgemeine Definition eines Punktschätzers:

$$T = g(X_1, \ldots, X_n) \tag{4.40}$$

Ein solcher *Schätzer T* wird auch als *Schätzverfahren* oder *Schätzfunktion* bezeichnet. Der Wert $t = g(x_1, \ldots, x_n)$, der sich ergibt, wenn die Werte der Messreihe in Formel 4.40 eingesetzt werden, wird als *Schätzwert* bezeichnet.

Das arithmetische Mittel $T = \overline{X}$ ist ein Beispiel für einen solchen Punktschätzer, wobei die geschätzte unbekannte Größe in diesem Fall der Erwartungswert $E(X)$ ist. Weitere Punktschätzer sind die empirische Varianz s^2 für die Varianz $V(X)$ einer Zufallsvariablen X oder der empirische Korrelationskoeffizient r_{XY} für den Korrelationskoeffizienten $\rho(X, Y)$ zweier Zufallsvariablen X und Y.

Ein Punktschätzer liefert für eine vorliegende Messreihe stets nur einen Schätzwert, aber keine Aussage darüber, wie stark dieser Schätzwert von der gesuchten Kenngröße entfernt ist. Hier setzt die Intervallschätzung an, mit deren Hilfe sich ein Intervall ermitteln lässt, in dem die gesuchte Kenngröße θ (also z. B. der Erwartungswert der Zufallsvariablen) mit einer gewissen Wahrscheinlichkeit liegt. Ein solches Intervall $[U; O]$ wird in der Regel so konstruiert, dass es mit einer Wahrscheinlichkeit von $1 - \alpha$ die gesuchte Kenngröße überdeckt. Es muss also gelten $P(U \le \theta \le O) = 1 - \alpha$. Dementsprechend wird $1 - \alpha$ als *Überdeckungswahrscheinlichkeit*, *Sicherheits-* oder *Konfidenzwahrscheinlichkeit* bezeichnet. Dagegen ist α die *Irrtumswahrscheinlichkeit*, mit der das konstruierte Intervall den Wert *nicht* enthält. Die Bezeichnung für das Intervall $[U; O]$ ist *Vertrauens-* oder *Konfidenzintervall*.

Die beiden Intervallgrenzen U und O sind für sich genommen wieder Punktschätzer, die sich aus den Zufallsvariablen $X_1, \ldots, X_n$ ergeben. Es gilt also $U = u(X_1, \ldots, X_n)$ und $O = o(X_1, \ldots, X_n)$ mit den Punktschätzern $u: \mathbb{R}^n \to \mathbb{R}$ und $o: \mathbb{R}^n \to \mathbb{R}$.

Für den Erwartungswert $\mu = E(X)$ einer Zufallsvariablen X lässt sich das Konfidenzintervall wie folgt angeben (für die Herleitung vgl. Fahrmeir et al. 2016, S. 358-363):

$$\left[\bar{x} - z_{1-\alpha/2} \cdot \frac{s}{\sqrt{n}}; \bar{x} + z_{1-\alpha/2} \cdot \frac{s}{\sqrt{n}} \right] \qquad (4.41)$$

Dabei ist $\bar{x}$ der Mittelwert der Messreihe, $z_{1-\alpha/2}$ das in Abschnitt 4.4.3 eingeführte $(1 - \alpha/2)$-Quantil der Standardnormalverteilung, s die empirische Standardabweichung aus Formel 4.4 und n die Anzahl der Messwerte. Offensichtlich hängt die Breite des Konfidenzintervalls von den drei letztgenannten Größen ab. Bei größerer Anzahl an Messwerten ergibt sich ein kleineres Konfidenzintervall. In gleicher Weise wirkt eine kleinere Streuung. Bei größerer Überdeckungswahrscheinlichkeit $1 - \alpha$ wird das Konfidenzintervall größer, da für $p_1 > p_2$ auch $z_{p1} > z_{p2}$ gilt. Eine höhere Sicherheit, dass das Intervall die gesuchte wahre Kenngröße beinhaltet, muss also mit einem größeren Intervall „bezahlt" werden.

Wenn die Zufallsvariable X nicht normalverteilt ist (wovon im allgemeinen Fall bei Ausgangsgrößen von Produktions- und Logistiksystemen auszugehen ist), stellt Formel 4.41 ein approximatives Konfidenzintervall für den Erwartungswert dar. Es gilt also:

$$P(\bar{x} - z_{1-\alpha/2} \cdot \frac{s}{\sqrt{n}} \le \mu \le \bar{x} + z_{1-\alpha/2} \cdot \frac{s}{\sqrt{n}}) \approx 1 - \alpha \qquad (4.42)$$

Ist die Anzahl der Messwerte kleiner als 30, dann ergibt sich eine bessere Approximation, wenn die Quantile der Standardnormalverteilung durch die Quantile der sogenannten *Student-t-Verteilung* (vgl. Fahrmeir et al. 2016, S. 281) ersetzt werden. Diese Verteilung ist der Standardnormalverteilung sehr ähnlich. Allerdings ist der charakteristische Verlauf der Glockenkurve, wie er in Abbildung 30 dargestellt ist, bei der Student-*t*-Verteilung etwas flacher und damit die Fläche unter der Dichtefunktion in den Randbereichen größer. Dadurch ergeben sich größere Quantile, was der höheren Unsicherheit bei kleinem Stichprobenumfang gerecht wird. Bei Verwendung der Student-*t*-Verteilung lautet das Konfidenzintervall dann:

$$\left[\bar{x} - t_{n-1,1-\alpha/2} \cdot \frac{s}{\sqrt{n}}; \bar{x} + t_{n-1,1-\alpha/2} \cdot \frac{s}{\sqrt{n}} \right] \qquad (4.43)$$

Dabei bezeichnet $t_{n-1,\,1-\alpha/2}$ das $(1 - \alpha / 2)$-Quantil der Student-t-Verteilung, deren Verlauf von der Anzahl der betrachteten Messwerte beeinflusst wird.

Wiederum etwas andere Intervallgrenzen ergeben sich, wenn die Varianz der Zufallsvariable X bekannt ist (vgl. Fahrmeir et al. 2016, S. 358-359). Für die Ausgangsgrößen in Simulationsstudien wird das allerdings so gut wie nie zutreffen. Rechenbeispiele für Konfidenzintervalle mit der Ausgangsgröße „PC-Durchsatz" finden sich in den Abschnitten 5.5.5 und 5.6.1.

Wie erwähnt spielt bei der Anwendung von Konfidenzintervallen die Unabhängigkeitsannahme eine wichtige Rolle. Wenn die Messreihe $x_1, \ldots,$ x_n als Realisierung von unabhängigen, identisch verteilten Zufallsvariablen gelten kann, können die Formeln 4.41 oder 4.43 für die Berechnung der Intervalle verwendet werden. Ist die Unabhängigkeitsannahme dagegen verletzt, etwa weil Autokorrelation vorliegt (vgl. Abschnitt 4.4.4), führt die Verwendung der bislang diskutierten Formeln dazu, dass das Konfidenzintervall kleiner ausgewiesen wird, als es tatsächlich ist. Wie Law (2014, S. 528-530) oder Page (1991, S. 134-136) zeigen, kann das Konfidenzintervall bei Autokorrelation folgendermaßen berechnet werden:

$$\left[\bar{x} - z_{1-\alpha/2} \cdot \frac{s}{\sqrt{n}} \cdot k; \bar{x} + z_{1-\alpha/2} \cdot \frac{s}{\sqrt{n}} \cdot k \right] \qquad (4.44)$$

Der Korrekturfaktor k, für den immer gilt $k \geq 1$, ergibt sich aus Formel 4.45, wobei r_j der empirische Autokorrelationskoeffizient gemäß Formel 4.39 ist. Dabei ist m deutlich kleiner als die Anzahl der Messwerte n zu wählen, sodass die r_j zu verlässlichen Schätzungen führen (Page 1991, S. 135).

$$k = \sqrt{1 + 2 \cdot \sum_{j=1}^{m} \left(\left(1 - \frac{j}{n}\right) \cdot r_j \right)} \qquad (4.45)$$

Je größer die Autokorrelationskoeffizienten r_j sind, desto größer werden der Korrekturfaktor und damit die Breite des Konfidenzintervalls. Anstelle der Berechnung von Konfidenzintervallen mit Korrekturfaktor kann auch über sogenannte Batchbildung versucht werden, Messwerte zu erzeugen, die nicht autokorreliert sind. Darauf gehen wir in Abschnitt 5.5.5 ein. Den statistischen Test auf Autokorrelation werden wir als ein Beispiel für Testverfahren im nächsten Abschnitt aufgreifen.

4.6   Testverfahren

Neben den im vorangegangenen Abschnitt erläuterten Schätzern stellt die induktive Statistik mit den statistischen Tests Verfahren zur Verfügung, mit deren Hilfe Annahmen (*Hypothesen*), die auf der Basis von Messreihen aufgestellt werden, geprüft werden können. Wir werden uns in diesem Abschnitt auf die exemplarische Darstellung von drei Testverfahren beschränken und anschließend kurz die grundsätzlichen Konstruktionsprinzipien zusammenfassen, die statistischen Tests zugrunde liegen. Ausführliche Darstellungen zu Tests finden sich in Fahrmeir et al. (2016, S. 369-436) sowie Lehn und Wegmann (2006, S. 132-180). Ausgangspunkt für die drei im Folgenden beschriebenen Tests ist jeweils eine Messreihe $x_1, ..., x_n$ mit n Beobachtungswerten.

Mit Hilfe des *Einstichproben-t-Tests* können Aussagen über die Lage des unbekannten Erwartungswertes $E(X) = \mu$ einer Zufallsvariablen X gemacht werden. Vorbedingung für die Anwendbarkeit des Tests ist, dass die Beobachtungswerte $x_1, ..., x_n$ als Realisierung von n unabhängigen, identisch wie X verteilten Zufallsvariablen $X_1, ..., X_n$ verstanden werden können (wie schon bei den Konfidenzintervallen; vgl. Abschnitt 4.5). Hinzu kommt für $n \le 30$ die Anforderung, dass die Zufallsvariablen normalverteilt sein müssen. Bei mehr als 30 Beobachtungswerten dürfen die Zufallsvariablen auch aus beliebigen anderen Verteilungen stammen (müssen aber natürlich nach wie vor unabhängig und identisch verteilt sein). Die zu testende Hypothese, die als *Nullhypothese* (H_0) bezeichnet wird, ist bei diesem Test eine der drei folgenden Varianten:

1. Der unbekannte Erwartungswert μ stimmt mit einem (hypothetischen) Wert μ_0 überein (oder abkürzend: H_0: $\mu = \mu_0$).
2. Der unbekannte Erwartungswert μ ist kleiner als der Wert μ_0 oder stimmt mit diesem überein (H_0: $\mu \le \mu_0$).
3. Der unbekannte Erwartungswert μ ist größer als der Wert μ_0 oder stimmt mit diesem überein (H_0: $\mu \ge \mu_0$).

Die Annahme, dass das Gegenteil der Nullhypothese zutreffend ist, wird als *Gegenhypothese* (H_1) bezeichnet. Die Gegenhypothesen für die drei alternativen Nullhypothesen des Einstichproben-*t*-Tests lauten:

1. H_1: $\mu \ne \mu_0$
2. H_1: $\mu > \mu_0$
3. H_1: $\mu < \mu_0$

Wird das erste Hypothesenpaar (H_0: $\mu = \mu_0$ gegen H_1: $\mu \ne \mu_0$) verwendet, dann wird der Test als zweiseitiger Test bezeichnet. Bei Verwendung des zweiten Hypothesenpaares (H_0: $\mu \le \mu_0$ gegen H_1: $\mu > \mu_0$) oder des dritten

Paares (H_0: $\mu \geq \mu_0$ gegen H_1: $\mu < \mu_0$) handelt es sich dagegen jeweils um einen einseitigen Test. Für die Entscheidung zwischen Null- und Gegenhypothese wird eine Testgröße T benötigt, die für diesen t-Test gemäß der folgenden Formel ermittelt wird:

$$T = \frac{\overline{X} - \mu_0}{S} \cdot \sqrt{n} \qquad (4.46)$$

Die Testgröße T ist analog zu den Schätzern in Abschnitt 4.5 eine Zufallsvariable, die von den Zufallsvariablen $X_1, \ldots, X_n$ abhängt (vgl. Formel 4.40). Dabei bezeichnet $\overline{X}$ den Mittelwert und S die Streuung der n Zufallsvariablen. Für die Größe T lässt sich zeigen, dass sie Student-t-verteilt ist (vgl. Lehn und Wegmann 2006, S. 86-87). Die Entscheidung zwischen H_0 und H_1 fällt nun durch den Vergleich der Testgröße mit den Quantilen $t_{n-1, 1-\alpha/2}$ der Student-t-Verteilung:

1. Für H_0: $\mu = \mu_0$ gegen H_1: $\mu \neq \mu_0$ wird die Nullhypothese abgelehnt, wenn gilt $T < -t_{n-1, 1-\alpha/2}$ oder $T > t_{n-1, 1-\alpha/2}$.
2. Für H_0: $\mu \leq \mu_0$ gegen H_1: $\mu > \mu_0$ wird die Nullhypothese abgelehnt, wenn gilt $T > t_{n-1, 1-\alpha}$.
3. Für H_0: $\mu \geq \mu_0$ gegen H_1: $\mu < \mu_0$ wird die Nullhypothese abgelehnt, wenn gilt $T < -t_{n-1, 1-\alpha} = t_{n-1, \alpha}$.

Wie schon für die Bestimmung von Konfidenzintervallen (Abschnitt 4.5) steht α für die Irrtumswahrscheinlichkeit, die bei den statistischen Tests angibt, wie groß die Wahrscheinlichkeit dafür ist, dass die Nullhypothese abgelehnt wird, obwohl sie eigentlich zutrifft. Eine Veranschaulichung der Ablehnungs- und Annahmebereiche für das erste Hypothesenpaar (d. h. für den zweiseitigen Test) zeigt Abbildung 32. Die für das Beispiel gewählte Irrtumswahrscheinlichkeit beträgt $\alpha = 0,1$. Damit ergibt sich auf der linken und auf der rechten Seite des Kurvenverlaufes jeweils ein Ablehnungsbereich mit der Fläche $\alpha / 2 = 0,05$. Die zugehörigen Quantile $t_{9, 0,05}$ und $t_{9, 0,95}$ sind ebenfalls in der Abbildung gekennzeichnet. Ein Rechenbeispiel für den Einstichproben-t-Test findet sich in Abschnitt 5.6.1.

Ein weiterer statistischer Test, der χ^2-*Anpassungstest*, macht nicht nur eine Aussage über die Lage eines unbekannten Erwartungswertes, sondern erlaubt zu überprüfen, ob eine Messreihe $x_1, \ldots, x_n$ gemäß einer bestimmten hypothetischen Verteilungsfunktion $F_0(x)$ erzeugt worden sein kann. Auch in diesem Fall können die Werte der Messreihe als Realisierung von n unabhängigen, identisch verteilten Zufallsvariablen $X_1, \ldots, X_n$ verstanden werden. Die Verteilungsfunktion $F(x)$ dieser Zufallsvariablen ist unbekannt, und es gilt zu testen, ob die hypothetische Verteilungsfunktion $F_0(x)$ eine hinreichend gute Abschätzung darstellt. Etwas vereinfachend formuliert wird dann das Hypothesenpaar „H_0: X ist wie $F_0(x)$ verteilt" gegen

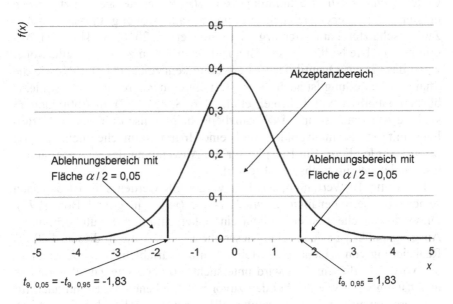

Abb. 32. Beispiel für Akzeptanz- und Ablehnungsbereiche der Student-*t*-Verteilung

„H$_1$: *X* ist nicht wie *F$_0$(x)* verteilt" getestet. Zur Ermittlung der Testgröße wird beim χ^2-Anpassungstest wie folgt vorgegangen: Der Beobachtungsbereich wird in *k* benachbarte Klassen $(a_0; a_1)$, $[a_1; a_2)$, ..., $[a_{k-1}; a_k)$ eingeteilt. Für jede Klasse wird dann die absolute Klassenhäufigkeit h_i ($i = 1$, ..., *k*) ermittelt (vgl. Abschnitt 4.2). Ferner kann mit $f_{0, i} = F_0(a_i) - F_0(a_{i-1})$ für alle $i = 1$, ..., *k* die Wahrscheinlichkeit dafür ermittelt werden, dass – unter Verwendung der hypothetischen Verteilungsfunktion *F$_0$(x)* – ein Wert in die *i*-te Klasse fällt. Aus den Produkten $n \cdot f_{0, i}$ ergibt sich die Anzahl der Beobachtungen, die bei Gültigkeit der Nullhypothese für die Klassen zu erwarten wären. Die Testgröße

$$\chi^2 = \sum_{i=1}^{k} \frac{\left(h_i - n \cdot f_{0, i}\right)^2}{n \cdot f_{0, i}} \qquad (4.47)$$

bildet nun einfach die Summe der quadratischen Abweichungen zwischen beobachteten und theoretischen Häufigkeiten. Diese Testgröße ist χ^2-verteilt. Zur Bestimmung dieser Verteilung ist noch ein zweiter Parameter erforderlich, der auch als Freiheitsgrad bezeichnet wird (vgl. Lehn und Wegmann 2006, S. 86-87). Die Anzahl der Freiheitsgrade für die Prüfgröße χ^2 ist im vorliegenden Fall grundsätzlich *k* – 1, reduziert sich aber weiter, wenn für die Bestimmung von $F_0(x)$ Parameter geschätzt werden müssen. Hier ergeben sich dann j Freiheitsgrade, wobei gilt $j = k - 1 -$ Anzahl geschätzter Parameter (vgl. Fahrmeir et al. 2016, S. 414, und Abschnitt 4.7). Die Nullhypothese ist abzulehnen, wenn $\chi^2 > \chi^2_{j,\,1-\alpha}$ gilt, wobei $\chi^2_{j,\,1-\alpha}$ das $(1-\alpha)$-Quantil der χ^2-Verteilung kennzeichnet. Ähnlich wie die Student-t-Verteilung ist auch die χ^2-Verteilung in zahlreichen Statistiklehrbüchern tabelliert (vgl. Fahrmeir et al. 2016, S. 556-557). In Abbildung 33 sind die Ablehnungs- und Akzeptanzbereiche graphisch für eine χ^2-Verteilung mit 15 Freiheitsgraden und eine Irrtumswahrscheinlichkeit von $\alpha = 0{,}1$ verdeutlicht. Ein Beispiel für die Anwendung des χ^2-Anpassungstests findet sich im nächsten Abschnitt.

Das dritte Testverfahren, das hier vorgestellt werden soll, ist der nach seinen Urhebern benannte *Ljung-Box-Test* (vgl. Ljung und Box 1978). Dieser statistische Test ermöglicht eine Überprüfung auf Autokorrelation. Ausgangspunkt ist wieder eine Messreihe $x_1, ..., x_n$, die in diesem Fall als Realisierung von n identisch verteilten Zufallsvariablen $X_1, ..., X_n$ verstanden wird. Mit diesem Test wird untersucht, ob gegebene Zufallsvariablen unabhängig sind (wie das bei den zuvor beschriebenen Tests und auch für die Berechnung von Konfidenzintervallen nach Formel 4.41 gefordert ist). Die Nullhypothese des Tests ist, dass die Autokorrelationskoeffizienten $r_1, ..., r_m$ mit $1 \leq m < n$ (vgl. Formeln 4.39 und 4.45) 0 sind. Entsprechend ist die Gegenhypothese, dass es mindestens ein r_j mit $j = 1, ..., m$ gibt, für das $r_j \neq 0$ gilt. Die Testgröße ist wie folgt definiert:

$$Q = n \cdot (n+2) \cdot \sum_{j=1}^{m} \frac{r_j^2}{n-j} \qquad (4.48)$$

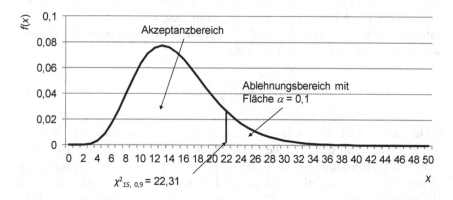

Abb. 33. Beispiel für Akzeptanz- und Ablehnungsbereiche einer χ^2-Verteilung mit 15 Freiheitsgraden

Die Testgröße ist χ^2-verteilt mit m Freiheitsgraden. Ganz ähnlich wie beim χ^2-Anpassungstest wird die Nullhypothese abgelehnt, wenn $\chi^2 > \chi^2_{m,1-\alpha}$ gilt.

Die drei in diesem Abschnitt beschriebenen statistischen Tests finden Verwendung in diesem Buch: Der Einstichproben-t-Test kommt in Abschnitt 5.6.1 zum Einsatz, Anpassungstests sind Bestandteil der im folgenden Abschnitt 4.7 erläuterten Verteilungsanpassung und die Notwendigkeit für Tests auf Autokorrelation wurde bereits in Abschnitt 4.5 erörtert. Das unterstreicht die Bedeutung der Testverfahren für die Anwendung der Simulation in Produktion und Logistik.

Das grundsätzliche Konstruktionsprinzip ist bei den drei erläuterten statistischen Tests und auch zahlreichen anderen Testverfahren ähnlich und lässt sich wie folgt verallgemeinernd zusammenfassen:

1. Formuliere die Verteilungsannahmen für die Zufallsvariablen, aus denen die beobachteten Werte stammen (z. B. Unabhängigkeit oder gleiche Verteilung der Zufallsvariablen).
2. Formuliere die Null- und die Gegenhypothese.
3. Bestimme das Signifikanzniveau α, die Testgröße T sowie die Verteilung von T.
4. Lege fest, für welche Werte von T die Nullhypothese abzulehnen ist.

Ein nach diesen Prinzipien konstruiertes Testverfahren stellt zunächst ein „Rezept" dar, das durch das Einsetzen konkreter Beobachtungswerte (in den drei beschriebenen Testverfahren also jeweils durch das Einsetzen der Messwerte $x_1, \ldots, x_n$) zur Anwendung gebracht werden kann.

Der Vollständigkeit halber sei erwähnt, dass es ein alternatives Vorgehen zur Durchführung statistischer Tests unter Verwendung von sogenannten p-Werten gibt (vgl. Fahrmeir et al. 2016, S. 387-389). Die p-Werte werden auch als *Überschreitungswahrscheinlichkeiten* oder *Signifikanzwerte* bezeichnet. Je kleiner der p-Wert ist, umso eher ist die Nullhypothese unwahrscheinlich und damit abzulehnen. Konkret gibt ein p-Wert die Wahrscheinlichkeit dafür an, dass bei Gültigkeit der Nullhypothese die Testgröße T einen Wert annimmt, der dem aus den Messwerten $x_1, \ldots, x_n$ ermittelten Wert t entspricht. Für die zu Beginn dieses Abschnittes diskutierten Varianten des Einstichproben-t-Tests ergeben sich beispielsweise die p-Werte wie folgt:

- Für H_0: $\mu \le \mu_0$ gegen H_1: $\mu > \mu_0$ entspricht der p-Wert $p_1 = P_{H_0}(T \ge t)$.
- Für H_0: $\mu \ge \mu_0$ gegen H_1: $\mu < \mu_0$ entspricht der p-Wert $p_2 = P_{H_0}(T \le t)$.
- Für H_0: $\mu = \mu_0$ gegen H_1: $\mu \ne \mu_0$ ergibt sich schließlich der p-Wert rechnerisch aus den p-Werten der beiden einseitigen Tests mit $p_3 = 2 \cdot \min(p_1, p_2)$.

Dabei bezeichnet P_{Ho} die Wahrscheinlichkeit, die sich bei Gültigkeit der jeweiligen Nullhypothese ergibt. Für die Testentscheidung wird allein der ermittelte p-Wert mit dem zuvor festgelegten Signifikanzniveau α verglichen. Gilt $p < \alpha$, so ist die Wahrscheinlichkeit dafür, den aus den Messwerten errechneten Wert der Testgröße zu erhalten, so klein, dass die Nullhypothese abgelehnt werden muss. Gilt dagegen $p \geq \alpha$, kann die Nullhypothese nicht abgelehnt werden.

Der Vorteil der Verwendung von p-Werten ist, dass sie als Wahrscheinlichkeiten mehr Informationen liefern als lediglich die Annahme oder Ablehnung der Nullhypothese. So wird z. B. auch eine Vergleichbarkeit zwischen unterschiedlichen Testverfahren möglich. Ihre wachsende Popularität verdanken die p-Werte nicht zuletzt der Tatsache, dass eine Reihe von Statistiksoftwarepaketen ihre Ermittlung unterstützt.

4.7   Verteilungsanpassung: Parameterschätzung und Testverfahren im Einsatz

In der Simulationsanwendung stellt sich die Aufgabe, für die Zufallsvariablen geeignete Verteilungen festzulegen. In Abschnitt 4.4.1 haben wir beispielsweise die stetige Zufallsvariable M eingeführt, mit deren Hilfe die stochastische Bearbeitungszeit an einer Montagestation unserer PC-Fertigung beschrieben werden kann. Wie die Abschnitte 4.4.2 und 4.4.3 zeigen, werden zur näheren Spezifikation von M eine Verteilungsfunktion und in Abhängigkeit von dieser Funktion ein oder mehrere Parameter, z. B. der Erwartungswert $E(M)$, benötigt.

Allerdings ist es bei der Untersuchung eines realen Systems nur in seltenen Fällen so, dass die Verteilungen für die betrachteten stochastischen Prozesse bekannt sind. Wenn keine Verteilung bekannt ist, dann stellt sich die Frage, ob bereits empirische Daten vorliegen oder ob diese gegebenenfalls auf dem Wege einer Datenerhebung (vgl. Abschnitt 5.4.3) beschafft werden können. Für unsere Montagestation könnten empirische Daten beispielsweise als Messreihe mit beobachteten Bearbeitungszeiten vorliegen. Liegt eine solche Messreihe vor und soll eine dazu passende theoretische Verteilung bestimmt werden, so wird das dazu erforderliche Vorgehen als *Verteilungsanpassung* („Distribution Fitting" oder „Fitting of Distributions to Data") bezeichnet. Eine ausführliche simulationsbezogene Darstellung der Verteilungsanpassung findet sich in Law (2014, S. 316-358) und eine allgemeine Einführung in Karian und Dudewicz (2000). Im Wesentlichen besteht das Vorgehen aus drei Schritten:

1. Auswahl von in Betracht kommenden Verteilungen,

2. Schätzen der Parameter der in Schritt 1 ausgewählten Verteilungen und

3. Bestimmung der Güte der Anpassung (mit Hilfe von Anpassungstests).

Die Verteilungsanpassung verwendet mit Schätzern, statistischen Tests und Grundlagen der deskriptiven Statistik verschiedene der bislang in diesem Kapitel eingeführten Grundlagen. Im Folgenden werden die drei Schritte im Einzelnen erläutert.

Ein erster Hinweis zur Verteilungsauswahl ergibt sich unmittelbar anhand des Typs des beobachteten Merkmals (vgl. Abschnitt 4.2), durch den bestimmt wird, ob es sich um eine stetige oder eine diskrete Verteilung handelt. Nach dieser Vorauswahl kann ein Histogramm, das sich aus den Daten der beobachteten Messreihe erstellen lässt, eine konkretere Vorstellung von der auszuwählenden Verteilung vermitteln. So legt das Histogramm der Zwischenankunftszeiten in Abbildung 24 beispielsweise eine Gleichverteilung nahe. Diese eher intuitive Ableitung einer Vermutung über in Betracht kommende Verteilungen aus einem Graphen ist ein Hinweis darauf, dass Verteilungsanpassung kein exaktes analytisches Verfahren, sondern eine heuristische Vorgehensweise ist. Auch wenn es einige wenige rechnerische Hilfsmittel gibt, so liefern auch diese nur weitere Hinweise und nicht direkt die passende Verteilung. Das gilt beispielsweise für den sogenannten *Varianzkoeffizienten*, der als Quotient aus Standardabweichung und Erwartungswert definiert ist. Dieser Varianzkoeffizient nimmt z. B. für die Exponentialverteilung immer den Wert 1 an. Anhand der Messreihe lässt sich nun der empirische Varianzkoeffizient als Quotient aus empirischer Streuung und Mittelwert ermitteln. Liegt diese empirische Größe, die als Schätzer des tatsächlichen Varianzkoeffizienten aufgefasst werden kann, in der Nähe von 1, dann ist das ein Hinweis auf eine mögliche Exponentialverteilung der Daten.

Für Verteilungen, die aufgrund des Histogramms oder aufgrund von Kennwerten wie dem Varianzkoeffizienten in Betracht kommen, müssen dann im zweiten Schritt die verteilungsspezifischen Parameter (vgl. Abschnitt 4.4.3) aus den Messwerten geschätzt werden. Dafür kommt beispielsweise die sogenannte *Maximum-Likelihood-Parameterschätzung* zum Einsatz. Dabei werden die Schätzer für die Parameter so ermittelt, dass die Wahrscheinlichkeit dafür, aus der jeweiligen Verteilung genau die vorliegenden Messwerte zu erhalten, maximiert wird. Details dieses Verfahrens sowie die Maximum-Likelihood-Schätzer für die Parameter zahlreicher Verteilungen finden sich z. B. in Law (2014, S. 331-334 und S. 287-313). Das Maximum-Likelihood-Verfahren führt in vielen Fällen zu naheliegenden Ergebnissen. So sind beispielsweise Mittelwert und empirische Streuung die Maximum-Likelihood-Schätzer für Erwartungswert und Varianz vieler Verteilungen.

Der dritte Schritt der Verteilungsanpassung besteht schließlich darin, Anpassungstests zwischen den jeweiligen Verteilungen und ihren Parametern einerseits und der Messreihe andererseits durchzuführen. Veranschaulichen lässt sich das anhand des in Abschnitt 4.6 vorgestellten χ^2-Anpassungstests. Mit dessen Hilfe lässt sich die oben erwähnte Vermutung überprüfen, dass die in Abbildung 24 dargestellten Daten aus einer Gleichverteilung stammen. Getestet wird in diesem Beispiel die Nullhypothese, dass die Zufallsvariable X, aus der die aufgezeichneten Zwischenankunftszeiten stammen, im Intervall [160; 280] stetig gleichverteilt ist. Für die Ermittlung der Testgröße χ^2 (vgl. Formel 4.47) übernehmen wir der Einfachheit halber die Klasseneinteilung in $k = 12$ Klassen aus Tabelle 24. Wenn H_0 gültig ist, ist die theoretische Wahrscheinlichkeit, dass ein Wert in eine der Klassen fällt, in diesem speziellen Fall für alle zwölf Klassen gleich. Es gilt als $f_{0,i} = 1 / 12$ für alle $i = 1, \ldots, 12$. Unter Anwendung von Formel 4.47 ergibt sich demnach unter Verwendung der Klassenhäufigkeiten h_i aus Tabelle 24 und mit $n = 7832$:

$$\chi^2 = \sum_{i=1}^{12} \frac{\left(h_i - 7832 \cdot \frac{1}{12}\right)^2}{7832 \cdot \frac{1}{12}} = 8{,}98 \tag{4.49}$$

Für die Quantile der χ^2-Verteilung lässt sich aus in entsprechenden Statistikbüchern gegebenen tabellarischen Darstellungen ablesen: $\chi^2_{9,\,0,90} = 14{,}7$ und $\chi^2_{9,\,0,95} = 16{,}9$. Die Nullhypothese kann also weder zum Signifikanzniveau $\alpha = 0{,}1$ noch zum Signifikanzniveau $\alpha = 0{,}05$ abgelehnt werden. Die Zahl $j = 9$ der Freiheitsgrade für die χ^2-Verteilung ergibt sich aufgrund der zwei zu schätzenden Parameter für die Gleichverteilung (vgl. Abschnitt 4.6 für den Zusammenhang zwischen j und k).

Neben dem χ^2-Anpassungstest gibt es weitere Testverfahren wie etwa den *Kolmogorov-Smirnov-* und den *Anderson-Darling-Test* (vgl. Law 2014, S. 351-357). Die Testgrößen dieser Testverfahren können jeweils als Indikator für die Güte der Anpassung herangezogen werden. Je kleiner die Testgröße für eine Verteilung ausfällt, umso besser passt sie zur Messreihe.

Es kann vorkommen, dass sich keine theoretische Verteilung an eine Messreihe anpassen lässt. Konkret ist das dann der Fall, wenn für alle betrachteten Verteilungen die im dritten Schritt durchgeführten Anpassungstests zu einer Ablehnung der Nullhypothese führen. Schwierigkeiten bei der Anpassung an eine theoretische Verteilung treten beispielsweise dann auf, wenn sich aus den Daten nicht nur ein Maximum, sondern mehrere lokale Maxima ergeben. Um eine geeignete Anpassung durchführen zu können, müssten dann sogenannte *multimodale Dichtefunktionen* (Dichtefunktionen mit mehreren lokalen Maxima) verwendet werden. Abbildung 34 zeigt ein Beispiel für eine bimodale Dichtefunktion. Allerdings sind derartige Dichtefunktionen in der Menge der üblicherweise betrachteten bzw. von einem Simulationswerkzeug zur Verfügung gestellten Verteilungen nicht enthalten, obwohl sie in Simulationsanwendungen durchaus vorkommen (z. B. bei Störungen mit unterschiedlichen Ursachen).

Wenn die Verteilungsanpassung scheitert oder wenn schon von vornherein (z. B. nach erster Darstellung der Daten aus der Messreihe in einem Histogramm) klar ist, dass keine theoretische Verteilung herangezogen werden soll oder keine geeignete theoretische Verteilung zur Verfügung steht, dann kann eine empirische Verteilung aus den Daten abgeleitet werden. Die Vorgehensweise zur Ableitung einer empirischen Verteilung aus einer Messreihe ist in Abschnitt 4.4.3 beschrieben.

Sowohl empirische Verteilungen als auch Verteilungsanpassung setzen voraus, dass Messreihen vorliegen. Nun kann es allerdings aus unterschiedlichen Gründen sein, dass weder Daten vorliegen noch erhoben werden können. In diesem Fall gibt es zwei denkbare Ansätze zur Bestimmung von Verteilungen für Eingangsgrößen.

Der erste Ansatz besteht darin, Kenntnisse über den nachzubildenden stochastischen Prozess auszunutzen (soweit solche Kenntnisse vorliegen).

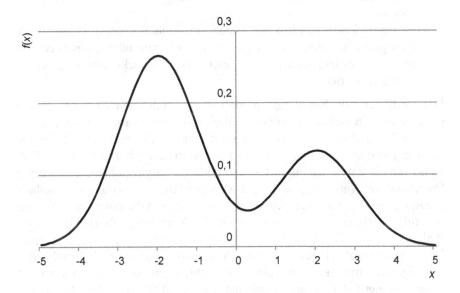

Abb. 34. Beispiel für eine bimodale Dichtefunktion

In Abschnitt 4.4.3 haben wir gesehen, dass die Exponentialverteilung gut geeignet ist, Zwischenankunftszeiten zu modellieren und dass die Erlang-2-Verteilung Zeiten für manuelle Tätigkeiten gut beschreiben kann. Ist also ein Ankunftsprozess oder eine manuelle Montagetätigkeit zu modellieren, so lässt sich aufgrund dieses (zugegebenermaßen sehr allgemeinen) Zusammenhanges für die Verwendung der genannten Verteilungen argumentieren. In ähnlicher Weise gibt es auch für einige andere theoretische Verteilungen „typische" Anwendungsfälle.

Falls auch auf diese grundlegenden Kenntnisse über die Anwendung bestimmter Verteilungen für bestimmte stochastische Prozesse nicht zurückgegriffen werden kann oder soll, so kann als „letzter Ausweg" auf die Dreiecks- oder auf die Gleichverteilung zurückgegriffen werden (vgl. Abschnitt 4.4.3).

Zusammenfassend ergeben sich in Anlehnung an (Law 2014, S. 283-285) also vier Fälle zur Bestimmung einer Verteilung für eine Zufallsvariable, die die Eingangsgröße eines Simulationsmodells beschreibt:

1. Es liegen empirische Daten vor, und für diese Daten wird erfolgreich eine Verteilungsanpassung durchgeführt.
2. Es liegen empirische Daten vor, aus denen eine empirische Verteilung abgeleitet wird.
3. Es liegen keine empirischen Daten vor, aber es gibt Kenntnisse über den zugrunde liegenden stochastischen Prozess, die die Verwendung einer bestimmten theoretischen Verteilung gerechtfertigt erscheinen lassen.
4. Es liegen keine empirischen Daten vor, jedoch können Schätzungen zum größten, kleinsten und vielleicht noch zum häufigsten Wert angegeben werden, sodass eine Gleich- oder Dreiecksverteilung herangezogen werden kann.

Das Verhalten von Simulationsmodellen für Produktions- oder Logistiksysteme wird in vielen Fällen von zahlreichen Zufallsvariablen beeinflusst. Bei der Bestimmung der Verteilungen dieser Zufallsvariablen werden regelmäßig einige oder sogar alle vier Fälle auftreten. So gibt es möglicherweise für die Zwischenankunftszeiten der PCs aufgezeichnete empirische Daten und die Anpassung gelingt wie für die Gleichverteilung beispielhaft gezeigt (Fall 1). Für Bearbeitungszeiten an den Arbeitsstationen könnte aus aufgezeichneten Daten eine empirische Verteilung abgeleitet werden (Fall 2), wenn beispielsweise die Verteilungsanpassung an gemessenen Daten gescheitert ist. Wenn für die Abstände, in denen Gabelstapler beschädigt sind und ausfallen, keine Aufzeichnungen vorliegen, so kann mit einer Exponentialverteilung gearbeitet werden (Fall 3), wobei darauf zurückgegriffen wird, dass es sich bei Fehlerabständen um einen Ankunftsprozess handelt (vgl. Abschnitt 4.4.3). Wenn schließlich für die Batterieladezeiten der Stapler noch gar keine Erkenntnisse vorliegen, kann mit Hilfe von Herstellerangaben und groben Schätzungen der Instandhaltungsverantwortlichen mit einer Dreiecksverteilung gearbeitet werden (Fall 4).

4.8   Erzeugung von Zufallszahlen

In den vorangegangenen Abschnitten haben wir gesehen, dass das Verhalten von realen Systemen durch zufällige Vorgänge beeinflusst wird. Diese Vorgänge lassen sich durch Zufallsvariablen und Verteilungen beschreiben. Damit diese Vorgänge in Simulationsmodellen im Rechner nachgestellt werden können, werden Verfahren benötigt, mit deren Hilfe eine Folge von unterschiedlichen Zahlenwerten erzeugt wird, die einer unterstellten Verteilung unterliegen. Diese Zahlenwerte werden als *Zufallszahlen* bezeichnet. Bei einer Zufallszahl *x* handelt es sich um eine Realisierung einer Zufallsvariablen *X* (zum Begriff der Zufallsvariablen vgl. Abschnitt 4.4.1). Um Zufallszahlen zu erzeugen, werden keine Zufallsvorgänge genutzt. Vielmehr werden mit Hilfe von deterministischen mathematischen Rechenvorschriften Folgen von Zahlen generiert, die möglichst zufällig wirken sollen, tatsächlich aber nicht zufällig sind. Daher ist auch die Rede von *Pseudo-Zufallszahlen*. Da es sich um deterministische Rechenvorschriften handelt, können die exakt gleichen Reihen von Zufallszahlen auch erneut erzeugt werden, der „Zufall" wird also reproduzierbar. Diese reproduzierbare Folge von Zahlen wird als *Zufallszahlenstrom* bezeichnet. Die Vorgehensweise mag zunächst verwirren, ist aber die Voraussetzung für die Reproduzierbarkeit der Simulationsergebnisse, die eine zentrale Eigenschaft der Simulation als Problemlösungsmethode darstellt (vgl. Abschnitt 2.3).

Damit eine Rechenvorschrift als geeignet zur Erzeugung von Pseudo-Zufallszahlen angesehen werden kann, muss sie eine Reihe von Anforderungen erfüllen (siehe auch Law 2014, S. 396):

- Die gewünschte Verteilung muss sich tatsächlich einstellen, wenn hinreichend viele Zahlen erzeugt werden.
- Die erzeugten Zahlen sollen möglichst zufällig wirken. Das bedeutet insbesondere, dass sich keine Korrelation zwischen direkt nacheinander erzeugten Zufallszahlen einstellen soll.
- Die Rechenvorschrift soll möglichst robust bezüglich Änderungen von Kenngrößen der gewünschten Verteilungen sein.
- Die Erzeugung der Zahlen muss effizient sein, d. h. der erforderliche Rechenaufwand soll möglichst klein sein.

Prinzipiell ist es wünschenswert, Zufallszahlen für alle theoretischen und empirischen Verteilungen zu erzeugen. Ein Ansatz hierzu wäre, für jede Verteilung eigene Rechenvorschriften zu entwickeln. Etabliert hat sich allerdings eine zweistufige Vorgehensweise. In einem ersten Schritt werden, unabhängig von der gewünschten Verteilung, gleichverteilte Zufallszahlen erzeugt (vgl. Abschnitt 4.8.1). Erst in einem zweiten Schritt wird aus einem oder mehreren der im ersten Schritt ermittelten Zufallszahlen ein Zahlenwert für die gewünschte Verteilung ermittelt. Das Vorgehen hierzu wird in Abschnitt 4.8.2 behandelt. Bei der Modellierung sind wegen des deterministischen Charakters der Pseudo-Zufallszahlen einige Regeln zu beachten, die wir in Abschnitt 4.8.3 diskutieren.

4.8.1 Erzeugung gleichverteilter Zufallszahlen

Um gleichverteilte Zufallszahlen mit deterministischen Rechenregeln zu erzeugen, greifen die meisten Verfahren auf rekursive Funktionen zurück. Dabei ergibt sich n_i, der i-te Wert der Zahlenreihe, aus dem Wert n_{i-1} bei einer einfach rekursiven Funktion (mit $i > 0$) bzw. aus den Werten n_{i-1}, ..., n_{i-k} (mit $i \geq k > 1$) bei einer k-fach rekursiven Funktion. Der Wert n_0 bzw. die Werte n_0, ..., n_{k-1} werden als Startwerte der Zahlenreihe bezeichnet und sind als Parameter vorzugeben (zur Wahl der Startwerte vgl. Abschnitt 4.8.3). In diesem Abschnitt stellen wir die folgenden Ansätze zur Erzeugung gleichverteilter Zufallszahlen vor (für eine detaillierte Darstellung vgl. Law 2014, S. 397-409):

- Lineare Kongruenzmethode:
  - Gemischte Kongruenzmethode,
  - Multiplikative Kongruenzmethode,
- Allgemeine Kongruenzmethoden,
- Kompositionsmethoden,
- Tausworthe-Ansatz.

Das grundlegende Verständnis dieser Ansätze ist für Simulationsanwendungen unter anderem deswegen wichtig, weil in einigen kommerziellen Simulationswerkzeugen unterschiedliche Ansätze implementiert sind und dem Anwender teilweise bei der Modellierung die Auswahl überlassen wird.

Lineare Kongruenzmethode Um Zahlenwerte in einem fest definierten Wertebereich zu erzeugen, stellt die Modulo-Funktion, die den Rest bei ganzzahliger Division zum Ergebnis hat, ein geeignetes Hilfsmittel dar. Für einen gegebenen Divisor m erhalten wir im Ergebnis immer Werte im Wertebereich [0; $m-1$]. Um die erhaltenen Werte als Ergebnis der Funktion auf das gewünschte Intervall [0; 1] abzubilden, wird üblicherweise die *i*-te Zahl n_i des Zahlenstroms durch *m* geteilt. Je größer *m* ist, desto feiner sind die Zahlen im Intervall [0; 1] abgestuft.

Die rekursive Funktion zur Erzeugung von Zufallszahlen, die die Basis der linearen Kongruenzmethode bildet, hat die folgende Form:

$$n_i = (a \cdot n_{i-1} + c) \bmod m \tag{4.50}$$

Dabei sind *a*, *c* und *m* ganzzahlige Parameter (mit $m > a > 0$, $m > c \geq 0$), die das Verhalten des Generators nachhaltig beeinflussen. Setzen wir z. B. $a = 7$, $c = 8$ und $m = 11$, so erhalten wir bei einem Startwert $n_0 = 9$ die Folge 5, 10, 1, 4, 3, 7, 2, 0, 8, 9, 5, ... Mit der Zufallszahlenfolge werden also tatsächlich alle Werte im Intervall [0; 10] mit Ausnahme der sechs getroffen, wobei die Reihenfolge zudem tatsächlich zufällig erscheint. Allerdings wiederholt sich die Folge nach zehn Werten, da n_{10} dem n_0 entspricht. Die sogenannte *Periodenlänge* unseres Generators $n_i = (7 \cdot n_{i-1} + 8) \bmod 11$ beträgt somit zehn. Um mehr unterschiedliche Werte zu erzeugen, muss *m* nun größer gewählt werden. Setzen wir aber beispielsweise $m = 100$, so erhalten wir beginnend mit unverändertem $n_0 = 9$ die Zahlenfolge 71, 5, 43, 9. Wie unschwer zu erkennen ist, ist die Periodenlänge deutlich kleiner. Es werden lediglich vier unterschiedliche Zahlen bestimmt, bevor es zu einer Wiederholung kommt. Dieses Beispiel verdeutlicht, dass die Festlegung geeigneter Werte für *a*, *c* und *m* keine triviale Angelegenheit ist.

Folgende Anforderungen an die Generatoren, die auf der Kongruenzmethode basieren, können aus den bisherigen Überlegungen heraus konkretisiert werden (vgl. Pidd 2004, S. 182):

- Die Periodenlänge *p* sollte so groß wie möglich sein. Im Idealfall gilt Periodenlänge $p = m$. In diesem Fall handelt es sich um einen sogenannten *Full-Period Generator*.
- Alle Zahlen von 0 bis *m*–1 sollten mit der gleichen Häufigkeit erzeugt werden.
- Die entstehende Zahlenfolge sollte so zufällig wie möglich scheinen (alle Zufallszahlen sollten mit gleicher Wahrscheinlichkeit an jeder Stelle der Zahlenfolge auftreten). Das gleiche sollte für Tupel aufeinanderfolgender Zufallszahlen sowie für Tripel und *n*-Tupel gelten.

Damit diese Forderungen erfüllt werden können, müssen *a, c, m* und n_0 geeignet festgelegt werden. Grundsätzlich lassen sich lineare Kongruenzmethoden danach unterscheiden, ob *c* den Wert 0 hat (*multiplikative Kongruenzmethode*) oder einen Wert größer 0 (*gemischte Kongruenzmethode*). Für die gemischte Kongruenzmethode lassen sich auf Basis theoretischer

Erkenntnisse, die sich unter anderem auf Teilerfremdheit von m und c beziehen, Parameterkonstellationen definieren, für die sichergestellt ist, dass die Periodenlänge m beträgt (vgl. Hull und Dobell 1962). Für die multiplikative Kongruenzmethode, für die eine Rechenoperation entfällt und die häufiger Anwendung findet, lassen sich entsprechende Konfigurationen bestimmen, für die die Periodenlänge $m-1$ beträgt (vgl. Law 2014, S. 400-402).

Allgemeine Kongruenzmethoden Die linearen Kongruenzmethoden bilden einen Spezialfall der allgemeinen Kongruenzmethoden, denen typischerweise k-fach rekursive Funktionen zugrunde liegen:

$$n_i = f(n_{i-1}, ..., n_{i-k}) \bmod m \qquad (4.51)$$

Dabei stellt f eine deterministische Funktion dar. Analog zu den linearen Kongruenzmethoden werden Zufallszahlen zwischen 0 und $m-1$ erzeugt. Die Abbildung auf das Intervall [0; 1] ergibt sich wiederum durch Division von n_i durch m. In der Literatur finden sich verschiedene Ansätze zur Definition von f. Eine lineare Funktion hat hierbei die folgende, allgemeine Form:

$$f(n_{i-1}, ..., n_{i-k}) = a_1 \cdot n_{i-1} + ... + a_k \cdot n_{i-k} \qquad (4.52)$$

Hierbei stellen a_1, ..., a_k Konstanten dar, wobei Periodenlängen von m^k möglich sind (vgl. Knuth 1998, S. 29-30). Ein anderer Ansatz besteht darin, für f eine quadratische Funktion zu definieren, also beispielsweise

$$f(n_{i-1}, n_{i-2}) = a_1 \cdot n_{i-1}^2 + a_2 \cdot n_{i-2} + c \qquad (4.53)$$

Kompositionsmethoden Die grundsätzliche Idee der Kompositionsmethoden besteht darin, zwei oder mehr unterschiedliche („schwache") Generatoren zu nehmen und diese so zu kombinieren, dass der neue Generator deutlich bessere Eigenschaften besitzt. Ein Ansatz aus der Gruppe dieser Generatoren besteht darin, zunächst eine Folge von k Zufallszahlen mit dem ersten Generator zu erzeugen und in einem Vektor V zu speichern. Der zweite Generator dient nur dazu, Werte zwischen 1 und k zu erzeugen. Mittels des zweiten Generators wird ein Wert i bestimmt; der Wert an Position i des Vektors V ist nach Abbildung auf das Intervall [0; 1] das Ergebnis des kombinierten Generators. Mittels des ersten Generators wird dann jeweils die nächste Zufallszahl bestimmt und die Zahl an Position i des Vektors V durch diese Zahl ersetzt. Diese und weitere Möglichkeiten, Generatoren zu kombinieren, werden von Law (2014, S. 403-405) ausführlicher diskutiert.

Tausworthe-Ansatz Dieser Ansatz (vgl. Tausworthe 1965) basiert wiederum auf der Modulo-Funktion, allerdings wird direkt auf Ebene der Bits aufgesetzt. Dabei wird eine Sequenz von Binärzahlen erzeugt, also z .B. 01001010. Um aus dieser Sequenz jetzt Zufallszahlen zu generieren, werden immer die rechten l Binärstellen genommen und in die zugehörige Dezimalzahl überführt. Für $l = 4$ erhalten wir damit für das Beispiel die Zahlenfolge 4 (0100), 9 (1001), 2 (0010), 5 (0101), 10 (1010). Die größte darstellbare Zahl ist $2^l - 1$, in diesem Fall also 15. Mittels Division der erhaltenen Dezimalzahl durch 2^l ergeben sich Werte im Intervall [0; 1). Um nun die nächste Binärzahl in der Sequenz zu bestimmen, wird in den meisten Umsetzungen die folgende zweifach rekursive Funktion mit ganzzahligen r und q und $0 < r < q$ verwendet:

$$b_i = (b_{i-r} + b_{i-q}) \bmod 2 \tag{4.54}$$

In diesem Fall ergibt sich das nächste (i-te) Bit b_i zu 1, wenn die in der Sequenz um r und q Positionen zurückliegenden Bits übereinstimmen ($b_{i-r} = b_{i-q}$). Ansonsten ist $b_i = 0$. Die Startwerte für diesen Ansatz ergeben sich aus einer Folge von q Binärzahlen, und die maximale Periodenlänge beträgt 2^{q-1}. Tatsächlich lassen sich Parameterkonstellationen für die Startwerte und l festlegen, sodass die Periodenlänge 2^{q-1} beträgt (für eine vertiefende Darstellung vgl. Law 2014, S. 405-409).

4.8.2 Transformation gleichverteilter Zufallszahlen

Im vorangegangenen Abschnitt haben wir Ansätze kennengelernt, mit denen gleichverteilte Zufallszahlen im Intervall [0; 1] erzeugt werden können. Um Zufallszahlen zu generieren, die einer anderen Verteilung unterliegen, werden ebenfalls gleichverteilte Zufallszahlen genutzt und in geeigneter Weise transformiert. Einige Methoden zur Transformation werden im Folgenden vorgestellt. Für eine vertiefende Darstellung wird auf Law (2014, S. 426-487) und Pidd (2004, S. 189-202) verwiesen.

Inversionsmethode Die Inversionsmethode nutzt die Eigenschaft von Verteilungsfunktionen, dass deren Wertebereich gerade das Intervall [0; 1] ist. Ist die Umkehrfunktion der Verteilungsfunktion bekannt, so kann jede im Intervall [0; 1] gleichverteilte Zufallszahl g in die Umkehrfunktion eingesetzt werden. Im Ergebnis erhalten wir Zufallszahlen, die der gewünschten Verteilung unterliegen. Beispielsweise lässt sich für die Exponentialverteilung (siehe Formel 4.25) folgende Umkehrfunktion der Verteilungsfunktion angeben:

$$x = -\lambda \cdot \ln(1 - g) \tag{4.55}$$

Für jedes g aus dem Intervall [0; 1] stammt gleichzeitig auch $1 - g$ aus dem Intervall [0; 1]. Formel 4.55 kann folglich weiter vereinfacht werden zu:

$$x = -\lambda \cdot \ln(g) \tag{4.56}$$

Die Inversionsmethode findet auch Anwendung für diskrete Verteilungen. Ausgehend von einer im Intervall [0; 1] gleichverteilten Zufallszahl g sowie einer diskreten Verteilungsfunktion (Formel 4.10) wird – unter der Voraussetzung, dass die einzelnen Werte x_i aufsteigend sortiert sind – das kleinste i gesucht mit $g \leq F(x_i)$. Das Ergebnis ist der Wert x_i. Eine graphische Veranschaulichung findet sich in Abbildung 35. Für $g = 0{,}8$ ergibt sich hier x_3 als gesuchter Wert.

Bündelungsmethode Dieser Ansatz nutzt die Eigenschaft einiger Verteilungen aus, dass sich die betrachtete Zufallsvariable X als Summe von *mehreren* Zufallsvariablen $Y_1, ..., Y_k$ mit einer anderen Verteilungsfunktion definieren lässt. So ergibt sich beispielsweise eine Erlang-k-verteilte Zufallsvariable X als Summe aus k exponentialverteilten Zufallsvariablen Y_1, ..., Y_k. Um Zufallszahlen gemäß der Erlang-k-Verteilung mit Erwartungswert $E(X)$ zu erzeugen, kann die Exponentialverteilung auf Basis des beschriebenen Zusammenhanges in einfacher Weise genutzt werden: Es werden k Zufallszahlen gemäß der Exponentialverteilung mit $E(Y_1) = ...$ $= E(Y_k) = E(X) / k$ bestimmt und addiert, um eine Zufallszahl für die Erlang-k-Verteilung zu generieren. Für $k = 3$ benötigen wir somit drei Werte aus der Exponentialverteilung, die wiederum mit der Inversionsmethode aus drei gleichverteilten Zufallszahlen bestimmt werden können.

Annahme-Verwerfungsmethode („Acceptance-Rejection Method" oder „Rejection Method") Die Annahme-Verwerfungsmethode (vgl. Kolonko 2008, S. 97-99) wird zumeist eingesetzt, wenn die Voraussetzungen der anderen Methoden nicht erfüllt sind. Pidd (2004, S. 192) hat dieses Ver-

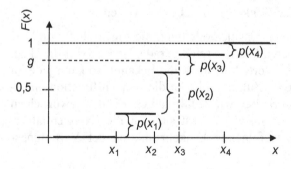

Abb. 35. Inversionsmethode am Beispiel einer diskreten Verteilung

fahren plakativ als „throwing darts at a dart board" bezeichnet. Ein Pfeil wird solange auf ein Diagramm der Dichtefunktion der gewünschten Verteilung geworfen, bis ein „Treffer" erzielt wird: Liegt die y-Koordinate des getroffenen Punktes (mit den Koordinaten x und y) unter dem Funktionswert $f(x)$ der Dichtefunktion, akzeptieren wir x als „Treffer", ansonsten lehnen wir x als Stichprobenwert für die Verteilung ab. Die Vorgehensweise ist in Algorithmus 5 formal dargestellt. Dabei ist vorab eine Konstante $c > 0$ so zu wählen, dass $0 \leq c \cdot f(x) \leq 1$ auf einem Intervall $[a; b]$ gilt. Die Werte für die reellen Zahlen a und b sind zudem so zu bestimmen, dass außerhalb des Intervalls $f(x) = 0$ gilt. Benötigt werden in jeder Iteration zwei gleichverteilte Zufallszahlen g_1 und g_2 aus dem Intervall $[0; 1]$. Mittels g_1 wird die x-Koordinate des Dart-Pfeils bestimmt (gleichverteilt im Intervall $[a; b]$), und g_2 stellt die y-Koordinate des Dart-Pfeils dar.

Abschließend greifen wir in diesem Abschnitt noch einmal die in Abschnitt 4.4 vorgestellten Verteilungen auf und zeigen, wie Zufallszahlen unter Berücksichtigung der Verteilungsparameter erzeugt werden können. Hier ist anzumerken, dass die entsprechenden Ansätze in den meisten kommerziellen Simulationswerkzeugen als Standardfunktionalität hinterlegt sind. Die Exponentialverteilung haben wir bereits als Beispiel für die Inversionsmethode, die Erlang-k-Verteilung als Beispiel für die Bündelungsmethode behandelt. Die Inversionsmethode wird auch für die Gleichverteilung, die Dreiecksverteilung sowie die Bernoulli-Verteilung genutzt (für die Verteilungsfunktionen und Parameter der Verteilungen vgl. Abschnitt 4.4.3). Eine im Intervall $[0; 1]$ gleichverteilte Zufallszahl g wird dann jeweils genutzt, um den Rückgabewert x zu bestimmen (siehe Tabelle 25 für die entsprechenden Formeln). Da sich die Binomialverteilung als n-malige Wiederholung eines Bernoulli-Experimentes definieren lässt, kann die Bündelungsmethode neben der Erlang-k-Verteilung auch für die Binomialverteilung eingesetzt werden, wobei n im Intervall $[0; 1]$ gleichverteilte Zufallszahlen addiert werden, um den Rückgabewert zu bestimmen.

Etwas schwieriger gestaltet sich die Erzeugung von Zufallszahlen, die der Poisson- oder der Normalverteilung unterliegen. Für die Poisson-Ver-

Algorithmus 5. Annahme-Verwerfungsmethode bei vorgegebenem a, b und c

```
repeat
      Erzeuge zwei im Intervall [0; 1]
      gleichverteilte Zufallszahlen g1 und g2
      Bestimme x = a + (b - a) ·g1
until g2 ≤ c · f(x)

Gib x als Ergebnis zurück
```

Tabelle 25. Formeln zur Nutzung der Inversionsmethode für verschiedene Verteilungen

Verteilung	Formel
Gleichverteilung	$x = a + (b - a) \cdot g$
Dreiecksverteilung	$x = a + (b - a) \cdot h$
	mit $h = \begin{cases} \sqrt{m' \cdot g} & \text{für } 0 \leq g \leq m' \\ 1 - \sqrt{(1 - m') \cdot (1 - g)} & \text{für } m' < g \leq 1 \end{cases}$
	und $m' = \dfrac{m - a}{b - a}$
Bernoulli-Verteilung	$x = \begin{cases} 1 & \text{für } 0 \leq g \leq p \\ 0 & \text{für } p < g \leq 1 \end{cases}$

Algorithmus 6. Erzeugung von Zufallszahlen der Poisson-Verteilung (in Anlehnung an Atkinson 1979, S. 30)

```
a = e⁻ᵏ; b = 1; i = 0;
repeat
    Erzeuge eine im Intervall [0; 1] gleichverteilte
    Zufallszahl g
    b = b · g
    i = i + 1
until b < a

Gib i - 1 als Ergebnis zurück
```

teilung kann der Bezug zur Exponentialverteilung ausgenutzt werden (siehe Algorithmus 6 sowie Law 2014, S. 470). Neben diesem Ansatz finden sich in der Literatur auch weitere Verfahren, die ähnlich der Annahme-Verwerfungsmethode arbeiten (vgl. Atkinson 1979).

Für die Bestimmung von Zahlenfolgen, die der Normalverteilung unterliegen, wird auf Werte für die Standardnormalverteilung $N(0, 1)$ zurückgegriffen. Mittels Formel 4.30 werden anschließend die entsprechenden Werte für die gewünschte Kombination aus Erwartungswert μ und Standardabweichung σ berechnet. Für die Standardnormalverteilung wurde von Box und Muller (1958) ein erster Ansatz vorgestellt, für den zunächst zwei im Intervall [0; 1] gleichverteilte Zufallszahlen g_1 und g_2 erzeugt werden. Aus diesen beiden Werten werden zwei Zufallszahlen x_1 und $x_2 \sim N(0, 1)$ bestimmt:

$$x_1 = \sqrt{-2 \cdot \ln(g_1)} \cdot \cos(2 \cdot \pi \cdot g_2)$$
$$x_2 = \sqrt{-2 \cdot \ln(g_1)} \cdot \sin(2 \cdot \pi \cdot g_2)$$

(4.57)

Die Generierung von zwei normalverteilten Zufallszahlen aus zwei gleich-verteilten Zufallszahlen erscheint zunächst effizient. Dennoch ist dieser Ansatz anderen Ansätzen, die mehr als zwei gleichverteilte Zufallszahlen als Basis für die Generierung von zwei normalverteilten Zufallszahlen be-nötigen, unterlegen (vgl. Law 2014, S. 457-458). Dies liegt im hohen Re-chenaufwand für die trigonometrischen Funktionen begründet.

4.8.3 Regeln für den Umgang mit Zufallszahlenströmen

In einem Simulationsmodell in Produktion und Logistik werden zumeist an verschiedenen Stellen Zufallsvariablen benötigt (vgl. Abschnitt 4.4.1). Et-was plakativ können diese Stellen als Verbraucher von Zufallszahlen auf-gefasst werden. In unserer PC-Montage sind beispielsweise der Aufgabe-punkt für PC-Gehäuse (bezüglich der Zwischenankunftszeit der PCs) und alle Bearbeitungsstationen (bezüglich der Störungsdauern und Abstände zwischen Störungen) Verbraucher von Zufallszahlen. Zur Laufzeit der Si-mulation fordert jeder Verbraucher bei Eintritt entsprechender Ereignisse die nächste Zufallszahl aus einem Zufallszahlenstrom an. Jedem Zufalls-zahlenstrom liegt dabei eine Methode zur Generierung der jeweils nächs-ten Zufallszahl zugrunde. Bei der Parametrisierung eines Zufallszahlen-stromes werden in kommerziellen Werkzeugen meist nur der oder die *Startwerte* (auch als *Seed-Werte* bezeichnet) durch den Anwender festge-legt, für die linearen Kongruenzmethoden also beispielsweise n_0, während alle anderen Parameter der eingesetzten Methode (also a, c und m für die Kongruenzmethoden) werkzeugintern vorgegeben sind. Einige Werkzeuge ermöglichen darüber hinaus die Festlegung der eingesetzten Methode zur Zufallszahlenerzeugung.

Fordert ein Verbraucher während der Simulation eine Zufallszahl an, so wird die nächste Zahl des Zufallszahlenstromes (bzw. die Menge der benö-tigten Zahlen) jeweils im Intervall [0; 1] berechnet und die erforderliche Transformation durchgeführt, um eine Zufallszahl der gewünschten Ver-teilung als Rückgabewert zu generieren. Um einen Simulationslauf (mit identischen Ergebnissen) zu wiederholen, müssen also lediglich alle Zu-fallszahlenströme wieder auf ihre jeweiligen Startwerte gesetzt werden.

Für die Modellierung einzelner Zufallsprozesse ist durch den Anwender immer die jeweilige Verteilung mit den Verteilungsparametern anzugeben. Einige Simulationswerkzeuge erwarten darüber hinaus keine weiteren Angaben. Dies kann bedeuten, dass tatsächlich nur ein Zufallszahlenstrom für das auszuführende Simulationsmodell genutzt wird und sich alle Verbraucher in dem Modell diesen Strom teilen. Dieser Ansatz liefert aus statistischer Sicht korrekte Ergebnisse, sofern der eingesetzte Zufallszahlengenerator hinreichend gute Eigenschaften aufweist. Wir werden aber gleich an Beispielen sehen, dass dieser Ansatz für die Experimentdurchführung und -auswertung Nachteile hat.

Andere Simulationswerkzeuge ermöglichen dem Benutzer, eigene Zufallszahlenströme zu definieren und den jeweiligen Verbrauchern explizit einen Strom zuzuordnen. Hierzu existiert beispielsweise eine übergeordnete Tabelle, in der die Zufallszahlenströme mit einer eigenen Identifikationsnummer sowie den Startwerten, die durch den Anwender spezifiziert werden können, verwaltet werden. Bei der Modellierung ist folglich neben der Verteilung und den Verteilungsparametern auch die Identifikationsnummer des Zufallszahlenstroms für jeden abzubildenden Zufallsprozess bzw. Verbraucher anzugeben. Für diese Art von Werkzeugen sind zwei Regeln zu beachten:

- Jeder Strom erhält einen anderen Startwert bzw. eine andere Startwertkombination.
- Jeder Verbraucher erhält einen eigenen Zufallszahlenstrom.

Die erste Regel ist dabei zwingend einzuhalten, sofern die abgebildeten Zufallsprozesse unabhängig voneinander sind. Nehmen wir als Beispiel die Abbildung von Störungen, die an den Stationen „M1" und „M2" unserer PC-Montage zufällig auftreten. Abstand und Dauer der Störungen unterliegen dabei jeweils der gleichen Verteilung mit identischen Parameterwerten. Diese Störungen treten in der Realität aber dennoch unabhängig voneinander auf. Haben wir jetzt jedem der beiden Verbraucher einen eigenen Zufallszahlenstrom zugeordnet, so treten die Störungen nur dann unabhängig voneinander auf, wenn die beiden Ströme unterschiedliche Startwerte aufweisen. Ist dies nicht der Fall, so sind (bei zeitabhängiger Generierung der Störungen, vgl. Abschnitt 6.2) beide Stationen immer gleichzeitig gestört, womit das Modell zu falschen Ergebnissen führt.

Dies passiert grundsätzlich nicht, wenn die beiden Verbraucher den gleichen Zufallszahlenstrom nutzen. Dennoch fordert die zweite Regel, unterschiedliche Zufallszahlenströme für unterschiedliche Verbraucher einzusetzen. Der Vorteil ist, dass auch einzelne Simulationsläufe für Modellvarianten, die sich nur geringfügig voneinander unterscheiden, direkt vergleichbar bleiben. Für unser Beispiel der PC-Montage lassen sich z. B. zwei Szenarien definieren, die sich nur durch eine unterschiedliche Anzahl an eingesetzten Gabelstaplern unterscheiden. Die Störungen der Gabelstapler werden ebenfalls über Verteilungen abgebildet. Operieren jetzt alle

Verbraucher auf dem gleichen Zufallszahlenstrom, so treten die Störungen an den Stationen „M1" und „M2" in den beiden zu vergleichenden Simulationsläufen jeweils nicht mehr zu den gleichen Zeitpunkten auf. Dies passiert, da in dem zweiten Szenario noch weitere Verbraucher (die zusätzlichen Gabelstapler) Zufallszahlen vom Strom beziehen. Befolgen wir aber die zweite Regel, so stehen die Störungen an M1, M2 und an den Gabelstaplern in keinem Zusammenhang mehr. Damit lassen sich Unterschiede in den Ergebnissen von zwei Läufen mit identischen Startwerten eher den tatsächlichen Modellunterschieden zuordnen.

Statistisch spiegelt sich dies in tendenziell geringeren Varianzen vergleichender Ergebniswerte, wie z. B. die sich ergebende Differenz des PC-Durchsatzes bei Einsatz von drei oder vier Fahrzeugen, wider. Diese Vorgehensweise, die auch als *Common Random Numbers* bezeichnet wird, kann zu kleineren Konfidenzintervallen oder einer geringeren Anzahl benötigter Simulationsläufe führen, wie wir in Abschnitt 5.5.5 sehen werden.

4.9   Anwendungsaspekte

Wie aus den bisherigen Ausführungen in diesem Kapitel sehr deutlich wird, sind Statistikkenntnisse eine wesentliche Grundlage für den fachgerechten Umgang mit stochastischen Simulationsmodellen. Dieser letzte Abschnitt greift ergänzend zu den dargestellten Grundlagen einige Anwendungsaspekte auf, die für die Simulation in Produktion und Logistik regelmäßig eine Rolle spielen: Hierzu zählen die Beschreibung von Störungen, das Verschieben und Begrenzen von Verteilungen sowie die Frage nach der Häufigkeit von Zufallsereignissen.

Mit dem Begriff *Störung* werden zufällig auftretende Ausfälle von Betriebsmitteln wie Maschinen oder Gabelstaplern bezeichnet. Wie in Abschnitt 4.4.3 im Zusammenhang mit der Erlang-*k*- und der Exponentialverteilung angedeutet, sind bei der Modellierung von Störungen die Reparaturzeit und die Zeit zwischen dem Auftreten von zwei Fehlern (der Fehlerabstand) relevant. In vielen Fällen sind beide Zeiten stochastisch und für ihre Erwartungswerte haben sich auch im deutschen Sprachraum die Abkürzungen MTTR (Meantime to Repair) und MTBF (Meantime between Failure) etabliert. Werden MTBF und MTTR gemäß Formel 4.58 in einen Zusammenhang gestellt, so ergibt sich als Ergebnis die Verfügbarkeit V, die gemäß der Norm DIN 40041 (1990, S. 8) auch als *stationäre Verfügbarkeit* bezeichnet wird.

$$V = \frac{\text{MTBF}}{\text{MTBF} + \text{MTTR}} \qquad (4.58)$$

Eine Verfügbarkeit von $V = 90\,\%$ einer Maschine kann also aus einem mittleren Störabstand von 90 Minuten bei einer mittleren Reparaturdauer von zehn Minuten resultieren. Die gleiche Verfügbarkeit ergibt sich allerdings z. B. auch, wenn für eine Maschine Störabstand und Reparaturdauer bei 4,5 und 0,5 Minuten liegen. Die Anforderungen an Puffer zur Entkopplung einer solchen Maschine von vor- und nachgelagerten Bearbeitungsschritten können sich in diesen beiden Fällen deutlich unterscheiden. Dieses Beispiel verdeutlicht, dass stets zwei der drei Angaben (z. B. Verfügbarkeit und MTTR) erforderlich sind, um das Störverhalten von Betriebsmitteln vollständig zu beschreiben. Die Angabe einer Verfügbarkeit alleine reicht somit nicht aus.

Am Beispiel der Reparaturzeiten lässt sich verdeutlichen, warum die Anforderung bestehen kann, Verteilungen zu begrenzen oder zu verschieben. Wird die Reparaturzeit durch eine Erlang-2-verteilte Zufallsvariable R mit einem Erwartungswert von $E(R) = 10$ Minuten beschrieben, dann ergeben sich unter Umständen auch Zeiten von mehr als 30 oder 40 Minuten für eine einzelne Störung. Die Wahrscheinlichkeiten dafür sind zwar mit $P(R > 30\ \text{Minuten}) = 1{,}73\,\%$ und $P(R > 40\ \text{Minuten}) = 0{,}3\,\%$ recht gering. Dennoch können im realen System derart lange Störungen ausgeschlossen sein, etwa, weil nach einer Störzeit von mehr als 20 Minuten zusätzliche Instandhaltungsmitarbeiter zur Unterstützung herbeigerufen werden, und Störungen von mehr als 30 Minuten Dauer so in jedem Fall vermieden werden können. Das lässt sich nur abbilden, indem entweder eine andere Verteilung für die Zufallsvariable R gewählt wird, oder indem die gewählte Dichtefunktion $f(x)$ so modifiziert wird, dass Werte von mehr als 30 Minuten (oder allgemein: Werte, die größer als eine obere Schranke o sind) nicht auftreten. Unter Verwendung der Dichtefunktion der Erlang-k-Verteilung aus Formel 4.26 lässt sich mit der oberen Schranke o eine Funktion $h(x)$ wie folgt definieren:

$$h(x) = \begin{cases} \lambda^k \cdot \dfrac{x^{k-1}}{(k-1)!} \cdot e^{-\lambda \cdot x} & \text{für } 0 \leq x \leq o \\ 0 & \text{sonst} \end{cases} \qquad (4.59)$$

Allerdings handelt es sich bei $h(x)$ nicht mehr um eine Dichtefunktion, denn die Fläche unter h ist kleiner als 1 (da wir rechtsseitig von o „Fläche abgeschnitten" haben) und damit nicht mehr alle der in Formel 4.12 formulierten Anforderungen an eine Dichtefunktion erfüllt sind. Um diesen Mangel zu beheben, können wir eine Funktion $f'(x)$ konstruieren, indem wir $h(x)$ normieren:

$$f'(x) = \frac{h(x)}{\int\limits_{-\infty}^{\infty} h(x)dx}$$

(4.60)

Für den Erwartungswert einer Zufallsvariablen R' mit der Dichtefunktion $f'(x)$ gilt nun im Vergleich mit dem Erwartungswert der ursprünglichen Zufallsvariablen R mit Dichtefunktion $f(x)$ allerdings $E(R') < E(R)$. Anschaulich gesprochen haben wir rechtsseitig etwas an der Dichtefunktion abgeschnitten und dadurch den Erwartungswert nach links verschoben. Wo der Erwartungswert $E(R')$ liegt, ist aber nicht unmittelbar ersichtlich, sondern muss entweder mit Formel 4.14 oder aber numerisch durch Ziehen einer großen Anzahl von Werten aus der begrenzten Verteilung ermittelt werden. Wenn ein Simulationswerkzeug eine Verteilungsbegrenzung anbietet, dann ist es jedenfalls wichtig zu verstehen, ob dabei einfach Werte jenseits der Grenzen ignoriert („abgeschnitten") werden. Wenn das der Fall ist, dann ist im allgemeinen Fall der Wert, der für die ursprüngliche (nicht begrenzte) Verteilung als Erwartungswert parametrisiert wurde, nicht mehr der Erwartungswert der begrenzten Verteilung. Der unreflektierte Einsatz des Begrenzens von Verteilungen kann zu unerwünschten Effekten führen. Wenn wir in unserem Beispiel die Zufallsvariable R' bei mit $E(R') < 30$ Minuten verwenden, dann steigt die Verfügbarkeit des betrachteten Betriebsmittels und wir „verletzen" die Vorgabe von $V = 90\%$, wenn wir nicht den Fehlerabstand in geeigneter Weise modifizieren.

Vergleichsweise unproblematisch hinsichtlich der Ermittlung eines veränderten Erwartungswertes ist das Verschieben von Verteilungen. Auch für das Verschieben liefern uns die Störzeiten wieder ein passendes Motiv. Bei unserer Erlang-2-verteilten Zufallsvariable R ergeben sich einzelne Zeiten, die sehr nahe der Null liegen. Wenn nun die Instandhalter im Störfall immer mindestens zwei Minuten zu ihrem Einsatzort benötigen, dann können wir eine Hilfsfunktion $h'(x) = f(x - 2)$ definieren. Damit verschieben wir die Dichtefunktion $f(x)$ nach rechts, ohne dass sich dadurch an der Fläche unter der Kurve insgesamt etwas ändern würde. Auch $h'(x)$ ist also immer noch eine Dichtefunktion und für den Erwartungswert $E(R'')$ einer Zufallsvariablen R'' mit der Dichtefunktion $h'(x)$ gilt nun $E(R'') = E(R + 2) = E(R) + 2$. Allgemein lässt sich der Erwartungswert einer verschobenen Zufallsvariablen also unmittelbar bestimmen, denn er verschiebt sich lediglich um die entsprechende Konstante nach rechts oder links.

Die Problematik der Häufigkeit von Zufallsereignissen lässt sich ebenfalls an technischen Verfügbarkeiten verdeutlichen. Es ist nicht ungewöhnlich, dass für manuelle Montagestationen wie in unserem Beispiel in Abschnitt 2.1 sehr hohe Verfügbarkeiten von beispielsweise $V = 99,9\,\%$ pro Station angegeben werden. Wird eine solche Verfügbarkeit kombiniert mit einer mittleren Reparaturzeit von z. B. 30 Minuten, dann ergibt sich mit Hilfe von Formel 4.58 ein Erwartungswert für den Fehlerabstand von 29.970 Minuten. Es vergehen im Mittel also fast 21 Tage zwischen zwei Störungen auf einer Station. Wenn nun der Einfluss der Verfügbarkeiten der Montagestationen auf die gesamte Montagelinie untersucht werden soll, ist unmittelbar klar, dass eine Betrachtung des Systems oder eines Modells des Systems für wenige Tage nicht ausreichend sein wird. Dieses Beispiel soll ein wenig dafür sensibilisieren, dass ein Blick auf die Ereignishäufigkeit von Zufallsereignissen angebracht ist. Eine Darstellung der umfassenden Theorie hinter *seltenen Ereignissen* („Rare Events") und ihrer Analyse geht allerdings über den Umfang dieses Buches deutlich hinaus; hier sei beispielsweise auf Bucklew (2004) sowie Rubino und Tuffin (2009) verwiesen.

5 Vorgehensweise bei der Durchführung von Simulationsstudien

Als Simulationsstudie wird im Bereich Produktion und Logistik ein Projekt bezeichnet, in dem Simulation eingesetzt wird. Eine Studie kann als eigenständiges Projekt zur Beantwortung einer vorab definierten Fragestellung durchgeführt werden oder in ein umfassenderes Projekt eingebunden sein, aus dem heraus dann die Fragestellungen entstehen. Beispielsweise ergeben sich die Fragestellungen in dem Fallbeispiel aus Kapitel 2 aus einem übergeordneten Projekt zur Planung der Industrie-PC-Montage, das die Planung und Realisierung der Fabrik insgesamt beinhaltet.

In jedem Fall wird eine Simulationsstudie Facetten des Projektmanagements, der Softwareentwicklung und der Modellbildung und Simulation abdecken müssen. Dieses Kapitel betrachtet in erster Linie die Vorgehensweise bei der Modellbildung und Simulation. Für andere Facetten sei beispielsweise auf Balzert (2009; 2011) für die Softwareentwicklung und Wenzel et al. (2008) für die projektspezifischen Aspekte von Simulationsstudien verwiesen. Einen Leitfaden zum Projektmanagement allgemein bieten z. B. Bea et al. (2011) oder Jacoby (2015).

In diesem Kapitel wird zunächst das Vorgehen in einer Simulationsstudie vorgestellt und dafür als *Simulationsvorgehensmodell* strukturiert (Abschnitt 5.1). Anschließend werden die einzelnen Phasen dieses Vorgehensmodells erläutert und Methoden beschrieben, die in diesen Phasen hilfreich sind (Abschnitte 5.2 bis 5.6). Verifikation und Validierung begleiten das Vorgehen durchgängig und werden – mit Bezügen auf die vorangehenden Erläuterungen – im anschließenden Abschnitt 5.7 beschrieben. Abschließend werden Vor- und Nachteile einer Fremdvergabe von Teilen der Simulationsstudie diskutiert (Abschnitt 5.8.1) und Hinweise zum richtigen Vorgehen in Simulationsstudien zusammengefasst (Abschnitt 5.8.2).

5.1 Simulationsvorgehensmodell

Sorgfalt und Systematik bei der Projektvorbereitung und -durchführung sind für erfolgreiche Simulationsstudien von zentraler Bedeutung. Dies verlangt nach einem Vorgehensmodell, das die Schritte der Durchführung einer Simulationsstudie definiert, gliedert und in Beziehung setzt. Ein Vorgehensmodell beschreibt im Wesentlichen den Weg von der Aufgabenspezifikation über ein Konzept und die Umsetzung des Modells mit einem Simulationswerkzeug bis zur Erzeugung von Ergebnissen. Falls für die Studie darüber hinaus Software neu erstellt werden muss – für das Modell selbst oder für unterstützende Werkzeuge oder Schnittstellen – spielen auch Vorgehensmodelle des Software Engineerings eine Rolle, die in diesem Buch aber nicht weiter betrachtet werden. Eine Einordnung relevanter Vorgehensmodelle zur Simulation in Produktion und Logistik findet sich beispielsweise bei Rabe et al. (2008, S. 27-32).

5.1.1   Vorgehensmodell in der Übersicht

In der Literatur gibt es zahlreiche Simulationsvorgehensmodelle, deren Komplexität und Umfang durchaus unterschiedlich sind. Dennoch finden sich in fast allen Modellen ähnliche Grundelemente wieder, wie z. B. die Systemanalyse.

Dieses Kapitel stützt sich auf das von Rabe et al. (2008, S. 45-92) vorgeschlagene Vorgehensmodell (Abb. 36). Ein Kennzeichen dieses Simulationsvorgehensmodells ist die gesonderte Behandlung von Modell und Daten. Das Vorgehen wird in die Phasen „Aufgabendefinition", „Systemanalyse", „Datenbeschaffung", „Modellformalisierung", „Datenaufbereitung", „Implementierung" sowie „Experimente und Analyse" (Ellipsen in Abb. 36) gegliedert. Jeder dieser Phasen wird ein *Phasenergebnis* zugeordnet (Rechtecke in Abb. 36). Phasenergebnisse können Modelle und Dokumente oder eine Kombination von beiden sein. Das oberste Rechteck – die Zielbeschreibung – ist kein Phasenergebnis, sondern Ausgangsbasis einer Simulationsstudie.

Die Phasen „Datenbeschaffung" und „Datenaufbereitung" mit den Phasenergebnissen „Rohdaten" und „Aufbereitete Daten" sind aus der Reihenfolge der Modellierungsschritte ausgegliedert, da sie inhaltlich, zeitlich sowie bezüglich der einzubindenden Personen unabhängig von der Modellierung erfolgen können. Beispielsweise müssen die Rohdaten nicht vollständig erhoben sein, bevor das formale Modell erstellt werden kann.

Im Unterschied zur Abfolge der Erläuterungen in diesem Kapitel werden die Phasen in der Durchführung einer Studie normalerweise nicht streng sequentiell bearbeitet. Die in Abbildung 36 angedeuteten „Flussrichtungen" zeigen lediglich die Richtung des grundsätzlichen Vorgehens an. In der Anwendung gibt es typischerweise Iterationen, in denen einzelne oder mehrere Phasen wiederholt durchlaufen werden. Iterationen können

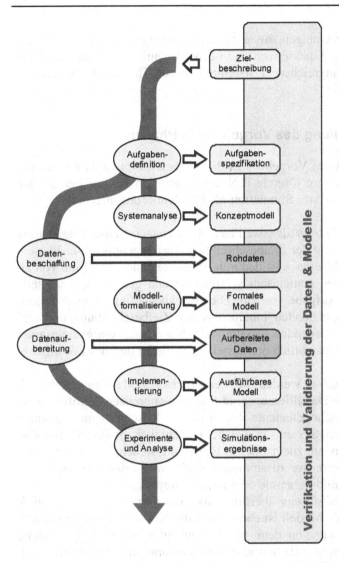

Abb. 36. Simulationsvorgehensmodell (nach Rabe et al. 2008, S. 5)

beispielsweise dann erforderlich sein, wenn das Ziel der Studie mit dem vorliegenden Modell nicht erreicht werden kann oer wenn die Modellierung zu der Erkenntnis führt, dass in einer früheren Phase getroffene Annahmen (z. B. zum Detaillierungsgrad) nicht zweckmäßig sind.

In der kommerziellen Anwendung der Simulation sind neben den Inhalten der hier beschriebenen Phasen organisatorische, kaufmännische und juristische Themen von Bedeutung. Dazu gehören beispielsweise Angebotserstellung, Angebotsbewertung, Ergebnisabnahme, Vorbereitung und Gestaltung von Besprechungen sowie die Nachnutzung einmal erstellter Modelle. Einige dieser Aspekte werden in den Abschnitten 5.2 bis 5.6 aufgegriffen. Eine umfangreichere Darstellung dieser Themen findet sich in Wenzel et al. (2008).

5.1.2   Die Einteilung des Vorgehens in Phasen

Die Ausgangsbasis des Vorgehens ist die *Zielbeschreibung*, in der das mit Hilfe der Simulation zu lösende Problem strukturiert beschrieben ist und die auch den Einsatz von Simulation als Problemlösungsmethode begründen sollte.

Die *Aufgabendefinition* als erste Phase dient zunächst einer Präzisierung und Vervollständigung der Zielbeschreibung. Das Ergebnis dieser Phase – die *Aufgabenspezifikation* – ist dadurch gekennzeichnet, dass eine von allen Projektbeteiligten gemeinsam verstandene und getragene, detaillierte Beschreibung der Aufgabe vorliegt. Die Aufgabendefinition konkretisiert und ergänzt die bestehenden Inhalte aus der Zielbeschreibung und ggf. weiteren bereits vorliegenden Dokumenten. Sie erzeugt ein gemeinsames Grundverständnis hinsichtlich der gestellten Aufgabe und des Lösungsweges.

In der *Systemanalyse* werden die wesentlichen Modellierungsentscheidungen hinsichtlich Detaillierungsgrad und Systemgrenzen getroffen. Hier ist festzulegen, welche Elemente des in der Zielbeschreibung benannten realen oder geplanten Systems in welcher Genauigkeit zu modellieren sind und wie diese Elemente zueinander in Beziehung stehen. Das *Konzeptmodell* fasst diese Ergebnisse zusammen, beispielsweise durch textuelle Beschreibungen, Ablaufdiagramme oder andere Graphiken.

Die *Modellformalisierung* überführt das Konzeptmodell in das *formale Modell*. Das formale Modell ist ebenso wie das Konzeptmodell grundsätzlich noch unabhängig von dem zu verwendenden Simulationswerkzeug und setzt beispielsweise die textuelle Beschreibung einer Steuerung in einen Programmablaufplan um. Idealerweise sollte sich das formale Modell ohne weitere Erläuterungen zu dem realen System implementieren lassen.

Bei der *Implementierung* entsteht das *ausführbare Modell*, das auch als *Simulationsmodell* oder *Computermodell* bezeichnet wird. Die Art der Implementierung hängt maßgeblich von dem Modellierungskonzept des verwendeten Simulationswerkzeuges ab (vgl. Abschnitt 3.3). So können z. B. vordefinierte Bausteine eingesetzt oder das Verhalten eines Modellelementes mit einer Programmiersprache beschrieben werden.

Parallel zu den Phasen „Systemanalyse", „Modellformalisierung" und „Implementierung", die wir unter dem Begriff *Modellbildung* zusammenfassen, werden die erforderlichen Daten beschafft und aufbereitet (vgl. Abb. 36).

Bei der *Datenbeschaffung* werden die für die Simulationsstudie erforderlichen Informationen zunächst in Form von *Rohdaten* zusammengestellt. Diese Rohdaten können aus vorhandenen Datenbeständen des Unternehmens stammen, beispielsweise aus laufenden Aufzeichnungen von Produktionsdaten. Nicht vorhandene Daten sind soweit erforderlich und machbar neu zu erheben. Art und Umfang der erforderlichen Informationen ergeben sich aus Aufgabenspezifikation und Konzeptmodell.

Bei der *Datenaufbereitung* werden die Rohdaten so aufbereitet, dass sie für das ausführbare Modell nutzbar sind. Typische Aufbereitungsaufgaben sind die Filterung relevanter Daten, die erforderliche Umstrukturierung von Daten für die Nutzung im ausführbaren Modell oder die Ermittlung von statistischen Verteilungen (vgl. Abschnitt 4.7) aus den Rohdaten. Als Ergebnis stehen die *aufbereiteten Daten* für das ausführbare Modell und somit für die Experimentdurchführung bereit.

Für die Phase „*Experimente und Analyse*" werden das ausführbare Modell und die aufbereiteten Daten zusammengeführt. Die Durchführung der Experimente erfolgt auf der Basis von *Experimentplänen*. Dabei werden quantitative Ergebnisse aufgezeichnet, die im Anschluss zu analysieren sind. Aus dieser Analyse lassen sich Schlussfolgerungen für das reale System ableiten. Die *Simulationsergebnisse* insgesamt umfassen sowohl die Schlussfolgerungen als auch die zugrunde liegenden aufgezeichneten Daten und deren Analyse.

Die durch das Vorgehensmodell unterstützte Systematik bei der Bearbeitung einer Simulationsstudie mindert das Risiko von Fehlern und erhöht damit die zu erwartende Qualität aller Phasenergebnisse. Allein durch ein strukturiertes Vorgehen kann das Entstehen falscher, unvollständiger oder für die Problemlösung ungeeigneter Ergebnisse dennoch nicht ausgeschlossen werden. Damit sich Fehler oder Unzulänglichkeiten nicht durch weitere Phasen ziehen, sollten diese möglichst frühzeitig aufgedeckt und korrigiert werden. Dazu ist eine *Verifikation* und *Validierung* (V&V) der Daten und Modelle von Anfang an begleitend zur Simulationsstudie durchzuführen, wobei die V&V – wie in Abbildung 36 angedeutet – stets die Phasenergebnisse betrachtet. Da sich die V&V nicht einer einzelnen Phase zuordnen lässt, werden die V&V-Aktivitäten übergreifend in Abschnitt 5.7 beschrieben.

5.1.3 Die Rollen in einer Simulationsstudie

Die Aufgabenverteilung in einer Simulationsstudie ist in erster Linie durch das Verhältnis von *Auftraggeber* und *Auftragnehmer* geprägt (vgl. Wenzel et al. 2008, S. 36-38). Dies gilt unabhängig davon, ob die damit verbundene Dienstleistung durch ein *externes* Unternehmen oder durch eine *interne* Organisationseinheit erbracht wird. Typischerweise gibt es sowohl auf der Seite des Auftraggebers als auch des Auftragnehmers *Projektteams*, die in die Simulationsstudie involviert sind. Die Projektteams lassen sich in Abhängigkeit von den Kompetenzen und den durchzuführenden Aufgaben in unterschiedlicher Weise differenzieren. Dabei sind regelmäßig die folgenden Rollen relevant (vgl. Rabe et al. 2008, S. 23-25):

- Die *Entscheidungsträger des Auftraggebers* haben die Budgetverantwortung für die Simulationsstudie.
- Die *Projektleiter* auf Seiten des Auftraggebers und des Auftragnehmers sind für die Simulationsstudie verantwortlich und haben das Projekt- und Qualitätsmanagement durchzuführen.
- Die *Fachexperten* kennen das zu untersuchende reale oder geplante System und sind für die Bereitstellung der erforderlichen Informationen verantwortlich.
- Die *Simulationsfachleute* beherrschen die Methodik der ereignisdiskreten Simulation. In ihrer Verantwortung liegt es, das abzubildende System zweckgerecht zu modellieren sowie die Experimentplanung und -durchführung zu begleiten.
- Die *V&V-Experten* sind für den Einsatz geeigneter Vorgehensmodelle sowie für die Prüfung des Modells hinsichtlich Korrektheit und Eignung für die vorgegebenen Ziele verantwortlich.

Die Rollen der V&V-Experten und der Simulationsfachleute werden sehr häufig von einer Person wahrgenommen. Bei Simulationsstudien, die Einfluss auf Entscheidungen von großer Tragweite haben (z. B. bezüglich Investitionen, Lieferfähigkeit oder Sicherheit), kann es darüber hinaus einen zusätzlichen V&V-Experten geben.

Je nach Zweck, Komplexität und weiterer Verwendung des Simulationsmodells lassen sich noch weitere Rollen identifizieren:

- *Anwender* nutzen das Simulationsmodell oder dessen Ergebnisse während der Studie und eventuell auch danach.
- *Softwareexperten* implementieren ergänzende Softwarekomponenten wie beispielsweise Steuerungen oder spezifische Bedienoberflächen und unterstützen so die Simulationsfachleute.

- *IT-Verantwortliche* der Fachabteilungen liefern in Zusammenarbeit mit den Fachexperten die erforderlichen unternehmensspezifischen Daten oder stellen die Schnittstellen zu den Datenquellen bereit.

In Abhängigkeit von der Unternehmensgröße einerseits und von dem Umfang der Simulationsstudie andererseits kann der Grad der Differenzierung der Aufgabenbereiche schwanken. Auch die oben benannten Rollen können abhängig vom Projektumfang auf mehrere Personen aufgeteilt werden. Analog kann eine Person bei entsprechenden Kenntnissen und akzeptabler Arbeitslast auch mehrere Rollen wahrnehmen.

5.2 Von der Zielbeschreibung zur Aufgabenspezifikation

Die Ziele, die einer Simulation zugrunde liegen, werden dem Vorgehensmodell entsprechend zuerst in der Zielbeschreibung und dann – während der Aufgabendefinition – in der Aufgabenspezifikation detailliert. Aus Sicht der Informationstechnik entspricht die Zielbeschreibung dem *Lasten-* und die Aufgabenspezifikation dem *Pflichtenheft* (zu Lasten- und Pflichtenheft zur Simulation vgl. VDI 1997a).

Die *Zielbeschreibung* wird im Vorfeld einer möglicherweise geplanten Simulationsstudie durch den Auftraggeber erstellt und umfasst drei wichtige Themenfelder:

- Ausgangssituation beim Auftraggeber mit Problemstellung und Untersuchungszweck,
- Projektumfang mit Benennung wesentlicher Elemente sowie einer groben Funktionsweise und ggf. Varianten des betrachteten Systems, wesentlichen Zielen der Simulation, erwarteten Ergebnisaussagen und geplanter Modellnutzung sowie
- Randbedingungen wie beispielsweise zeitliche Einordnung der geplanten Studie, Budgetvorgaben oder erste Abnahmekriterien.

Das in Abschnitt 2.1 formulierte Anwendungsbeispiel stellt vom Grundsatz her bereits weitgehend eine Zielbeschreibung dar. Ausgangssituation und Problemstellung ergeben sich aus der Absicht des Unternehmens, eine neue Montage für Industrie-PCs aufzubauen, wobei ein Groblayout als Lösungsvorschlag vorhanden ist. Zur Vorbereitung einer Simulationsstudie ist die Funktionsweise des Systems damit bereits hinreichend beschrieben. Untersuchungsziele könnten z. B. sein, aufzuzeigen, ob das geplante System den geforderten Durchsatz erreichen kann und wie viele Pufferplätze dafür erforderlich sind. Als Ergebnisaussagen könnten der Durchsatz pro Schicht sowie die Belegung der Pufferplätze vorgesehen sein. Zur Modellnutzung nehmen wir an, dass das Modell nur während der Planung des Montagesystems für Funktionsnachweis und Dimensionierung verwendet werden soll, und dann bei einem eventuellen Umbau des Systems auf veränderte Anforderungen erneut zum Einsatz kommen soll.

Wird bei der Formulierung der Zielbeschreibung deutlich, dass die Simulation die geeignete Analysemethode darstellt, ist eine Konkretisierung der Zielbeschreibung in einem ersten gemeinsamen Gespräch mit Unterstützung von Simulationsfachleuten hilfreich. Wenzel et al. (2008, S. 70-78) erläutern dessen erforderliche Inhalte wie Abstimmung der Untersuchungsziele, Festlegung von Hard- und Software, Verteilung der Aufgaben zwischen den Projektpartnern, Geheimhaltungsverpflichtungen.

Bei kommerziellen Studien ist die Zielbeschreibung die wesentliche Basis für ein *Angebot*. Auch wenn kein explizites Angebot gefordert ist, weil die Studie beispielsweise unternehmensintern durchgeführt wird oder Bestandteil eines Forschungsprojektes ist, sollte die Zielbeschreibung sorgfältig erstellt und schriftlich niedergelegt werden, da alle weiteren Phasen der Simulationsstudie darauf aufbauen und nur bei expliziter Formulierung eine Prüfung der in der Studie entstehenden Modelle in Bezug auf ihre Eignung für die Aufgabenstellung möglich ist.

Mit dem *Kick-off-Meeting*, das nach der Entscheidung zur Durchführung einer Studie deren Start signalisiert, beginnt die Phase „*Aufgabendefinition*". Hier werden die Inhalte der Zielbeschreibung in Bezug auf die vereinbarte Aufgabenstellung konkretisiert und – soweit erforderlich – Anpassungen an das vereinbarte Projektbudget und den tatsächlichen Studienbeginn vorgenommen (zu Vorbereitung, Durchführung und Inhalten eines Kick-off-Meetings vgl. Wenzel et al. 2008, S. 110-115). Das Ergebnis der Phase „Aufgabendefinition" ist die *Aufgabenspezifikation*, die als förmliche Übereinkunft der Projektpartner zu den geplanten Aufgaben und Zielen verstanden werden sollte.

Den inhaltlichen Schwerpunkt der Aufgabenspezifikation bilden Angaben zu dem zu erstellenden Modell und seiner geplanten Nutzung. Hier sind das abzubildende System sorgfältig abzugrenzen und der Detaillierungsgrad der zu modellierenden Systemelemente zu definieren, wobei der absehbare Aufwand in Relation zum gesetzten Zeit- und Kostenrahmen zu berücksichtigen ist. Hinweise zum Detaillierungsgrad ergeben sich dabei aus den geforderten Ergebnisgrößen, aber auch aus weiteren Faktoren wie beispielsweise der gewünschten Animation, die unter Umständen einen erheblich höheren Detaillierungsgrad induzieren kann.

Weiterhin ist in der Aufgabenspezifikation ausgehend von der Zielbe-schreibung zu konkretisieren, welche Systemeigenschaften zu untersuchen sind und welche Experimente geplant werden sollen. Für unsere Problem-stellung der PC-Montage ergibt sich unmittelbar, dass der Durchsatz als Messgröße definiert sein muss. Aus dem Untersuchungsziel, die Anzahl der für den geplanten Durchsatz erforderlichen Pufferplätze zu bestimmen, ergibt sich beispielsweise, dass die Kapazitäten der Pufferstrecken zwi-schen den einzelnen Stationen variierbar sein müssen. Entsprechend ist dann in der Aufgabenspezifikation festzuhalten, dass bei der Experiment-durchführung eine hinreichend große Anzahl von Variationen der Puffer-kapazitäten zu untersuchen ist. Ähnliches gilt auch für die Zahl der Gabel-stapler und – sofern die Abhängigkeit der Puffergrößen von den Staplern nicht ausgeschlossen werden kann – auch für die Kombination dieser Grö-ßen.

Im Zusammenhang mit der Bestimmung der zu untersuchenden System-eigenschaften ist zu hinterfragen, ob die festgelegten Messgrößen hinrei-chend sind, um das System bewerten zu können. Um auszuschließen, dass der geforderte Durchsatz mit unnötigen Staplern „erkauft" wird, könnte in unserem Beispiel die Auslastung der Stapler eine solche zusätzliche Mess-größe sein.

In enger Verbindung mit der Beschreibung des zu untersuchenden Sys-tems sind die für die Modellierung und Simulation erforderlichen Informa-tionen und Daten zu spezifizieren. Hierzu gehören beispielsweise die Be-nennung von Informationsquellen, die Formulierung von Anforderungen an die Granularität der Daten sowie die Festlegung der zu nutzenden Da-tenschnittstellen. So ist in unserem Beispiel etwa festzulegen, aus welchen Informationsquellen die Aufträge und Stücklisten der zu fertigenden PCs zu entnehmen sind. Informationen über die zu produzierenden PCs könn-ten beispielsweise in Form von Aufträgen aus der Vergangenheit oder als Einbauraten einzelner Komponenten vorliegen.

Zur operativen Projektabwicklung sind zudem die im Rahmen der Si-mulationsstudie durch alle Projektbeteiligten auszuführenden Tätigkeiten zu beschreiben. Diese Tätigkeiten sind mit Zeitvorgaben und Verantwort-lichkeiten zu versehen. Bei der Erstellung der Zeitpläne ist zu berücksich-tigen, dass die Beschaffung der Daten in der Regel einen hohen und oft un-terschätzten Aufwand verursacht, der in erster Linie durch die Fachexper-ten zu erbringen ist.

Vor dem Hintergrund, dass die Aufgabenspezifikation für alle Projekt-beteiligten die gemeinsame Basis der Zusammenarbeit darstellt, muss sie auch für alle Mitglieder eines interdisziplinären Teams verständlich sein. Als ergänzender Bestandteil ist daher ein Glossar hilfreich, das sowohl

wichtige Begriffe zur Simulation als auch anwendungsbezogene Fachbe-
griffe enthalten kann.

Für die Ausgestaltung der Aufgabenspezifikation findet sich bei Rabe et
al. (2008, S. 209) eine beispielhafte Gliederung. Eine Checkliste für die
Durchführung der Aufgabendefinition findet sich bei Wenzel et al. (2008,
S. 199).

5.3   Modellbildung

Dieser Abschnitt beschreibt ausgehend von der Aufgabenspezifikation den
Prozess der Modellbildung mit abschließender Erstellung des ausführbaren
Modells, mit dem die Experimente durchgeführt werden können. Die Mo-
dellbildung umfasst die drei Phasen

- „Systemanalyse" (Ergebnis: Konzeptmodell),
- „Formalisierung" (Ergebnis: Formales Modell) und
- „Implementierung" (Ergebnis: Ausführbares Modell).

Die Ergebnisse aller drei Phasen gliedern sich gleichermaßen in fünf wichtige Themenfelder:

- Fortführung und Konkretisierung der Aufgaben- und Systembeschrei-
  bung,
- Modellierung der Systemstruktur einschließlich der Schnittstellen nach
  außen, der Teilsysteme sowie der Zusammenhänge zwischen den Teilsystemen mit Festlegung des Detaillierungsgrades,
- Beschreibung der Teilmodelle mit ihren Modellelementen, den getroffenen Annahmen und Vereinfachungen sowie der Schnittstellen untereinander,
- Systematische Zusammenstellung der erforderlichen Modelldaten sowie
- Beschreibung wiederverwendbarer Komponenten (z. B. Teilmodelle
  oder Modellelemente) (zur Wieder- und Weiterverwendung vgl. Wenzel
  et al. 2008, S. 153-167).

Da die Ergebnisse der drei Phasen sich weniger in den betrachteten Themen als in der Art der Beschreibung und Detaillierung unterscheiden, kann
die Modellbildung als ein Verfeinerungsprozess verstanden werden, der
auf der Basis eines Phasenergebnisses das jeweils folgende ausarbeitet.
Vor diesem Hintergrund der schrittweisen Verfeinerung werden im folgenden Abschnitt 5.3.1 Vorgehensweisen zur Erarbeitung eines für die
Aufgabenstellung geeigneten Modells in den Vordergrund gestellt, während die Abschnitte 5.3.2 zur Formalisierung und 5.3.3 zur Implementie-

rung dessen Transformation hin zum ausführbaren Modell zum Schwerpunkt haben.

5.3.1 Systemanalyse

Im Prozess der Modellbildung überführt ein Modellierer (Subjekt) ein zu betrachtendes System (Original, Objekt) in ein Abbild des Originals, das Modell (vgl. Abschnitt 2.2). Shannon (1998) stellt in diesem Zusammenhang fest, dass die Durchführung einer Simulationsstudie Merkmale sowohl von Wissenschaft als auch von Kunst trägt. Aus dem – prozessbedingt subjektiven – Vorgehen ist abzuleiten, dass die Modellbildung systematisch und mit großer Sorgfalt erfolgen muss, damit möglichst alle wesentlichen Aspekte berücksichtigt werden, ohne das Modell mit für den Zweck unwesentlichen Details zu überlasten (vgl. Abschnitt 2.2.4).

Die hierfür entscheidende Phase ist die Systemanalyse, da dort die wesentlichen Festlegungen hinsichtlich Umfang und Detaillierung des Modells getroffen werden. Das Konzeptmodell als Ergebnis dieser Phase fasst diese Entscheidungen zusammen hinsichtlich

- der Systemgrenzen,
- der Elemente des in der Zielbeschreibung benannten realen oder geplanten Systems, die zu modellieren sind,
- der Genauigkeit, in der die Modellierung dieser Elemente erfolgen soll, sowie
- der Beziehungen zwischen diesen Elementen.

Als systematisches Vorgehen wird nach VDI (2014) bezüglich der Herangehensweise in *Top-down-* und *Bottom-up-Entwurf* unterschieden. Bei einem Top-down-Entwurf liegt in unserem Beispiel nahe, das Gesamtsystem zunächst in die Montagelinie mit den versorgenden Durchlaufregalen und in das dazugehörige Versorgungssystem mit Wareneingang, Staplern und Lagerflächen zu zerlegen. Diese beiden Teilsysteme können dann weiter zerlegt werden. Bei einem Bottom-up-Entwurf wird im Unterschied dazu beispielsweise erst ein Montageplatz mit Durchlaufregal modelliert. Dieser Platz lässt sich dann mehrfach verwenden und mit den entsprechenden Transportstrecken zu einem größeren Teilsystem zusammenführen.

In Wenzel et al. (2008, S. 127) wird als weitere Vorgehensweise auch der *Middle-out-Entwurf* diskutiert. Dieses Vorgehen ist insbesondere dann vorteilhaft, wenn zu Beginn der Studie die eigentlichen Engpässe nur vermutet werden und eine Festlegung der erforderlichen Detaillierung nicht möglich erscheint. Beim Middle-out-Entwurf wird zunächst ein kleiner, als wesentlich vermuteter Abschnitt untersucht und auf Basis der Ergebnisse entschieden, welche Teilmodelle für die Aufgabenstellung ergänzt oder weiter detailliert werden müssen.

In vielen Simulationsstudien werden diese Vorgehensweisen miteinander kombiniert bzw. abwechselnd verwendet. Grundsätzlich kann es sinnvoll sein, zunächst die Bestimmung der Teilsysteme mit einem Top-down-Ansatz vorzunehmen, weil dies häufig aus der Gesamtübersicht heraus zu einer sinnvollen Aufteilung führt. Die weitere Beschreibung und Formalisierung der Elemente in den einzelnen Teilmodellen könnte dann nach dem Bottom-up-Ansatz erfolgen.

Bei der Bestimmung, welche Elemente in welcher Detaillierung abzubilden sind, muss der Modellierer jeweils deren Auswirkung auf das Verhalten des Systems abschätzen und erkennen, ob – und wenn ja welche – Konsequenzen sich hieraus für den Zweck der Studie ergeben. Dies erfordert erhebliche Erfahrung, die letztlich nur durch entsprechende Übung oder sehr sorgfältiges Ausprobieren gewonnen werden kann. Eine Hilfestellung gibt VDI 4465 (2016b). Diese Richtlinie beschreibt in einer umfangreichen Tabelle beispielhaft Fragen, mit denen die Auswirkung von Modellierungsentscheidungen abgeschätzt werden kann. Drei dieser Fragen werden hier an unserem Beispiel illustriert:

- *Gibt es einzelne Ressourcen, die bekanntermaßen keinen Engpass darstellen?* Zur Beantwortung dieser Frage für unser Beispiel ist es hilfreich, bereits in der Systemanalyse abzuschätzen, wie viele Gabelstapler voraussichtlich erforderlich sein werden, um hieraus Schlüsse für die Detaillierung zu ziehen. Stellt sich heraus, dass ein Gabelstapler ausreicht und dieser darüber hinaus nur wenig ausgelastet ist, so kann er als „immer verfügbar" angesehen werden. Die Transporte können dann vereinfacht als Transportzeit zwischen Quell- und Zielposition berücksichtigt werden. Sind viele Gabelstapler erforderlich, so stellen möglicherweise sogar die Strecken, auf denen diese fahren, einen Engpass dar. In diesem Fall wären sowohl die einzelnen Stapler, die Disposition der Staplertransporte als auch die Fahrten auf den einzelnen Streckenabschnitten zu modellieren.
- *Spielt die räumliche Anordnung eine Rolle?* Betrachten wir die Anordnung der Kanäle in den Durchlaufregalen eines Montageplatzes: Ist diese Anordnung abzubilden? Ergibt die Analyse, dass alle Kanäle von dem Montageplatz aus ähnlich gut erreichbar sind (konkret: dass die Montagezeit nicht wesentlich von der Anordnung der Kanäle abhängt) und das Gleiche für die Versorgung der Kanäle mit dem Stapler gilt, so spielt die Anordnung keine Rolle und muss nicht abgebildet werden.

- *Ist es möglich, konkrete Eigenschaften von Einzelobjekten durch stochastische Beziehungen zu ersetzen?* Die an den Prüfplätzen erforderliche Zeit für die Prüfung eines PCs ist stochastisch. Sie hängt davon ab, welche Komponenten im Einzelnen verbaut wurden und welche Defekte vorliegen. In diesem Fall wäre eine Vorgehensweise, die Prüfzeit durch Stücklistenauflösung und Summation von Prüfzeiten einzelner Komponenten (den „Einzelobjekten") zu bestimmen. Liegen Messreihen für Prüfzeiten vor, so ließe sich alternativ mit Hilfe der in Abschnitt 4.7 beschriebenen Verteilungsanpassung eine Verteilung („stochastische Beziehung") für die gesamte Prüfdauer eines PCs ermitteln.

Ein wichtiges Element der Detaillierung ist die Festlegung, welche Größen in welcher zeitlichen Auflösung gemessen werden sollen. In unserem Beispiel ist für die gezielte Analyse der Anzahl benötigter Stapler festzulegen, welche Auswertungen, Messpunkte und zu messenden Größen erforderlich sind. Neben der Auslastung der Stapler (vgl. auch Abschnitt 5.2) sind für eine genauere Analyse möglichweise weitere Details wie z. B. der Anteil an Leerfahrten, Lastfahrten, Zeiten für die Übernahme oder Übergabe von Paletten und für den Batterietausch erforderlich.

Auch Anforderungen an die Animation führen oft zu einer deutlich höheren Detaillierung, als dies aus anderen konzeptionellen Überlegungen heraus erforderlich wäre. Im Rahmen der Diskussion der ersten Frage haben wir oben einen Fall skizziert, in dem die konkreten Wege der Gabelstapler nicht betrachtet werden müssen. Soll aber die Bewegung der Stapler zwischen den Lieferflächen in der Animation dargestellt werden, so sind deren konkrete Bewegungen auf den Fahrstrecken offensichtlich relevant und folglich auch dann abzubilden, wenn keine signifikanten Einflüsse auf die Messgrößen zu erwarten sind.

Für alle hier beschriebenen Festlegungen gilt, dass diese in geeigneter Weise dokumentiert und damit für die folgenden Schritte in nachvollziehbarer Weise zugänglich gemacht werden müssen. Das Konzeptmodell soll insbesondere dem frühzeitigen Austausch und der Abstimmung zwischen Fachexperten und Simulationsfachleuten dienen, um das Risiko von Fehlern in späteren Modellierungsphasen zu vermindern. Die Beschreibung muss daher für beide Seiten möglichst klar verständlich sein.

In diesem Sinne ist zur Beschreibung des Layouts eines abzubildenden Systems eine Zeichnung oder Skizze üblich, wie sie beispielsweise in Abbildung 2 in Abschnitt 2.1 enthalten ist. Eine solche Skizze muss in der Regel um weitere Informationen ergänzt werden. Soll z. B. für die Stapler auf bestimmten Strecken Einbahnverkehr vorgesehen werden, kann dies über Pfeile kenntlich gemacht werden. Weiterhin könnten auch die Positionen der Abstellplätze für die in der Beschreibung erwähnten Leerpaletten an den Durchlaufregalen in der Skizze markiert werden.

Logische Zusammenhänge (z. B. Materialflüsse oder Steuerungen) werden in der Systemanalyse häufig in natürlicher Sprache beschrieben. Ein Beispiel ist etwa die Disposition der Transportaufgaben der Gabelstapler. Auf Basis der Aufgabenspezifikation könnte für die Disposition folgende Regel beschrieben werden: „Ist ein DLK für eine Komponente vollständig leer, so wird zunächst dieser Kanal beliefert. Ist kein DLK leer, stehen aber viele Leerpaletten an einem Regal, dann sollen diese abtransportiert werden. Ist dies auch nicht der Fall, so werden Paletten aus dem Wareneingang abgeholt". Für solche Sachverhalte eignet sich auch eine graphische Darstellung (Abb. 37), die eventuell besser überschaubar und intuitiv verständlicher ist als eine ausschließlich textuelle Beschreibung und damit Kommunikation und Abstimmung vereinfacht.

Sowohl Skizzen (als Layout oder Prinzipskizze) als auch natürliche Sprache eignen sich zwar unmittelbar zur Verständigung, haben aber den Nachteil, dass die Aussagen oft nicht eindeutig sind und auch fehlende In-

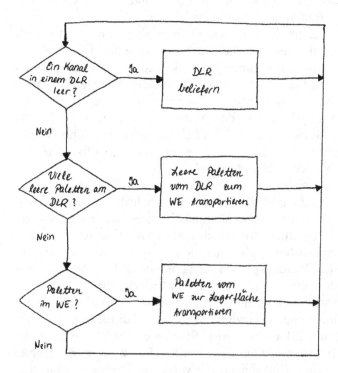

Abb. 37. Prinzipskizze von logischen Zusammenhängen als Teil eines Konzeptmodells (DLR: Durchlaufregal, WE: Wareneingang)

formationen nur schlecht erkannt werden können. Dies kann teilweise bereits im Konzeptmodell durch weitere geeignete Beschreibungsmittel, wie z. B. Tabellen, verbessert werden (vgl. VDI 2016b). Um jedoch die gedankliche Konzeption und die Schaffung einer formalen Beschreibung nicht zu vermischen, definieren wir letztere als eigene Phase (Formalisierung).

5.3.2 Formalisierung

Das Konzeptmodell bildet die Basis der Formalisierung, die eine möglichst eindeutige Modellbeschreibung liefern soll. Diese Formalisierung muss so umgesetzt sein, dass sie ohne weitere Erläuterungen für die nächsten Schritte im Vorgehensmodell genutzt werden kann. Die im Konzeptmodell enthaltenen nicht formalen Beschreibungen (z. B. in natürlicher Sprache) sind daher für das formale Modell zu präzisieren. Die Formalisierung entspricht damit weitestgehend der Phase der Spezifikation im Softwareentwicklungsprozess.

In unserem beispielhaften Konzeptmodell aus Abschnitt 5.3.1 haben wir bereits gefordert, dass die Layoutskizze (Abb. 2) mit den gepunkteten Linien, die als Fahrwege der Gabelstapler interpretiert werden können, um Pfeile für Strecken mit Einbahnverkehr ergänzt wird. Bei genauerer Betrachtung ist diese erweiterte Beschreibung nicht eindeutig. So ist beispielsweise nicht unmittelbar klar, ob die Stapler bei Gegenverkehr zwischen die Logistikflächen ausweichen dürfen. Auch wenn das Layout diese Interpretation nicht nahelegt, ist sie ohne weitere Informationen auch nicht sicher auszuschließen. Wenn eine Strecke keinen Einbahnverkehr hat, ist auch noch lange nicht gesichert, dass Stapler im Gegenverkehr passieren können und nicht ausweichen oder warten müssen. Abhilfe kann hier etwa die Erstellung eines Graphen schaffen, der die gerichteten Fahrwege und deren Abhängigkeiten beschreibt. Abbildung 38 zeigt ein Beispiel für einen solchen Graphen, der in der vorliegenden Fassung sicher noch weiter verfeinert werden könnte.

Von besonderer Relevanz ist das formale Modell bei der Beschreibung von solchen logischen Zusammenhängen, wie sie in Abbildung 37 anhand eines Auszuges aus einem Konzeptmodell beispielhaft dargestellt sind. Die in dieser Abbildung gegebene Beschreibung erfordert eine weitere Formalisierung. So ist etwa die Formulierung „viele Leerpaletten" nicht präzise. Aus der Aufgabenspezifikation ergibt sich ferner: „Spätestens wenn der Stapel eine Höhe von acht Leerpaletten erreicht hat, wird dieser von einem Stapler zum Wareneingangstor gefahren" (vgl. Abschnitt 2.1). Diese Forderung ist in der Entscheidungslogik in Abbildung 37 nicht berücksichtigt,

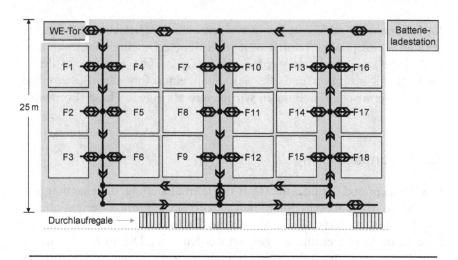

Abb. 38. Nutzung eines Graphen zur eindeutigen Beschreibung der Gabelstapler-fahrwege

wobei die Angabe „spätestens" zudem offen lässt, unter welchen Umständen auch ein kleinerer Stapel abgeholt werden kann.

Derartige Zusammenhänge lassen sich gut mit Beschreibungsmitteln des Softwareentwurfes wie Pseudocode, Nassi-Shneiderman-Diagrammen oder Programmablaufplänen sowie mit Entscheidungstabellen beschreiben (zu Beschreibungsmitteln sowie der Einordung bezüglich der Eignung zu formaler Beschreibung vgl. VDI 2016b). Abbildung 39 zeigt eine entsprechende Formalisierung der Ablaufbeschreibung im Konzeptmodell aus Abbildung 37, die folgende weitere Regeln berücksichtigt: Wenn ein Stapel eine Höhe von vier Leerpaletten erreicht hat und für den Staplerfahrer nach einem Transport von Behältern zu den Durchlaufregalen kein weiterer Auftrag vorliegt, werden die Leerpaletten zum Wareneingang zurückgebracht. Wenn ein Stapel eine Höhe von acht Paletten erreicht hat, wird der Stapel nach der Materiallieferung zu den Durchlaufregalen sofort mitgenommen, auch wenn weitere Materialanforderungen zu den Durchlaufregalen anliegen.

Zur vollständigen Formalisierung sind allerdings noch weitere Entscheidungssituationen zu definieren. Beispielsweise muss der Entscheidung, als nächstes einen leeren Kanal in einem Durchlaufregal zu beliefern, im Anschluss die Entscheidung folgen, welches der leeren Regale als erstes versorgt werden soll.

Auswahl nächster Transport						
Bedingungen	R1	R2	R3	R4	R5	R6
Ein Kanal in einem DLR leer	J	J	N	N	N	-
Stapler steht an einem DLR	J	N	J	N	J	J
Mindestens 4 leere Paletten an einem DLR	-	-	-	-	J	-
Mindestens 8 leere Paletten an einem DLR	N	-	N	-	N	J
Paletten im WE	-	-	J	J	N	-
Aktionen						
DLR beliefern	X	X				
Paletten vom WE zur Lagerfläche transportieren			X	X		
Leere Paletten vom DLR zum WE transportieren					X	X

Abb. 39. Nutzung einer Entscheidungstabelle zur eindeutigen Auswahl des nächsten Transportes (J = Bedingung trifft zu, N = Bedingung trifft nicht zu, – = Bedingung ohne Bedeutung, X = Aktion ausführen)

5.3.3 Implementierung

Die Implementierung setzt das formale Modell mit einem Simulationswerkzeug in ein ablauffähiges Modell um. Damit richtet sich die Implementierung stark nach den Modellierungskonzepten und Beschreibungsmitteln des ausgewählten Werkzeuges, sodass sich die implementierten Modelle sehr deutlich unterscheiden können. Wird für die Implementierung beispielsweise ein Simulationswerkzeug verwendet, das auf dem in Abschnitt 3.3.1 beschriebenen Bausteinkonzept basiert, so wird das Modell sich deutlich von einer Implementierung unter Verwendung eines auf Petrinetzen basierenden Werkzeuges (vgl. Abschnitt 3.3.3) unterscheiden. Daher können hier auch keine werkzeugunabhängigen Beispiele gegeben werden.

Die Umsetzung des formalen Modells in das ausführbare Modell wird in der Regel einen Wechsel der Beschreibungsmittel erforderlich machen. Bietet das gewählte Werkzeug etwa keine Entscheidungstabellen an, so muss die in Abbildung 37 beschriebene Logik beispielsweise in eine Programmiersprache oder eine werkzeugspezifische Skriptsprache übertragen werden. Ein weiteres Beispiel sind Nassi-Shneiderman-Diagramme, die in formalen Modellen zum Einsatz kommen können, aber von keinem Simulationswerkzeug unmittelbar unterstützt werden.

Parallel zur Implementierung sind alle Aspekte, die sich nicht direkt und unmittelbar verständlich aus dem ausführbaren Modell ergeben, zu dokumentieren. So gibt es beispielsweise Simulationswerkzeuge, die Zeichenketten (Strings) als Datentyp nicht unterstützen, sodass die Zustände von Objekten als Zahlen codiert werden müssen. Diese Codierungen sind dann (als Abweichung zwischen formalem und ausführbarem Modell) entsprechend zu dokumentieren. Ein weiteres Beispiel für eine derartige Abweichung ist das hilfsweise Abbilden eines (in einem Simulationswerkzeug nicht verfügbaren) Maschinenzustandes durch einen anderen, etwa das Abbilden eines Rüstvorganges als Pause.

5.4   Datenbeschaffung und -aufbereitung

Die Phasen zur Modellbildung und zur Datenbeschaffung und -aufbereitung verlaufen, wie in Abschnitt 5.1.2 erläutert, parallel. Diese in Abbildung 36 parallel verlaufenden Stränge können letztlich aber nicht gänzlich unabhängig voneinander durchlaufen werden. So kann einerseits das Konzeptmodell wesentliche Teile der Datenbeschaffung und -aufbereitung definieren. Nehmen wir etwa an, dass in unserem Beispiel im Konzeptmodell festgelegt wird, dass die Aufträge zufällig auf Basis der in der Vergangenheit beobachteten Einbauraten der Komponenten erzeugt werden sollen. Dies bedeutet für die Rohdaten, dass eine Aufzeichnung der Aufträge mit jeweils verbauten Komponenten über einen statistisch signifikanten Zeitraum erfolgt sein muss, und für die Datenaufbereitung, dass aus diesen Daten die Einbauraten ermittelt werden müssen.

Andererseits kann beispielsweise die Verfügbarkeit von Informationen das Konzeptmodell beeinflussen. Sollen etwa konkrete Aufträge für die Simulationsexperimente genutzt werden, liegen dafür aber keine Daten vor (etwa als Aufzeichnungen aus der Vergangenheit), so ist im Konzeptmodell ersatzweise eine geeignete Generierung von Aufträgen vorzusehen.

In den folgenden Abschnitten werden Hinweise zum Vorgehen und zu den Methoden der Datenbeschaffung und -aufbereitung gegeben, die als Einstieg und Überblick dienen sollen. Während in Abschnitt 5.4.1 zunächst eine Detaillierung der Phasen „Datenbeschaffung" und „Datenaufbereitung" in einzelne Schritte zur Informationsgewinnung erfolgt, widmet sich Abschnitt 5.4.2 der im Unternehmen zur Verfügung stehenden Datenbasis. Diese Ausführungen werden ergänzt um jeweils kurze Übersichten zu Methoden der Informations- und Datenerhebung (vgl. Abschnitte 5.4.3) sowie Methoden der Datenaufbereitung (Abschnitt 5.4.4). Um der Relevanz der Daten im Kontext von Simulationsstudien hinreichend Rechnung zu tragen, stellen wir im abschließenden Abschnitt 5.4.5 einige Hinweise zum richtigen Umgang mit Daten zusammen.

Eine ausführliche Behandlung von Datenbeschaffung und Datenanalyse mit dem Schwerpunkt der statistischen Behandlung von Daten findet sich beispielsweise bei Robinson (2014, S. 119-153).

5.4.1 Schritte zur Informationsgewinnung

Die Informationsgewinnung für Simulationsstudien kann in Anlehnung an Jodin et al. (2009) in Zieldefinition, Informationsidentifikation, Erhebungsplanung, Erhebung, Datenerfassung, Datenstrukturierung, statistische Datenanalyse und Validierung der Daten einschließlich Prüfung auf Verwendbarkeit unterteilt werden. Diese Einteilung kann als Verfeinerung unseres Vorgehensmodells (Abb. 36) betrachtet werden. Hierbei lassen sich die Zieldefinition und Informationsidentifikation der Aufgabendefinition (vgl. Abschnitt 5.2) zuordnen. Die Schritte von der Erhebungsplanung bis zur Datenerfassung entsprechen in etwa der Datenbeschaffung. Die Schritte von der Datenstrukturierung bis zur Prüfung auf Verwendbarkeit entsprechen der Datenaufbereitung (für eine ausführliche Darstellung hierzu vgl. Kuhnt und Wenzel 2010).

Wie sich schon aus den verwendeten Begriffen ersehen lässt, besteht eine begriffliche Unterscheidung zwischen Daten und Informationen, die in diesem Buch in Anlehnung an die für die Informationstechnik gültigen Begriffsdefinitionen (vgl. ISO 2015) sowie an North (2011, S. 36-37) differenziert werden. *Daten* bestehen aus Zeichen mit Regeln zu ihrer Nutzung (Syntax). *Informationen* werden durch Daten repräsentiert. Sie sind stets zweckgebunden und haben eine kontextbezogene Bedeutung (Semantik).

Zu Beginn der Informationsgewinnung steht die Frage nach den erforderlichen, richtigen und gültigen Informationen für die Simulationsaufgabe im Vordergrund. Die Daten spielen im ersten Schritt eine untergeordnete Rolle, sodass zuerst geklärt werden muss, welche Informationen für die Aufgabenstellung relevant sind, und erst danach die Frage, welche Daten dafür aus welchen Quellen benötigt werden (vgl. auch Jodin et al. 2009). Informationen für die Simulation beziehen sich im Wesentlichen auf Systemlasten (Produktions- und Transportaufträge), organisatorische Zusammenhänge wie Arbeitszeitorganisation oder Ressourcenzuordnung sowie technische Angaben wie Topologie des Layouts oder auch Informationen zu Maschinen- und Fördertechnik (vgl. auch VDI 2014 und Abschnitt 5.4.2).

Die *Zieldefinition* für die Informationsgewinnung umfasst die Analyse der Aufgabenspezifikation (vgl. Abschnitt 5.2) und die Ableitung der entsprechenden Ziele zur Informationsgewinnung (z. B. in Bezug auf Informationsinhalt, geforderte Granularität oder Relevanz der Information, aber auch in Bezug auf die vorgegebene Terminsituation zur Informationsbeschaffung). Dabei ist die Aufgabe, den sogenannten *objektiven* Informationsbedarf laut Aufgabenspezifikation (d. h. den theoretischen Informationsbedarf) zu ermitteln, der Art, Menge und Beschaffenheit von Informationen, die zur Aufgabenerfüllung benötigt werden und aus der Aufgabe direkt ableitbar sind, umfasst (vgl. Picot 1988). Für eine solche Objektivierung, also das Ableiten des Informationsbedarfes aus der Aufgabe, gibt es allerdings kein festes Regelwerk, sodass sich die *Informationsidentifikation* letztendlich auf den *subjektiven*, durch das Wissen der Projektbeteiligten geprägten Informationsbedarf beziehen wird. Um den objektiven und subjektiven (geäußerten) Informationsbedarf möglichst zur Deckung zu bringen, werden z. B. Checklisten eingesetzt, sodass zumindest Lücken im subjektiv geäußerten Informationsbedarf aufgezeigt werden. Aufgrund der anwendungsspezifischen Anforderungen ist es jedoch nicht möglich, anwendungsübergreifende Checklisten anzugeben. Trotzdem können Checklisten in diesem Zusammenhang hilfreich sein: Einerseits können sie genutzt werden, um zu prüfen, ob möglicherweise für die konkrete Aufgabenstellung nützliche Informationen bisher übersehen wurden (vgl. Checklisten in Rabe und Hellingrath 2001, S. 154-170). Andererseits können Checklisten Hinweise dazu geben, welche Informationsquellen in Frage kommen (vgl. Csanady et al. 2008).

Anschließend an die Informationsidentifikation wird das tatsächliche Informationsangebot (die vorhandenen Informations- und Datenquellen) im Unternehmen in Bezug auf Verfügbarkeit, Zugriffsmöglichkeit oder Erhebungsaufwand geprüft und mit dem Informationsbedarf abgeglichen. An dieser Stelle wird also geklärt, welche Informationsquellen (z. B. welche Fachexperten im Unternehmen oder welche Informationssysteme) den benötigten Informationsbedarf decken könnten.

Wenn festgelegt ist, welche Informationen wie zu beschaffen sind, beginnt die eigentliche Datenbeschaffung mit der *Erhebungsplanung.* Hierzu werden die tatsächlich zu nutzenden Informationsquellen (z. B. ein Fachexperte aus der Logistikplanung) und Datenquellen (z. B. ein ERP-System, vgl. Abschnitt 5.4.2) ausgewählt oder auch ggf. zusätzlich erforderliche Erhebungen vorbereitet. Werden bereits im Unternehmen bestehende Datenquellen für die Simulationsstudie genutzt, sprechen wir von *Sekundärquellen* und daraus resultierend von einer *Sekundärerhebung.* Die zu verwendenden Daten wurden in diesem Fall bereits für einen anderen Zweck erhoben. Werden Informationen und Daten spezifisch für die Simulationsstudie erhoben, handelt es sich um eine *Primärerhebung.* In Abhängigkeit von der Art der geplanten Erhebungen sind geeignete Erhebungsmethoden

(vgl. Abschnitt 5.4.3) auszuwählen und die Erhebung organisatorisch vorzubereiten (z. B. Erstellung von Erhebungsunterlagen, Einholung von Ge-
nehmigungen). In der *Erhebung* werden die jeweiligen Informationen und
Daten mittels der ausgewählten Erhebungsmethoden aufgenommen und
geprüft, ob die Erhebung vollständig und korrekt ausgeführt wurde. Bei
der anschließenden *Datenerfassung* werden die erhobenen Daten EDV-
technisch aufbereitet und als digitale Daten bereitgestellt. Allerdings kann
die Datenerfassung bereits in einer Erhebung enthalten sein. Dies ist beispielsweise bei einem elektronischen Fragebogen der Fall, während bei einem Interview mit einem Fachexperten die erhobenen Informationen im
Nachgang erfasst werden müssen. Nach der Datenerfassung liegen die erhobenen Daten als *Rohdaten* und damit als Ergebnis der Phase „Datenbeschaffung" vor. Zum Abschluss dieser Phase sind die beschafften Rohdaten mit dem subjektiven Informationsbedarf abzugleichen und zu überprüfen, ob alle erforderlichen Erhebungen vollständig durchgeführt wurden.

Im Anschluss werden die Rohdaten für die Simulation aufbereitet. Für
die *Datenaufbereitung* müssen die digital vorliegenden Daten zunächst in
das für die Simulation gewünschte Format gebracht, in Bezug auf fehlerhafte Einträge bereinigt, hinsichtlich ihrer Plausibilität überprüft oder auch
in die für die Aufgabenstellung erforderliche Granularität überführt werden (*Datenstrukturierung*). In Ergänzung zur Datenstrukturierung können
über eine *statistische Datenanalyse* die bereinigten Datensätze hinsichtlich
ihrer Datenqualität beurteilt und zur Extraktion der benötigten Eingangsdaten für die Simulation aufbereitet werden. Hierzu werden je nach statistischer Fragestellung Verfahren der deskriptiven oder induktiven Statistik
(vgl. Abschnitte 4.2 und 4.5-4.7) verwendet. Falls erforderlich, sind ergänzend Dimensions- und Datenreduktionen durchzuführen (vgl. Abschnitt
5.4.4). Die danach folgende *abschließende Validierung* wird beispielhaft in
Abschnitt 5.7.3 behandelt.

5.4.2 Datenquellen zur Deckung typischer Informationsbedarfe

Die vollständige Definition der für die Simulationsstudie erforderlichen Informationsbasis ist eine Herausforderung. Je nach Anwendungsfall können
sehr unterschiedliche Informationen erforderlich sein. So werden beispielsweise für das Modell einer Lieferkette andere Informationen benötigt als
für das Modell einer Produktionsanlage und auch bei Modellen gleicharti-
ger Systeme hängen die Anforderungen an die erforderlichen Informationen stark davon ab, in welcher Detaillierung einzelne Systemelemente ab-

gebildet werden sollen. Für unser Beispiel müssten etwa die in Tabelle 26 aufgeführten Informationen bereitgestellt werden.

In einem Unternehmen findet sich in aller Regel eine Vielzahl von Informationssystemen mit unterschiedlichen Aufgaben. Ziel dieser Systeme ist nicht primär die Bereitstellung von Daten für die Simulation. Demzufolge können Datenbestände zumeist nicht direkt für eine Simulationsstudie genutzt werden, sondern müssen dafür in unterschiedlicher Weise gefiltert, kombiniert, aggregiert und formatiert werden. Dabei kann es auch erforderlich werden, Daten aus unterschiedlichen Informationssystemen zusammenzuführen, um die erforderlichen Informationen zu erzeugen.

Eine wesentliche Datenquelle für Simulationsstudien stellen die Systeme zur *Produktionsplanung und -steuerung* (PPS) dar. Vor allem die Stammdaten, zu denen insbesondere Teilestammdaten, Erzeugnisstrukturdaten, Arbeitsplandaten und Betriebsmitteldaten gehören (vgl. Kurbel 2011, S. 58-92), liefern wesentliche Informationen für Modelle von Produktionssystemen. Auch Bewegungsdaten, zu denen Lagerbestände, Bedarfe, Aufträge und andere Betriebsdaten gehören, können wichtige Informationen für die Simulation liefern. Aufträge könnten beispielweise direkt als Eingangsdaten für die Simulation verwendet werden, wenn das Modell ein bestimmtes Auftragsspektrum aus der Vergangenheit abbilden soll. In unserem Beispiel könnten die Aufträge auch genutzt werden, um etwa in Kombination mit den Stücklisten zu analysieren, wie häufig bestimmte Komponenten in den PCs verbaut werden.

Einen umfassenderen Ansatz haben Systeme zum *Enterprise Resource Planning* (ERP), die häufig aus PPS-Systemen hervorgegangen sind und

Tabelle 26. Beispielhaft erforderliche Informationen für die PC-Montage aus Abschnitt 2.1

Systemelemente	Erforderliche Informationen
Personal	Schichtpläne, Pausenzeiten
Arbeitsplatz	Störungen, variantenbezogene Verbauzeiten, Stücklisten, Prüfzeiten, Anteil nachzubearbeitender Bauteile, Dauer der Nacharbeit
Auftrag	Aufträge, alternativ Verbauraten der PC-Komponenten
Wareneingang	Anlieferprofil, Zusammensetzung der Wareneingänge auf dem Lkw
Lager	Lagergröße
Fördermittel	Abmessungen, Staplergeschwindigkeiten, Anzahl Stapler, Ladezyklen, Ladezeiten

zusätzlich vor allem das Finanz- und Rechnungswesen, das Personalwe-
sen, die Beschaffung und den Vertrieb unterstützen (vgl. Hansen et al.
2015, S. 135-187). ERP-Systeme stellen damit sehr umfangreiche Stammdaten bereit. Während Informationen aus dem Finanz- und Rechnungswesen für die Simulation meist ohne Belang sind, können aus dem Personal-
wesen beispielsweise Qualifikationsmerkmale oder Personalkostensätze
erschlossen werden. Aus Daten der Beschaffung lassen sich etwa Wieder-
beschaffungszeiten, Verbräuche oder aktuelle Sicherheitsbestände gewinnen. Datenbestände des Vertriebs können beispielsweise Prognosedaten
zur Produktnachfrage liefern.

Während die ERP- oder PPS-Systeme überwiegend Planungsdaten enthalten, zeichnet die *Betriebsdatenerfassung* (BDE) Daten zum Personal-
einsatz, zu Aufträgen, Maschinen oder Betriebsmitteln, Fertigungshilfsmitteln, Lager und Material sowie Prozessen und Qualität aus dem laufenden
Betrieb auf (vgl. Krämer 2000). Für die Simulation lassen sich daraus etwa
Informationen zu Bearbeitungszeiten, Stör- und Rüstzeiten, Taktzeiten,
Defekten (auch an Fertigungshilfsmitteln wie Werkzeugen oder Vorrich-
tungen), Prüfwerte oder Ausschussgründe entnehmen.

Ebenfalls den operativen Betrieb unterstützend finden sich *Lagerver-
waltungssysteme* (LVS), die in erster Linie Informationen zu Material,
Mengen und Lagerorten bereitstellen können. Ein *Warehouse Management
System* (WMS) unterscheidet sich vor allem durch zusätzliche Steuerungs-
und Optimierungsfunktionen von den Lagerverwaltungssystemen (Hausladen 2016, S. 161-167) und kann entsprechend ergänzende Informationen
z. B. zum Retourenmanagement für die Simulation bieten.

Als weitere mögliche Datenquelle existiert in vielen Unternehmen ein
Manufacturing Execution System (MES), das sich zwischen den PPS - und
BDE-Systemen einordnet. Ein MES beinhaltet dabei typischerweise detail-
liertere Daten als die PPS- und ERP-Systeme.

Für *Analysesysteme* des mittleren und höheren Managements werden Informationen oftmals nicht mehr aus den unterschiedlichen Datenbanken
der Transaktionssysteme bezogen, sondern in sogenannten *Data Ware-
houses* (DWH) gelagert. Diese Systeme enthalten aber keine originär eigenen Daten, sondern stellen Daten aus anderen Systemen nach einer anderen Systematik dar.

Greift man über die Planungsebene eines einzelnen Unternehmens hinaus, so finden wir Systeme des Lieferkettenmanagements (Supply Chain
Management, SCM). Deren Daten überdecken sich zumindest teilweise
mit denen der ERP-Systeme, da sie zur Synchronisation von Planungsaufgaben über mehrere Unternehmen hinweg beitragen sollen. Von daher
können sie einerseits Informationen aus dem PPS-Umfeld liefern, anderer-

seits aber auch (oft stärker aggregierte) Informationen für Vorgänge der Beschaffung und Distribution. Zusätzlich lassen sich aus den Stammdaten der SCM-Systeme beispielweise geographische Informationen, Transport-mittel-, Kontrakt- und Lieferplaninformationen oder Quotierungen für un-terschiedliche Lieferanten ermitteln (vgl. Kurbel 2011, S. 469-478).

Weitere Systeme, die als Datenquellen in Betracht kommen, stammen aus der Konstruktion und Arbeitsplanung und werden auch als CAx-Sys-teme zusammengefasst. Aus Systemen des Computer Aided Designs (CAD) lassen sich fabrikbezogene Layoutdaten für Simulationsmodelle verwenden. Systeme zum Computer Aided Planning (CAP-Systeme) stel-len beispielweise Arbeitspläne mit ihren Arbeitsgängen zur Verfügung. Das kann insbesondere hilfreich sein, wenn diese für zukünftige Produkte noch nicht im PPS-System eingepflegt sind. Hier finden sich insbesondere auch Stücklisten, Montagepläne und Informationen zu den einzusetzenden Ressourcen (vgl. Kurbel 2011, S. 399-416). Entsprechende Informationen können je nach Planungsstand der Fertigung auch Systemen zum Compu-ter Aided Manufacturing (CAM) entnommen werden; insbesondere sind dort Prozesszeiten abgelegt, die sich auf die NC-Programme (Numerical Control) der Produktion beziehen. Eine Integration dieser unterschiedli-chen CAx-Systeme findet sich in den Lösungen zum *Product Lifecycle Management* (PLM), die eine Erweiterung des *Product Data Manage-ments* (PDM) darstellen.

Die Computer Aided Quality (CAQ) verbindet PPS-Systeme mit CAx-Systemen bezüglich Informationen zu Prüfungen und Qualität. Dort ent-haltene Angaben zu Erstmusterprüfung, Reklamationsmanagement und Lieferantenbewertung werden nur im Einzelfall für die Simulation von In-teresse sein. Die CAQ-Systeme halten aber auch Informationen zu den Prüfplänen, den für die Prüfungen erforderlichen Ressourcen sowie insbe-sondere zum Prüfergebnis und damit zu Ausschussquoten (Kurbel 2011, S. 396-398). Diese Informationen können für die Abbildung von Prüffre-quenz, Dauer von Prüfungen und der Entscheidung über erforderliche Nacharbeit sehr hilfreich sein.

Allerdings finden sich typischerweise nicht alle Informationen, die in Simulationsmodellen benötigt werden, auch unmittelbar in betrieblichen IT-Systemen:

- Layoutspezifische Informationen wie die Länge eines Transportweges können zwar einem (elektronisch vorliegenden) Layout entnommen werden. Dies ist jedoch im Allgemeinen nicht automatisch möglich.
- Technische Detailinformationen, z. B. die Geschwindigkeit der Gabel-stapler aus unserem Beispiel, sind normalerweise nicht in betrieblichen IT-Systemen hinterlegt.

- Organisatorische Informationen, etwa Zuständigkeiten für das Umrüsten von Maschinen, sind häufig zwar dokumentiert, aber in der vorliegenden Form nur manuell in eine auswertbare Datenstruktur zu überführen.

In diesen Fällen ist eine weitere Informations- und Datenerhebung erforderlich. Methoden hierzu werden im folgenden Abschnitt behandelt.

5.4.3 Methoden zur Informations- und Datenerhebung

Um Informationen und Daten für Simulationsstudien zu erheben, unterscheiden wir – wie in Abschnitt 5.4.1 dargelegt – die *Primärerhebung* und die *Sekundärerhebung*. Letztere basiert auf bereits im Unternehmen vorhandenen Datenquellen, wie wir sie im vorherigen Abschnitt kennengelernt haben. Sie erfordert in Abhängigkeit von der Art der vorliegenden Dokumente (in Papierform oder elektronisch) unterschiedliche Methoden der Dokumentenanalyse. So finden beispielsweise Datenbankabfragen oder Textrecherchefunktionen (Text Retrieval) bei elektronischen Dokumenten, das Scannen oder manuelle Sichten bei Dokumenten in Papierform Anwendung. Für Simulationsstudien sind insbesondere Hallenlayouts, Produktionsprogramme, Stücklisten, Arbeitspläne oder auch Leistungskennzahlen von Maschinen und technischen Anlagen – z. B. auf Basis von Dokumenten des Systemlieferanten – von Interesse. Diese Unterlagen können je nach Bedarf qualitativ oder quantitativ ausgewertet werden. Da die Dokumente bereits vorliegen, entfällt der Aufwand für die Informations- und Datenerhebung, und der betriebliche Ablauf wird hierdurch nicht gestört. Simulationsfachleute müssen allerdings sicherstellen, dass alle für die Simulationsstudie erforderlichen Dokumente vorliegen und aktuell sind.

Im Gegensatz zur Sekundärerhebung liegen bei der Primärerhebung noch keine Informationen oder Daten vor. Für die Primärerhebung werden die Methoden der Befragung und der Beobachtung unterschieden.

Befragungsmethoden (vgl. hierzu Kromrey et al. 2016, S. 335-371) werden in Simulationsstudien eingesetzt, um Expertenwissen per *Interview* oder schriftlichem *Fragebogen* zu ermitteln. Hierzu werden für spezielle Themen als Experten ausgewiesene Personen befragt. Interviews im Kontext der Simulation beinhalten z. B. Fragen zu Produktions- oder Logistikabläufen, zu Leistungskennzahlen oder auch zur Wirkungsweise von Steuerungen. Das Interview bietet gegenüber einem Fragebogen dann Vorteile, wenn Informationen zu Prozesszusammenhängen oder Material- und Informationsflüssen zu erheben sind, die aufgrund fehlender Vorkenntnisse nicht oder nur schwierig als konkrete Fragen vorab formuliert werden können. Das Interview bietet zudem den Vorteil, dass der Befragte auch prüfen kann, ob der Fragende die dargestellten Sachzusammenhänge, beispielsweise zu komplexen Logistikabläufen, verstanden hat. Allerdings ist sowohl bei Interviews als auch bei Fragebögen zu beachten, dass das eigene Handeln und Entscheiden die subjektive Wahrnehmung prägen und die Häufigkeit von beobachteten Ereignissen (beispielsweise zu Störungen oder Eilaufträgen) umso niedriger eingeschätzt wird, je länger das letzte derartige Ereignis zurückliegt. Die Häufigkeit von Ereignissen mit einer hohen emotionalen Bedeutung für den Befragten wird umgekehrt in der Regel als zu hoch geschätzt. Ein einfaches Hilfsmittel ist in diesem Zusammenhang die konkrete Frage nach der Häufigkeit von Ereignissen. Auch wenn aufgrund der Subjektivität einzelner Expertenaussagen immer die Gefahr der Fehleinschätzung besteht, ist bei fehlenden Daten das Treffen von Annahmen in Zusammenarbeit mit den Experten oft der einzig sinnvolle Weg. In diesen Fällen kann es beispielsweise sinnvoll sein, neben einem „typischen" bzw. häufigsten Wert auch einen Minimal- und Maximalwert schätzen zu lassen, um daraus z. B. eine Dreiecksverteilung zu konstruieren (vgl. Abschnitt 4.4.3). Die Formulierung subjektiver Wahrnehmungen durch den Experten kann zudem die Simulationsfachleute möglicherweise bei der späteren Validierung des Simulationsmodells unterstützen.

Beobachtungsmethoden können manuell oder automatisch durchgeführt werden, wobei manuelle Beobachtungsmethoden nach der beobachtenden Person in Selbst- und Fremdbeobachtung, die automatischen Methoden nach ihrer Intention des Zählens, Messens oder Identifizierens zu differenzieren sind (vgl. Jodin und Mayer 2004, S. 9).

So ermitteln bei einer manuellen *Selbstbeobachtung* die in den Prozess involvierten Personen die Informationen über einen festgelegten Zeitraum. Beispielsweise erheben Werker an den Montagestationen die Montagezeiten und dokumentieren diese in Form eines Tagesberichtes oder Tätigkeitskataloges oder über einen arbeitsgegenstands- oder adressatenorientierten Laufzettel (zu den Verfahren vgl. Schulte-Zurhausen 2014, S. 545-564, sowie REFA 2016). Manuelle Selbstbeobachtungen haben den Vorteil, dass sie in den normalen Arbeitsablauf integriert werden können und der Erhebungsaufwand auf mehrere Personen verteilt wird. Allerdings sind eigene manuelle Aufzeichnungen oftmals subjektiv und fehleranfällig. Zudem besteht die Gefahr, dass der Erfassungszeitraum in Bezug auf die zu protokollierenden Vorgänge nicht repräsentativ ist, sodass einzelne Vorgänge gar nicht oder nur unterrepräsentiert vorkommen (vgl. Hömberg et al. 2004). Der Einsatz von Laufzetteln ist laut Hömberg et al. (2004) geeignet, um den konkreten Materialfluss in einem Betrieb zu ermitteln. Teil-

weise wird diese Form der Erhebung inzwischen durch automatische Lösungen unterstützt, die wir in diesem Abschnitt noch im Zusammenhang
mit automatischen Beobachtungsmethoden diskutieren.

Bei der *Fremdbeobachtung* werden nicht unmittelbar in die zu betrach-
tenden Prozesse involvierte Beobachter mit der Beobachtung beauftragt.
Methoden, die in Fremdbeobachtung durchgeführt werden, sind Zeitauf-
nahmen, Multimomentaufnahmen oder auch ein einfaches Messen von
Gewichten, Größen, Längen und Flächen und ein Zählen von Objekten. Im
Folgenden gehen wir etwas ausführlicher auf die beiden erstgenannten
Verfahren ein.

Bei den *Zeitaufnahmen* werden Ist-Zeiten mittels Zeitmessgerät (z. B.
Stoppuhr) für wiederkehrende Aktivitäten aufgenommen und protokolliert,
beispielsweise in einem Zeitaufnahmebogen. Voraussetzung für eine Zeit-
messung ist, dass das zu betrachtende System mit den zeitlich zu erfassen-
den Aktivitäten im Vorfeld genau beschrieben ist. Um die Repräsentativität der gemessenen Daten sicherzustellen, sind mehrere Messungen erforderlich. Der Einsatz des Verfahrens ist beispielsweise bei der Erhebung
von Belegungs- oder Bearbeitungszeiten zu klar definierten materialbezo-
genen Vorgängen sinnvoll.

Multimomentaufnahmeverfahren sind Stichprobenverfahren, mit denen
Aussagen über die Häufigkeit bzw. die Dauer von vorwiegend unregelmä-
ßig auftretenden Vorgängen getroffen werden. Die Aufnahme der relevanten Merkmale (z. B. Rüsten bei einer Maschine, Laden der Batterie bei einem Stapler) erfolgt durch unregelmäßige Rundgänge. In Abhängigkeit
vom Ziel der Aufnahme und der gewünschten Genauigkeit der Ergebnisse
werden Beobachtungsmerkmale, Rundgangplan für die Beobachtungsrei-
henfolge, die Anzahl der Beobachtungen und die Anzahl der durchzuführenden Rundgänge festgelegt (vgl. z. B. Hömberg et al. 2004). Laut der
VDI-Richtlinie 2492 (VDI 2013) ist das Verfahren bei einer größeren Anzahl zu untersuchender Objekte, bei Vorgängen mit nicht zu kleinen Zeitanteilen (≥ 1 s) und wenn kein absoluter Genauigkeitsanspruch vorliegt gut
einsetzbar. Wichtig ist, dass sich hinreichend viele Beobachtungen machen
lassen, keine Abhängigkeit zwischen den Beobachtungsergebnissen und
dem Zeitpunkt der Beobachtung besteht und die Zeitpunkte der Rundgänge
zufällig gewählt werden. Grundsätzlich werden das *Multimomenthäufigkeitsverfahren* (MMH-Verfahren) und das *Multimomentzeitmessverfahren*
(MMZ-Verfahren) unterschieden:

- Mit dem MMH-Verfahren werden Zeitanteile betrieblicher Vorgänge
  über einen gewissen Zeitraum ermittelt. Dazu wird gemessen, wie häufig diese Vorgänge auftreten. Aus der Häufigkeit wird auf den Zeitanteil
  geschlossen (vgl. VDI 2013).

- Beim MMZ-Verfahren wird zusätzlich zum betrieblichen Vorgang der Beobachtungszeitpunkt festgehalten. Wenn die Vorgangsdauern regelmäßig deutlich länger sind als die Zeit zwischen zwei Beobachtungen, können Höchst- und Mindestdauern ermittelt werden. Sind die Vorgangsdauern im Verhältnis zu den Beobachtungsintervallen zu kurz, wird das Verfahren unsicher, weil Vorgangswechsel nicht erfasst werden (Arnold und Furmans 2009, S. 250).

Die manuelle Datenerhebung kann beispielsweise über Systeme wie mobile Datenerfassungsgeräte, BDE-Systeme oder auch über eine Objektidentifikation, für die gleich noch einige Beispiele folgen, unterstützt werden. Werden diese Systeme alleine eingesetzt, sprechen wir von einer *automatischen Beobachtung*. Technische Systeme zur Unterstützung der automatischen Beobachtung (vgl. Jodin 2007) erlauben ein einfaches Zählen, eine Messung oder ein automatisches Identifizieren von Objekten. Neben optischen Identifikationstechniken beispielsweise unter Verwendung von Barcodes finden sich in den Unternehmen immer häufiger Geräte zur Radio Frequency Identification (RFID), die eine berührungslose Erfassung und Übertragung binär codierter Daten mittels induktiver oder elektromagnetischer Wellen erlauben und aus einer Schreib- und Lesestation sowie aus den an den Objekten (z. B. Ladeeinheiten) befestigten Transpondern bestehen (vgl. z. B. Finkenzeller 2015). Eine weitere automatische Datenerhebungsmethode ist das *3D-Laserscanning* zur digitalen Erfassung der Oberflächengeometrie von Gegenständen in Form einer Messpunktwolke, um zum Beispiel Fabrikobjekte hinsichtlich Position und Abmessung zu erfassen (vgl. Bracht et al. 2011, S. 89-90 sowie S. 253-257).

5.4.4 Datenaufbereitung

Liegen basierend auf Datenquellen oder auf Basis einer Informations- und Datenerhebung Rohdaten vor, müssen diese geeignet für die Simulation aufbereitet werden. Laut Rabe et al. (2008, S. 52) überführen Simulationsfachleute bei der Datenaufbereitung die Rohdaten in eine für das ausführbare Modell nutzbare Form und validieren darüber hinaus die Eignung der Daten für die vorliegende Aufgabenstellung. Zur Durchführung der Datenaufbereitung sind unterschiedliche Aufgaben auszuführen, die wir im Folgenden kurz diskutieren.

Zunächst müssen die digital vorliegenden Daten in ein fehlerfreies und für die zukünftigen Aufgaben analysefähiges Datenformat gebracht werden. Hierzu sind – oftmals manuell – *syntaktische Vereinheitlichungen* (z. B. Konvertierung von Datentypen wie die Umwandlung von Zeichenketten in Zahlenwerte) vorzunehmen. Weiterhin ist zu prüfen, ob möglicherweise *Beziehungen* zwischen den erhobenen Variablen bestehen. So kann beispielsweise eine Variable nur Werte annehmen, wenn eine andere Variable einen bestimmten Wert hat (Stördaten können beispielsweise nur während der Schicht gemessen werden) oder der Wertebereich einer Variablen von der Ausprägung einer anderen Variablen abhängt (vgl. Bernhard et al. 2007, S. 11-12). Werden Daten von verschiedenen Personen, in unterschiedlichen Tabellen oder über unterschiedliche Sekundärdatenquellen erhoben, sind die Datensätze aufeinander abzustimmen und zu bündeln. Beispielsweise sind Stammdaten mit Bewegungsdaten in Übereinstimmung zu bringen, sodass alle Materialnummern in den Bewegungsdaten auch einen Eintrag in den Stammdaten besitzen. Ergänzend sind die vorliegenden Datensätze um falsche oder fehlerhafte Einträge zu bereinigen (*Fehlerbereinigung*). Dabei sind nicht plausible, ggf. auf falschen Beobachtungen oder Mitschriften basierende Daten zu ermitteln und zu löschen. In diesem Zusammenhang sind auch Werte- und Definitionsbereiche der Variablen zu überprüfen. Dies können Plausibilitätsprüfungen einzelner Variablenwerte, wie eine nicht ganzzahlige Anzahl PCs, oder auch Plausibilitätsprüfungen von Kombinationen von Variablenausprägungen sein (ein Beispiel von nicht gültigen Ausprägungen für die Variablen Lagerort und Ladehilfsmittel wäre die Kombination von „Durchlaufkanal" und „Palette"). Im Rahmen der Fehlerbereinigung können weiterhin Ausreißer in den Datensätzen ermittelt werden. Als Ausreißer werden Beobachtungen bezeichnet, „die aufgrund ihrer relativen Position zu anderen Einträgen auffällig sind" (Bernhard et al. 2007, S. 12), wie z. B. eine um das Dreifache erhöhte Anliefermenge an PCs an einem Tag. Allerdings sei darauf verwiesen, dass derartige Ausreißer nicht zwingend Fehler sein müssen, sondern seltene, aber reale Beobachtungen darstellen können. Das zeigt, dass Ausreißer zumeist nicht eindeutig und nur relativ zu bestimmten Annahmen (also beispielsweise zur durchschnittlichen PC-Anliefermenge pro Tag) zu definieren sind (vgl. Barnett und Lewis 1994; Gather et al. 2003). Zur Unterstützung der Identifikation von Ausreißern können u. a. Stabdiagramme, Box-Plots oder Lage- und Schiefemaße verwendet werden (vgl. Abschnitt 4.2 sowie zu Schiefemaßen Lehn und Wegmann 2006, S. 61-62).

Um für die Simulationsstudie sicherzustellen, dass die Daten in der richtigen *Granularität* vorliegen, ist zunächst eine Vereinheitlichung der Maßeinheiten je Variable (z. B. Sekunden, Minuten) erforderlich. Die Granularität kann sich beispielsweise auf die Anzahl an Beobachtungen pro Untersuchungseinheit und Zeitintervall beziehen. Wenn z. B. ein Mitarbeiter bei der Selbstbeobachtung (Abschnitt 5.4.3) einen Wert pro Stunde und ein anderer Mitarbeiter zehn Werte pro Stunde erhoben hat, darf eine Kombination dieser Erhebungen nicht ohne weitere Überlegungen erfolgen. So können für die größere Anzahl Messungen Mittelwerte gebildet werden, es können Messwerte weggelassen werden, oder es ist möglicherweise eine weitere Datenerhebung erforderlich. Auch unterschiedlich genau erhobene Messwerte (etwa unterschiedliche Anzahl Nachkommastellen) sind in jeweils geeigneter Weise anzugleichen.

Basierend auf den bereinigten Datensätzen kann es sinnvoll sein, die Anzahl der Datensätze durch Filtern (Datenreduktion) oder die Auswahl relevanter Eigenschaften (Dimensionsreduktion) zu reduzieren. Bei der Datenreduktion ist darauf zu achten, dass die verbleibenden Datensätze für die Untersuchung repräsentativ sind. Bei der Dimensionsreduktion werden einzelne für den Untersuchungszweck nicht relevante Eigenschaften („Dimensionen") entfernt oder mehrere Eigenschaften aggregiert. Dazu können auch statistische Verfahren wie beispielsweise die Regressionsanalyse oder faktoranalytische Verfahren (Fahrmeir et al. 1996) eingesetzt werden.

Zur Datenreduktion kann auch eine Klassifikation bei Beobachtungen mit ähnlichen Merkmalsausprägungen genutzt werden. Beispielsweise lassen sich Werkstücke, deren Werte der für die Untersuchung relevanten Eigenschaften sich nicht oder nur geringfügig unterscheiden, sinnvoll zu Klassen zusammenfassen.

Eine *Verdichtung* von Daten ist beispielsweise dann erforderlich, wenn für die Beschreibung von Eingangsgrößen Verteilungen benötigt werden. Da empirisch erhobene Datensätze im statistischen Sinne eine Stichprobe darstellen, kann die Verteilung nur geschätzt werden. In Abschnitt 4.7 haben wir hierzu bereits ein mehrstufiges Vorgehen vorgestellt.

Eine ganz andere Möglichkeit der Datenaufbereitung (z. B. von Systemlasten und Auftragsdaten) stellt auch die Programmierung von speziellen Algorithmen zur Systemlast- oder Auftragserzeugung dar. Diese sogenannten *Systemlast-* oder *Auftragsgeneratoren* werden insbesondere dann eingesetzt, wenn Szenarien auf zukünftig zu erwartende Lasten ausgelegt werden sollen, beispielsweise hinsichtlich der künftigen Anzahl oder Zusammensetzung von Bestellungen. Um entsprechende Szenarien auf Basis von sogenannten Typenvertretern, die für eine große Zahl von einzelnen Teilen (Rabe und Hellingrath 2001, S. 134) stehen, sowie angenommenen Verteilungen zu generieren, ist in aller Regel ein erheblicher Programmieraufwand erforderlich. Wie komplex die Anforderungen an derartige Generatoren sein können, verdeutlicht das folgende Szenario im Zusammenhang mit unserem Anwendungsbeispiel: „Wir erwarten für das Untersuchungsjahr einen Zuwachs von PCs mit digitalen Video-Schnittstellen und ohne RS-232-Schnittstelle um 20 %; die Verkaufszahlen ande-

rer PCs werden unverändert bleiben. Außerdem wird die Anzahl der Zusatzkarten pro PC um 8 % zunehmen, in den südeuropäischen Märkten
sogar um 13 %". In diesem Szenario könnten einerseits PCs ohne RS-232-
Schnittstelle und mit digitaler Video-Schnittstelle sowie andererseits alle
anderen PCs ein sinnvolles Grundgerüst für Typenvertreter bilden, wobei
weiter nach PCs für südeuropäische und für andere Märkte unterschieden
werden müsste. Anzahl und Art der Zusatzkarten könnten dann etwa über
Verteilungen festgelegt werden, wenn diese als hinreichend repräsentativ
angenommen werden können. Dieses Beispiel deutet an, welche Anforderungen mit der Generierung von Auftragsdaten verbunden sein können.
Trotz des Aufwandes für die Programmierung nimmt aufgrund der stei-
genden Komplexität von Auftragsdaten die Relevanz derartiger Generatoren für spezielle Bereiche in Produktion und Logistik stetig zu, wie sich in
der praktischen Simulationsanwendung regelmäßig zeigt.

Abschließend sind die aufbereiteten – auch die mit Auftragsgeneratoren
erzeugten – Daten noch einmal auf Vollständigkeit und Widerspruchsfrei-
heit zu prüfen. Hierbei muss insbesondere sichergestellt werden, dass die
Daten dem in der Zieldefinition für die Informationsgewinnung identifi-
zierten Informationsbedarf (vgl. Abschnitt 5.4.1) genügen. Typischerweise
werden hierzu Methoden der Verifikation und Validierung wie Schreib-
tischtest und Strukturiertes Vorgehen (vgl. Abschnitt 5.7.3 sowie Rabe et
al. 2008, S. 102 und S. 104-105) eingesetzt, um die Eignung der Daten für
die Simulationsstudie sicherzustellen. So ist beispielsweise auch abzuschätzen, wie viele und welche Fehler bei der Fehlerbereinigung erkannt
wurden, um hieraus Rückschlüsse auf die Glaubwürdigkeit der Daten zu
ziehen und sicherzugehen, dass die Repräsentativität der Daten gegeben ist
(vgl. Bernhard et al. 2007, S. 14). Ist keine hinreichende Datenqualität gewährleistet, sind gegebenenfalls nochmalige Informations- und Datenerhe-
bungen erforderlich.

5.4.5 Der richtige Umgang mit Daten

Bei der Datenbeschaffung und -aufbereitung ist die Einplanung zeitlicher
Reserven zu empfehlen, da die Eignung der vorliegenden Daten erfahrungsgemäß fast immer überschätzt und der verbleibende Aufwand für die
Beschaffung und Aufbereitung von Daten unterschätzt wird (vgl. Wenzel
et al. 2008, S. 120). In diesem Zusammenhang ist oftmals auch die Einbe-
ziehung von Arbeitnehmervertretungen einzuplanen. Dies ist bei einer
Zeit- und Aufgabenerhebung im Zusammenhang mit durch Personal bediente Prozesse aus datenschutzrechtlichen Gründen grundsätzlich erforderlich. Weitere Mehraufwände können dadurch entstehen, dass der Auf-

traggeber fälschlicherweise angibt, alle erforderlichen Daten im Detail verfügbar zu haben, wobei übersehen wird, dass Einzeldaten und nicht aggregierte Daten erforderlich sind (Banks 1998).

In der Datenbeschaffung ist es wichtig, die vorliegenden Daten kritisch
zu prüfen: Woher kommen die Daten, was wurde erhoben, wann und wie?
Sind die so beschafften Daten für den Untersuchungszweck wirklich geeignet? Stimmt die Detaillierung? Musselman (1998, S. 731) formuliert
diesbezüglich den Leitsatz „Don't take data for granted".

Verzögerungen bei der Beschaffung der Daten können den Projekterfolg
gravierender gefährden als die Verwendung von Schätzungen für Daten,
die nur mit sehr hohem Zeitaufwand zu beschaffen wären. Hier ist Augen-
maß für geeignete Kompromisse gefordert. So reichen für weniger kritische Daten zumindest anfangs oft fundierte Schätzungen aus. Musselman
(1998, S. 732) fordert „Be willing to make assumptions" und gibt ebenfalls
den Rat, zumindest vorübergehend mit bereits existierenden Daten und
Schätzungen zu arbeiten. Hierdurch verkürzt sich einerseits die erforderliche Zeit zur Fertigstellung der Datenbeschaffung, andererseits lässt sich
mit den Schätzungen und Sensitivitätsanalysen (vgl. Abschnitt 5.5.3) möglicherweise ableiten, ob bestimmte Daten tatsächlich wichtig sind oder ob
mit den Schätzungen bereits glaubwürdige Simulationsergebnisse gewonnen werden können.

Wesentlich ist allerdings, dass den Beteiligten bei der Interpretation der
Ergebnisse bewusst ist, dass und in welcher Art diese auf geschätzten Ein-
gangsdaten beruhen, insbesondere wenn es sich bei den Daten um reine
Expertenschätzungen handelt (vgl. Abschnitt 5.4.3).

Während die durch Fehlen von Daten auftretenden Probleme offensichtlich sind, erscheint ein Zuviel an Daten auf den ersten Blick prob-
lemlos. Tatsächlich führt mehr Quantität jedoch nicht unbedingt zu mehr
Qualität, sondern zunächst nur zu höherem Aufwand. Dieser Aufwand tritt
möglicherweise bereits bei der Beschaffung, mit Sicherheit aber bei der
Aufbereitung der Daten auf (Wenzel und Bernhard 2008).

Ein solcher „Datenüberfluss" kann sich beispielsweise auf den durch die
Daten abgedeckten Zeitraum beziehen. Ist ein bestimmter Monat für ein
Produktionsprogramm repräsentativ, so ist die Erfassung und Aufbereitung
weiterer Betriebsmonate nicht hilfreich.

Problematisch ist auch der Umgang mit unnötig detaillierten Daten,
etwa zu den herzustellenden Produkten. In der Datenerhebung mag es noch
einfach sein, die Fertigungsaufträge aus der Vergangenheit einfach zu
übernehmen, wobei allerdings auch hier schon der Aufwand für die oben
geforderte sorgfältige Prüfung der Daten mit dem Umfang der Datenmen-
ge steigt. Die Datenaufbereitung kann dagegen mit den detaillierten Daten

sehr aufwendig werden, weil die zu simulierenden (zukünftigen) Fertigungsaufträge aus den erhobenen (vergangenen) abzuleiten sind. Die Bildung von Typenvertretern zur Auftragsgenerierung (vgl. Abschnitt 5.4.4)
hat in diesem Zusammenhang einen positiven Einfluss auf die Experimentplanung und -durchführung, da beispielsweise leichter weitere Analysen durchgeführt werden können („was wäre, wenn die Zunahme der Zusatzkarten statt bei 8 % bei 12 % oder sogar bei 15 % liegen würde?").
Auch die spätere Experimentauswertung kann sich dann unmittelbar auf
Ergebnisse zu Produkttypen beziehen, die sonst aus einer großen Menge
von Einzeldaten gewonnen werden müssten, und vereinfacht sich entsprechend.

Wenzel und Bernhard (2008) geben weitere Hinweise zur Vermeidung
von Datenkomplexität durch Systematisierung des Informationsgewin-
nungsprozesses, Verdichtung und statistische Komplexitätsreduktion.

5.5   Experimentplanung und -durchführung

Dieser Abschnitt beschreibt alle im Verlauf einer Simulationsstudie anfal-
lenden Aufgaben zur Planung und Durchführung von Experimenten. Die
Aufgaben beziehen sich nicht allein auf die Phase „Experimente und Analyse" des Vorgehensmodells aus Abbildung 36. Bereits in der Zielbeschreibung sind Aussagen zu den erwarteten Ergebnissen und damit auch erste
Überlegungen zu Experimenten erforderlich, die nicht zuletzt der Auf-
wandsabschätzung für die durchzuführende Studie dienen.

Die zentrale Aufgabe der Experimentplanung besteht darin, einen Plan
aufzustellen, mit dem die Ziele einer Studie mit möglichst geringem Expe-
rimentieraufwand erreicht werden können. Der Aufwand wird hierbei mit
der Anzahl durchzuführender Simulationsläufe korreliert sein: Je mehr Simulationsläufe erforderlich sind, desto größer ist der Aufwand für Planung, Durchführung und Auswertung. Daraus lässt sich die Aufgabe ableiten, möglichst wenige Parameterkonfigurationen zur Zielerreichung
simulativ zu betrachten. Gleichzeitig ist sicherzustellen, dass hinreichend
viele Simulationsläufe für statistisch verwertbare Ergebnisse durchgeführt
werden.

In Abschnitt 5.5.1 erfolgt zunächst eine begriffliche Auseinandersetzung
mit dem Experimentplan. Im anschließenden Abschnitt 5.5.2 werden dann
Vorgehensweisen und Ansätze zur Erstellung eines Experimentplanes diskutiert. Hier geht es insbesondere um die Auswahl von Parameterkonfigurationen, die bezüglich der Ziele der Studie erfolgversprechend sind.

In Abschnitt 5.5.3 werden allgemeine Aspekte der Experimentdurchführung behandelt. Bezüglich der Durchführung von Experimenten ist für alle festgelegten Parameterkonfigurationen sicherzustellen, dass diese korrekt bewertet werden und eine hinreichende statistische Signifikanz besitzen. Hierzu werden wir uns zum einen mit dem Einschwingen von Simulationsmodellen (Abschnitt 5.5.4) und zum anderen mit der Frage, wie viele Messwerte überhaupt benötigt werden (Abschnitt 5.5.5), auseinandersetzen.

5.5.1 Der Experimentplan

Wir haben ein Simulationsexperiment bereits als die gezielte empirische Untersuchung des Modellverhaltens auf der Basis wiederholter Simulationsläufe definiert, wobei das Simulationsmodell systematisch hinsichtlich seiner Parameter oder seiner Struktur variiert werden kann (vgl. Abschnitt 2.3). Mit einem Modell können grundsätzlich auch mehrere Experimente durchgeführt werden, beispielsweise wenn mit einer Studie verschiedene Ziele gemäß Aufgabenstellung verfolgt werden.

Die Begriffe Simulationslauf und Parameterkonfiguration haben wir ebenfalls bereits in Abschnitt 2.3 eingeführt. Jeder Lauf basiert dabei auf festzulegenden Startwerten für die verwendeten Zufallszahlenströme (vgl. Abschnitt 4.8). Läufe mit geänderten Startwerten aber gleicher Parameterkonfiguration werden als *Replikationen* bezeichnet (vgl. Rabe et al. 2008, S. 12). Replikationen führen somit zu unterschiedlichen Ergebnissen für identische Parameterkonfigurationen und bilden die Basis für statistische Auswertungen, wie sie in den Abschnitten 4.5 und 4.6 eingeführt wurden. Im wörtlichen Sinne wäre der erste Lauf einer Parameterkombination nicht als Replikation zu bezeichnen. Üblicherweise wird jedoch nicht zwischen dem ersten Lauf und weiteren Replikationen unterschieden. Vereinfacht werden vielmehr alle Läufe einer Parameterkonfiguration als Replikationen verstanden.

Parameter werden im Rahmen der Experimentplanung und -durchführung auch als *Faktoren* bezeichnet. Diese lassen sich in qualitative und quantitative Faktoren unterscheiden. Dispositionsstrategien für Stapler oder Vorfahrtsregeln an Kreuzungen in Fördertechniksystemen sind typische Beispiele für qualitative Faktoren, während die Anzahl eingesetzter Stapler oder die Geschwindigkeit von Fördertechnikelementen quantitative Faktoren darstellen.

Sinnvollerweise werden die zu untersuchenden Parameterkombinationen zeilenweise in einer Tabelle eingetragen, in die anschließend die Ergebnisse der dazugehörigen Replikationen (Läufe) in weiteren Spalten eingetragen werden (Tabelle 27). Bei der Erstellung einer solchen Tabelle sind die Parameterkombinationen so festzulegen, dass das Ziel der Simulationsstudie mit möglichst geringem Aufwand erreicht werden kann. Eine so erstellte Tabelle bezeichnen wir im Folgenden als *Experimentplan*; die dadurch definierten Läufe bilden in ihrer Gesamtheit ein Experiment. Umfasst eine Studie mehrere unabhängig voneinander zu untersuchende Ziele, so sind in der Regel auch mehrere Experimentpläne aufzustellen, wobei ein Experimentplan im Einzelfall auch mehr als ein Untersuchungsziel abdecken kann.

Der inhaltliche Aufbau eines Experimentplanes soll am Beispiel unserer PC-Fertigung illustriert werden: Besteht das Ziel der Studie darin, einen geforderten Mindestdurchsatz zu erreichen und gleichzeitig eine gegebene maximale Investitionssumme nicht zu überschreiten, so kann dieses Ziel nur durch einen entsprechend geringen Ressourceneinsatz (bezogen auf die Anzahl der Pufferplätze in der Montagelinie, die Kapazität der DLK sowie die Anzahl der Stapler) erreicht werden. Dabei können die folgenden fünf Faktoren von Relevanz sein:

- Anzahl Pufferplätze zwischen den sieben Stationen (einschließlich der Prüfstationen),
- Anzahl Stapler,

Tabelle 27. Beispiel für einen Experimentplan mit zwölf Parameterkonfigurationen und je drei Replikationen

Parameter (Faktoren)			Ergebnisse [Anzahl gefertigter PCs pro Tag]		
Faktor 1 Anzahl Stapler	Faktor 2: Kapazität der DLK	Faktor 3: Dispositions- strategie	Replikation (Lauf) 1	Replikation (Lauf) 2	Replikation (Lauf) 3
2	4	D1			
2	4	D2			
2	4	D3			
2	5	D1			
2	5	D2			
2	5	D3			
3	4	D1			
3	4	D2			
3	4	D3			
3	5	D1			
3	5	D2			
3	5	D3			

- Kapazität (Anzahl Behälterplätze) der DLK,
- Dispositionsstrategie der Stapler (Zuordnung von Staplern zu Transportaufträgen):
  - D1: Abarbeitung in der Reihenfolge der Transportanforderungen (*FIFO*),
  - D2: Nächstgelegener Startpunkt vom aktuellen Standort des Staplers aller bisher nicht zugeordneten Transporte,
  - D3: Nächster benötigter Behälter (gemäß aktuellem Füllstand und durchschnittlichem Verbrauch),
- Lagerorganisation:
  - L1: Jeder Stapler kann jeden Platz anfahren,
  - L2: Einteilung in disjunkte Arbeitsbereiche,
  - L3: Einige Stapler werden kritischen Komponenten exklusiv zugeordnet.

Für jeden Faktor existiert eine Anzahl möglicher (in diesem Fall diskreter) Werte, die der jeweilige Faktor annehmen kann. In Tabelle 27 ist ein einfacher Experimentplan aufgestellt, wobei in diesem Fall nur die drei Faktoren Anzahl Stapler, Kapazität der DLK sowie Dispositionsstrategie variiert werden.

In diesem Beispiel sind exemplarisch zwölf Parameterkombinationen enthalten. Mit der systematischen Auswahl zu untersuchender Parameterkombinationen beschäftigt sich der folgende Abschnitt.

5.5.2 Erstellung des Experimentplanes

Die *Experimentplanung* befasst sich mit der Auslegung eines Experimentes, d. h. mit der Frage, welche Parameterwerte wie variiert werden sollen. Dabei lassen sich zwei Arten von Analysen, die Gegenstand eines Experimentes sein können, unterscheiden (vgl. Mertens 1982, S. 4):

- What-if-Analysen,
- How-to-achieve-Analysen.

Für What-if-Analysen („Was-wäre-wenn-Analysen") sollte durch die Aufgabenspezifikation vorgegeben werden, welche Parameterkombinationen simulativ untersucht werden sollen. Dies kann den Aufwand zur Strukturierung der Experimente deutlich begrenzen. Im Rahmen einer What-if-Analyse kann am Beispiel der PC-Montage untersucht werden, was passiert, wenn in das bestehende System pro Schicht 10 % mehr Aufträge für PCs eingelastet werden. Ein anderes Beispiel ist die Untersuchung, was geschieht, wenn die Staplerfahrer veränderte Pausenzeiten erhalten. Im ersten Fall wird eine Änderung der Systemlast, im zweiten Fall des Systems untersucht. In beiden Fällen ist durch die Aufgabenspezifikation klar umrissen, welche Parameter wie zu ändern sind, sodass sich die zu untersuchenden Parameterkombinationen direkt ergeben.

Für How-to-achieve-Analysen besteht das Ziel der Studie darin, eine Parameterkonfiguration zu finden, mit der vorab definierte Zielgrößen erreicht werden oder ein möglichst guter Wert für eine Zielgröße erhalten wird. Die durchzuführenden Simulationsläufe sind vorab nicht bekannt. Durch eine intelligente Auswahl zu untersuchender Parameterkonfigurationen kann jedoch die Anzahl durchzuführender Läufe maßgeblich beeinflusst werden.

Das Beispiel aus Abschnitt 5.5.1 stellt eine solche How-to-achieve-Analyse dar, bei der das technische System so auszulegen ist, dass ein vorgegebener Durchsatz (Zielgröße) erreicht wird, gleichzeitig aber der Ressourceneinsatz durch die maximale Investitionssumme begrenzt wird. Zu Beginn der Studie ist dabei nicht zwingend bekannt, ob eine zulässige Lösung (im Sinne eines realisierbaren technischen Systems) überhaupt existiert.

Eine wesentliche Herausforderung besteht bei How-to-achieve-Analysen darin, dass die Anzahl möglicher Parameterkonfigurationen typischerweise sehr groß ist. Gehen wir im Beispiel davon aus, dass jeweils Puffergrößen zwischen zwei und zehn Plätzen untersucht werden sollen, so hat man allein für die Puffer 9^7 (= 4.782.969) Kombinationen zu überprüfen. Dieser Wert ist dann mit der Anzahl der Einstellungen für die vier weiteren genannten Parameter (Anzahl der Stapler, Kapazität der DLK, Strategien für Staplerdisposition und Lagerorganisation) zu multiplizieren. Für das Beispiel können somit mehr als eine Milliarde möglicher Parameterkonfigurationen existieren.

Dieses kleine Zahlenspiel illustriert die Notwendigkeit einer systematischen Experimentplanung, die wir im weiteren Verlauf dieses Abschnittes vertiefend behandeln. In Anlehnung an Mertens (1982, S. 21) unterscheiden wir zwei Vorgehensweisen der Experimentplanung:

- Für das *statische Faktor-Design* (auch als „Simple Factor Design" bezeichnet; vgl. Evans und Olson 1998) ist das Ergebnis der Experimentplanung eine Liste von Parameterkonfigurationen, die innerhalb eines Experimentes zu simulieren sind.
- Beim *dynamischen Faktor-Design* wird ein Algorithmus verwendet, mit dem die Variation der Parameter in Abhängigkeit der Güte bisher untersuchter Parameterkonfigurationen, typischerweise den bisher besten gefundenen Parameterkonfigurationen, erfolgt.

Statisches Faktor-Design

Das statische Faktor-Design ist dadurch gekennzeichnet, dass vor der Durchführung der Simulationsläufe alle zu untersuchenden Parameterkonfigurationen im Sinne eines vollständigen Experimentplanes aufgestellt werden. Diese Vorgehensweise ist für What-if-Analysen unmittelbar naheliegend. Für How-to-achieve-Analysen können z. B. Fachexperten vorab festlegen, welche Parameterkonfigurationen in den Experimentplan aufzunehmen sind.

Statisches Faktor-Design kann aber auch durchgeführt werden, um zunächst die Faktoren über ein sogenanntes *Factor Screening* zu ermitteln, die einen vergleichsweise hohen Einfluss auf die Zielgrößen haben, um anschließend einen weiterführenden Experimentplan aufzustellen, der sich auf die Variation genau dieser Parameter konzentriert.

Ein einfacher und intuitiv nachvollziehbarer Ansatz besteht in diesem Zusammenhang darin, in einem Modell immer genau einen Parameter zu betrachten und den Wert dieses Parameters zu variieren, um den Einfluss auf das Modellverhalten isoliert von den übrigen Parametern zu analysieren (*One-Factor-at-a-Time-Ansatz*; vgl. Law 2014, S. 632).

Ein deutlich komplexerer Ansatz für statisches Faktor-Design ist das sogenannte 2^k-*Faktor-Design*, bei dem k Faktoren betrachtet werden. Dieser Ansatz hebt deutlich stärker auf mögliche Interdependenzen zwischen den Faktoren ab als der One-factor-at-a-time-Ansatz. Für jeden der k Faktoren werden zwei zu untersuchende Werte festgelegt. Ein Wert spiegelt eine „geringe" Zahl (für quantitative Größen) bzw. einen einfachen Ansatz (für qualitative Größen wie etwa die Dispositionsstrategie der Stapler) wider, der andere einen entsprechend hohen Wert bzw. einen komplexen Ansatz. Diese beiden Werte werden als Ausprägung „–" bzw. „+" des Faktors bezeichnet. Für k Parameter werden anschließend 2^k Simulationsläufe (mit hinreichend vielen Replikationen) durchgeführt, sodass sämtliche Kombinationen von „+" und „–" analysiert werden können. Die Ergebniswerte werden mit E_1 bis E_{2^k} bezeichnet. Für jeden Faktor l kann über die Auswertung dieser Ergebniswerte der Einfluss auf das Gesamtergebnis ermittelt werden. Der Einfluss e_l eines einzelnen Faktors l ($1 \leq l \leq k$) ergibt sich wie folgt:

$$e_l = \frac{\sum_{i=1}^{2^k} \pm E_i}{2^{k-1}} \tag{5.1}$$

Dabei gilt, dass die Ergebniswerte E_i addiert werden, wenn der Faktor l im Experiment i die Ausprägung „+" hat und subtrahiert werden, wenn er im

Experiment i die Ausprägung „–" hat. Als Beispiel greifen wir Tabelle 27 erneut auf und wählen als Ausprägungen:

- Anzahl Stapler: 2 („–") und 3 („+"),
- Anzahl Pufferplätze pro DLK: 4 („–") und 5 („+"),
- Dispositionsstrategie: D1 („–") und D3 („+").

Dabei basiert die Zuordnung der Dispositionsstrategien zu den beiden Ausprägungen auf der Vermutung, dass sich eine Rangfolge für die Güte der drei dargestellten Strategien angeben lässt. Eine solche Wertung könnte z. B. auf Erfahrungswerten basieren. Die 2^3 Parameterkonfigurationen mit den Ergebnissen aus jeweils drei Replikationen sind in Tabelle 28 dargestellt.

Um jetzt den Einfluss der drei Faktoren zu bestimmen, berechnen wir zunächst die Werte für E_i als Mittelwert der Ergebniswerte der drei Replikationen. In Tabelle 29 sind neben den Mittelwerten auch die zugehörigen Ausprägungen der Faktoren dargestellt. Für die Ermittlung des Einflusses eines Faktors (für die Ermittlung der e_l) geben diese Ausprägungen gleichzeitig an, ob der Ergebniswert in der Summierung nach Formel 5.1 im Zähler mit positivem oder negativem Vorzeichen eingehen muss. Gemäß Formel 5.1 ergeben sich für e_1 sowie e_3 folgende Werte:

$$e_1 = \frac{-116-125-120-131+180+181+188+188}{2^{(3-1)}} = 61{,}25 \qquad (5.2)$$

Tabelle 28. Beispiel für einen Experimentplan für das 2^k-Faktor-Design einschließlich der Ergebnisse aus drei Replikationen pro Parameterkonfiguration

Parameter (Faktoren)			Ergebnisse [Anzahl gefertigter PCs pro Tag]		
Faktor 1 Anzahl Stapler	Faktor 2: Kapazität der DLK	Faktor 3: Dispositions- strategie	Replikation (Lauf) 1	Replikation (Lauf) 2	Replikation (Lauf) 3
2	4	D1	110	130	108
2	4	D3	126	117	132
2	5	D1	111	131	118
2	5	D3	130	123	140
3	4	D1	180	181	179
3	4	D3	179	189	175
3	5	D1	183	191	190
3	5	D3	185	198	181

$$e_3 = \frac{-116+125-120+131-180+181-188+188}{2^{(3-1)}} = 5{,}25 \qquad (5.3)$$

Der Einfluss von Faktor 3 ist also deutlich geringer als von Faktor 1. Dies lässt sich bei Betrachtung der Einzelergebnisse der letzten beiden Parameterkonfigurationen der Tabelle 29 auch intuitiv nachvollziehen: Die beiden Konfigurationen unterscheiden sich nur in der gewählten Dispositionsstrategie, führen aber zum gleichen Ergebnis.

Neben der Auswertung des Einflusses einzelner Faktoren können auch Kennzahlen ermittelt werden, die Aussagen über die Interdependenzen von beispielsweise Faktor-Paaren ermöglichen. Auf eine ausführliche Darstellung wird an dieser Stelle aber verzichtet (für weiterführende Literatur vgl. Law 2014, S. 632-649).

Eine der Herausforderungen beim 2^k-Faktor-Design ist die Festlegung der beiden Ausprägungen für jeden Faktor. Wenn ein Faktor mehr als zwei Ausprägungen haben kann, gibt es keine Regel für die Auswahl der Ausprägungen „+" und „–". Dies ist, wie schon angedeutet, besonders schwierig für qualitative Größen, wie z. B. die eingesetzte Dispositionsstrategie. Im Beispiel haben wir vermutet, dass die Strategie D3 die besten Ergebnisse liefert. Führt aber tatsächlich Strategie D2 zu deutlich besseren Ergebnissen, so würde das 2^k-Faktor-Design mit Dispositionsstrategie D2 als „+"-Ausprägung den Einfluss der Dispositionsstrategie auch entsprechend deutlich höher bewerten. In unserem Beispiel hätten wir diese Untersuchung aber vielleicht gar nicht mehr durchgeführt.

Tabelle 29. Grundlage für die Bestimmung des Einflusses auf die Ergebnisgüte von drei Faktoren auf Basis des 2^k-Faktor-Designs

Ausprägung Faktor 1	Ausprägung Faktor 2	Ausprägung Faktor 3	Mittelwert E_i der Ergebnisse aus drei Replikationen
–	–	–	116
–	–	+	125
–	+	–	120
–	+	+	131
+	–	–	180
+	–	+	181
+	+	–	188
+	+	+	188

Eine weitere Herausforderung ist, dass das 2^k-Faktor-Design bei einer großen Anzahl von Faktoren trotz der Beschränkung auf zwei Ausprägungen zu einer sehr hohen Zahl erforderlicher Simulationsläufe führt. Einen möglichen Ausweg stellt hier die Anwendung des sogenannten *fraktionellen Faktor-Designs* dar, bei dem ein Teil der Läufe weggelassen wird, wobei aber wiederum die Festlegung der zu streichenden Läufe eine Herausforderung darstellt. Für eine vertiefende Darstellung von Ansätzen zum Factor Screening sei auf Law (2014, S. 649-656) verwiesen.

Dynamisches Faktor-Design

Im Unterschied zum statischen Faktor-Design ist beim dynamischen Faktor-Design vorab nicht festgelegt, wie viele und welche Parameterkonfigurationen zu prüfen sind. Soll z. B. nur der Parameter zur Beschreibung der Anzahl der Stapler variiert werden, um zu sehen, wie hoch der Durchsatz an PCs im günstigsten Fall ist (und alle anderen Parameter nicht verändert werden), so könnte die Anzahl der eingesetzten Stapler (initial) auf den Wert 1 gesetzt und solange um jeweils einen Stapler erhöht werden, bis sich keine Verbesserung des Ergebnisses mehr einstellt.

Im Unterschied zu diesem einfachen Beispiel ist in den meisten Fällen aber nicht nur ein Parameter relevant. Vielmehr sind die Werte für zwei oder mehr Parameter festzulegen. Im Folgenden werden zwei Algorithmen zum dynamischen Faktor-Design vorgestellt.

Die *Ein-Faktor-Methode* geht von einer (vermutlich) guten Konfiguration aus und betrachtet dann iterativ immer nur einen Faktor. Für diesen werden jeweils alle sinnvollen Werte (z. B. einer definierten Schrittweite für quantitative Größen folgend) iterativ überprüft, während die Werte aller anderen Parameter unverändert bleiben. Die beste Lösung wird als neue Basis genommen, und anschließend werden die Werte des nächsten Parameters variiert. Im Falle der Auslegung der Puffergrößen zwischen den Stationen der PC-Montage bedeutet dies beispielsweise, dass immer genau ein Puffer betrachtet wird, und die möglichen Puffergrößen (bei einer Schrittweite von 1 also z. B. alle Werte von 2 bis 10) überprüft werden. Für den betrachteten Puffer wird für die folgenden Untersuchungen der Wert fixiert, mit dem das bisher beste Ergebnis erreicht wurde. Sobald alle Parameter untersucht sind, wird das Verfahren wieder mit dem ersten Parameter fortgesetzt. Das Verfahren ist beendet, sobald keine bessere Lösung mehr gefunden wird.

Die *Methode des steilsten Abstiegs* („Steepest Descent") ähnelt in den Grundzügen der Ein-Faktor-Methode und ist in Abschnitt 2.5.2 als lokales Suchverfahren beschrieben. Im Unterschied zur Ein-Faktor-Methode werden in jeder Iteration alle betrachteten Parameter einmal lokal um eine definierte Schrittweite (gemäß der Nachbarschaftsdefinition) verändert, also z. B. ein Pufferplatz mehr oder weniger. Jede dieser Nachbarlösungen wird simulativ untersucht, und die beste Lösung wird als Ausgangslösung für die nächste Iteration angenommen.

Methoden des dynamischen Faktor-Designs können sowohl manuell als auch automatisiert eingesetzt werden. Im letzteren Fall erfolgen Modellparametrisierung, Durchführung von Läufen und Auswertung der Ergebnisgrößen ohne manuelle Eingriffe. Entsprechende Ansätze werden in Abschnitt 7.2 im Rahmen der simulationsunterstützten Optimierung vorgestellt.

5.5.3 Experimentdurchführung

Die in den beiden vorhergehenden Abschnitten dargestellte Vorgehensweise führt dazu, dass ein Experimentplan jeweils bis zum Ende durchgeführt wird: Alle Parameterkonfigurationen eines statischen Faktor-Designs werden simuliert bzw. das gewählte Verfahren des dynamischen Faktor-Designs terminiert, sobald keine bessere Lösung mehr gefunden wird. In der praktischen Anwendung kann es dagegen sinnvoll sein, das Experiment bereits vor Erreichen des Endes des Experimentplanes abzubrechen, etwa wenn sich bei der Simulation von Parameterkonfigurationen ein Engpass ergibt und absehbar ist, dass dieser auch bei allen folgenden Parameterkonfigurationen nicht aufgehoben werden kann.

Auch wenn der Experimentplan vollständig durchgeführt wird, kann es möglich sein, dass die Ziele nicht erreicht sind. In diesen Fällen werden in der praktischen Anwendung Simulations- und Fachexperten gemeinsam nach möglichen Ursachen für Engpässe suchen und Lösungsvorschläge zur Engpassbehebung definieren. Solche Vorschläge können zu Erweiterungen des zunächst untersuchten Parameterraumes führen, aber auch strukturelle Änderungen des Modells – hinsichtlich des Layouts oder der Steuerung – bedeuten (Erarbeitung von Modellvarianten). Bezüglich der Modellvarianten sind im Simulationsvorgehensmodell dann zwei Fälle zu unterscheiden:

- Die Modellvarianten sind bereits seit der Aufgabenspezifikation bekannt sowie im Konzeptmodell und im formalen Modell berücksichtigt. Aus Gründen des Implementierungsaufwandes waren diese Varianten (wie z. B. eine alternative Dispositionsstrategie für Stapler) bisher nicht im ausführbaren Modell umgesetzt. In diesem Fall muss im Vorgehensmodell zur Phase der Implementierung zurückgegangen werden.

- Die Modellvarianten waren nicht in der Aufgabenspezifikation oder im Konzeptmodell berücksichtigt. In diesem Fall muss die Studie erneut in der entsprechenden Phase aufsetzen.

Mit einem geänderten Modell können sich die zu untersuchenden Parameter und somit auch die zu betrachtenden Parameterkonfigurationen ändern, womit dann Folgeexperimente neu zu planen sind. Damit entsteht ein iteratives Vorgehen, das erst beendet ist, wenn die Ziele mit einer Modellvariante erreicht werden können oder die Zielerreichung im Rahmen des wirtschaftlich und technisch sinnvollen Rahmens ausgeschlossen werden kann.

Das folgende Beispiel illustriert einen solchen Rücksprung im Simulationsvorgehensmodell. Für die beispielhafte Auslegung der PC-Montage könnte das Ergebnis sein, dass der gewünschte Durchsatz für keine der in Tabelle 27 betrachteten Parameterkombinationen erreicht wird. Ein Vorschlag zur Erhöhung des Durchsatzes könnte sein, die Kapazität der DLK noch weiter zu erhöhen. Wenn sich bei genauer Analyse der untersuchten Parameterkonfigurationen dann aber zeigt, dass die Montage aufgrund von häufigen Fehlteilesituationen, die nur zwei Komponenten betreffen, immer wieder unterbrochen wird, könnte die Diskussion der Ergebnisse dazu führen, dass für die betroffenen Komponenten nicht nur ein, sondern zwei oder drei benachbarte DLK reserviert werden. Diese neuen Annahmen für das betrachtete System müssten dann in der Aufgabenspezifikation, im Konzeptmodell und im formalen Modell nachgepflegt werden, um dann im ausführbaren Modell als Strategie umgesetzt zu werden.

Ein weiterer Begriff, der in der Experimentplanung und -durchführung von Bedeutung ist, ist die Sensitivität eines Modells bei (geringfügigen) Parameteränderungen. Im Rahmen von *Sensitivitätsanalysen* wird untersucht, wie robust das Verhalten des Modells in Bezug auf solche Parameteränderungen ist. Eine derartige Prüfung ist insbesondere für Parameter interessant, deren Werte im Rahmen der Datenbeschaffung geschätzt wurden.

In unserem Beispiel könnte beispielsweise die Verfügbarkeit der Stapler bei konstanter MTTR geringfügig geändert werden, um festzustellen, wie sensibel das Modell (hinsichtlich des Durchsatzes) für Parameterkonfigurationen reagiert, die bezüglich der Zielsetzung als geeignet erachtet werden. Für die Durchführung von Sensitivitätsanalysen können dabei erweiterte Parameterkonfigurationen in einem Experimentplan aufgestellt werden (vgl. Beispiel in Tabelle 30).

Tabelle 30. Experimentplan für eine Sensitivitätsanalyse

Parameter (Faktoren)			Zusätzliche Parameter für die Sensitivitätsanalyse
Faktor 1 Anzahl Stapler	Faktor 2: Kapazität der DLK	Faktor 3: Dispositions- strategie	Verfügbarkeit Stapler
3	4	D1	95 %
3	4	D1	94 %
3	4	D1	93 %

5.5.4 Festlegung der Einschwingphase

Die *Einschwingphase*, auch als *transiente* („flüchtige") *Phase* bezeichnet, ist die Phase zu Beginn eines Simulationslaufes, in der sich die für das System nicht repräsentativen Startbedingungen des Modells noch auf die Ergebnisgrößen auswirken. Diese Einschwingphase ist allerdings nur für Modelle nicht terminierender Systeme (vgl. Abschnitt 2.2.3) relevant, da für terminierende Systeme repräsentative Startbedingungen per definitionem bekannt sind. Ein entsprechendes Modell lässt sich folglich so parametrisieren, dass der Zustand des Modells zu Beginn der Simulation dem zugehörigen Systemzustand entspricht.

Für Modelle nicht terminierender Systeme existiert hingegen kein eindeutig definierbarer Startzustand des betrachteten Systems und damit in der Regel auch kein einfach definierbarer Startzustand des zugehörigen Modells.

Zur Bestimmung der Einschwingzeit werden Ergebnisgrößen beobachtet, die zur Simulationszeit im zeitlichen Verlauf gemessen werden. Dabei wird unterstellt, dass das betrachtete Modell nach einer gewissen Zeit einen *eingeschwungenen Zustand* (*Steady State*, vgl. Robinson 2014, S. 169-171) erreicht. In diesem Zustand wird auch der beobachtete Mittelwert einer Ergebnisgröße, die als Zeitreihe erhoben wurde, einen nahezu stabilen Wert annehmen – und zwar unabhängig davon, wie der Startzustand definiert wurde.

Grundsätzlich können auch terminierende Systeme einen eingeschwungenen Zustand erreichen. Allerdings ist dessen Analyse im Regelfall nicht erforderlich, da auch die Messwerte vor Erreichen dieses eingeschwungenen Zustandes für das System ergebnisrelevant sind.

Ein Ansatz für die Festlegung des Startzustandes nicht terminierender Systeme ist, das Modell mit einem „typischen" Zustand zu initialisieren. Die wesentliche Herausforderung bei dieser Vorgehensweise besteht darin, einen solchen typischen Zustand überhaupt zu definieren. Bei vielen Simulationswerkzeugen ergibt sich darüber hinaus die Schwierigkeit, dass die Einstellung beliebiger Startzustände für Modelle technisch gar nicht möglich oder zumindest sehr aufwendig ist.

Wir wollen die Problematik eines zu definierenden Startzustandes am Beispiel der PC-Montage kurz illustrieren. Der Zustand des Systems zu Beginn einer Schicht ist dadurch gekennzeichnet, dass alle DLK einen bestimmten Füllstand besitzen, die Linie mit (halbfertigen) PCs belegt ist, einige Leerpaletten an den Montageplätzen bereitliegen und offene Transportaufträge für die Stapler vom Vortag vorliegen können. Einen solchen Zustand festzulegen, ist für ein bestehendes System vielleicht noch mit vertretbarem Aufwand möglich, wenn im laufenden Betrieb aufgezeichnete Daten verfügbar sind. Im Fall der Planung eines neuen Systems ist eine solche Festlegung aber kaum noch denkbar.

Zumeist starten Simulationsmodelle daher in einem „leeren Zustand". Beispielsweise wird auf die initiale Belegung der Montagestationen und Pufferplätze mit zu montierenden PCs verzichtet. Dies hat unmittelbar zur Folge, dass keine PCs fertiggestellt werden, bis ein PC das gesamte Modell einmal durchlaufen hat. Wenn auch alle DLK zu Beginn leer sind, müssen zunächst Komponenten dorthin angeliefert werden, bevor überhaupt mit der Montage begonnen werden kann. Weiter ist die Einschwingphase nach Ankunft des ersten fertigen PCs nicht unbedingt beendet, da zu diesem Zeitpunkt die Belegung der Puffer zwischen den Stationen sowie der DLK immer noch untypisch sein könnte. Ab einem gewissen Zeitpunkt ist aber zu erwarten, dass das Modell typische Belegungen aufweist und damit als eingeschwungen angesehen werden kann.

Erst mit Ablauf dieser Einschwingphase sind die erzielten Ergebnisse (bei Betrachtung nicht-terminierender Systeme) relevant. Folglich müssen alle Messwerte aus der Einschwingphase „abgeschnitten" werden, d. h. bei der Auswertung unberücksichtigt bleiben. Das Problem liegt nun darin, festzustellen, wann das Ende der Einschwingphase erreicht ist. Wird die Einschwingphase zu kurz gewählt, erhalten wir ein falsches Simulationsergebnis, da die Daten der Einschwingphase in die statistische Auswertung einfließen. Eine zu lange Einschwingphase führt zu vermeidbarem Rechenaufwand.

In der Literatur findet sich eine Reihe von Ansätzen zur Abschätzung der Dauer der Einschwingphase (für eine Übersicht vgl. Mahajan und Ingalls 2004). Die Basis dieser Methoden bildet immer die Entwicklung einer Ergebnisgröße als Reihe von *n* Messwerten, wie z. B. die Entwicklung des Durchsatzes im Verlauf der Simulationszeit. Diese *n* Messwerte können dabei selbst schon Mittelwerte über mehrere Replikationen sein. Wichtig ist dabei die zeitliche Bezugsgröße, mit der die Messwerte erhoben werden. Als Beispiel nehmen wir die Auslastung der Gabelstapler an, wobei die Lkw am Wareneingang überwiegend am späten Vormittag und frühen Nachmittag eintreffen. Messen wir nun die Auslastung für jede Stunde, so ist der eingeschwungene Zustand nur schlecht zu erkennen, weil die Messwerte einem zyklischen Muster folgend schwanken. Wird die Auslastung für die Bestimmung der Dauer der Einschwingphase tageweise ausgewertet, so gehen die Spitzen am Vor- und Nachmittag in den Tagesmittelwert ein, womit ein eingeschwungener Zustand über die Ergebnisgröße identifiziert werden kann (vgl. hierzu auch Law 2014, S. 542-545).

Im einfachsten Fall können die Ergebnisgrößen unmittelbar graphisch über der Zeit aufgetragen und daraus das Ende der Einschwingphase visuell abgeschätzt werden (vgl. Robinson 2014, S. 170). Im Folgenden werden zwei einfache systematische Ansätze vorgestellt, die von praktischer Relevanz sind. Bei beiden Ansätzen wird die Reihe der *n* Messwerte iterativ durchlaufen, bis das Ende der Einschwingphase gefunden ist.

Methode nach Welch (1983) Hierbei handelt es sich um eine graphische Beurteilung des gleitenden Durchschnittes. Ausgehend von einem gemäß Methode vorzugebenden Parameter *w* werden immer die Werte von *(i − w)* bis *(i + w)* aus der Gesamtzahl *n* der Werte zu einem Durchschnittswert zusammengefasst. Die Ausnahme bilden die ersten *w* Werte der Reihe, die aufgrund der geringeren Anzahl Werte links vom aktuellen *i* auf Basis einer jeweils kleineren Wertemenge ermittelt werden. In Abbildung 40 ist der Ansatz exemplarisch für *w* = 3 dargestellt. Ab *i* = 4 gehen immer sieben Werte in die Durchschnittsberechnung ein, wobei insgesamt *n − w* Werte erzeugt werden. Als Ende der Einschwingphase wird nach der Methode von Welch dann der mit dem Index *i* verbundene Zeitpunkt genommen, ab dem die Durchschnittswerte konvergieren oder zyklisch auftretende Muster in der Entwicklung der betrachteten Größen erkennbar sind. Wie der Abbildung 40 zu entnehmen ist, könnte die Einschwingphase mit *i* = 9 beendet sein.

Regel nach Conway (1963) Das Ende der Einschwingphase ist dann erreicht, wenn der aktuelle Wert der Reihe weder das Minimum noch das Maximum der „restlichen" Reihe darstellt. In Abbildung 40 ist für *i* = 1, 2 und 3 der zugehörige Wert jeweils das Minimum der restlichen Reihe, jeweils beginnend mit *i*. Für das Beispiel wäre die genannte Regel das erste

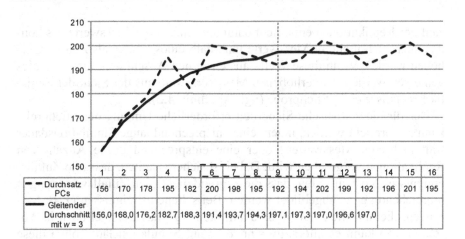

Abb. 40. Bestimmung des gleitenden Durchschnittes nach Welch für eine Messreihe mit 16 Werten

Mal für $i = 4$ erfüllt, da der Wert von 195 weder das Minimum (182 für $i = 5$) noch das Maximum (202 für $i = 12$) der restlichen Reihe darstellt.

Abschließend sei darauf hingewiesen, dass mit den beschriebenen Methoden die Dauer der Einschwingphase nicht sicher abzuleiten ist. Beispielsweise können Modelle auch temporär stabile Zustände einnehmen, obwohl die Einschwingphase noch nicht beendet ist. In diesem Fall besteht immer die Gefahr, dass ein Zwischenzustand als eingeschwungener Zustand bewertet und damit die Einschwingphase zu kurz gewählt wird. Auch die Wahl der betrachteten Ergebnisgröße kann Einfluss auf die ermittelte Dauer haben: Unter Umständen kann etwa die Messgröße „Ausbringungsmenge" früher als die Messgröße „Durchlaufzeit" auf einen eingeschwungenen Zustand hindeuten.

5.5.5 Festlegung von Simulationsdauer und Anzahl Replikationen

Nach der Bestimmung der Einschwingphase wenden wir uns jetzt der Bestimmung der Simulationsdauer und der Anzahl erforderlicher Replikationen zu. Die Simulationsdauer einzelner Läufe kann dynamisch durch ein bestimmtes Endereignis, wie z. B. „alle Aufträge eines Tages fertiggestellt", oder statisch durch ein zeitbezogenes Ereignis, wie z. B. „Ende nach Fortschreibung der Zeit für eine Woche", definiert sein. Mit Festlegung der Simulationsdauer ist aber nicht gesagt, wie viele Messwerte während eines Laufes erhoben werden. Im einfachsten Fall wird mit jedem Lauf ein Messwert für eine betrachtete Ergebnisgröße generiert. Die Anzahl der Replikationen entspricht dann der Anzahl der Messwerte. Es können aber auch mehrere Messwerte innerhalb eines Laufes als Zeitreihe erhoben werden, wenn diese Werte aus einzelnen Abschnitten dieses Laufes gemessen werden. Die erhobenen Messwerte sind aus der Sicht der Statistik Ergebnisse einer Stichprobe (vgl. Abschnitt 4.2).

Der für die statistische Sicherheit erforderliche Umfang der Stichprobe kann nur erreicht werden, indem eine entsprechend lange Simulationsdauer (mit mehreren Messwerten) oder eine entsprechend große Anzahl von Replikationen vorgesehen wird. Dabei ist sicherzustellen, dass alle Zufallsereignisse so oft auftreten, dass die zugrundeliegenden Zufallsverteilungen hinreichend genau abgebildet werden. Bei seltenen Ereignissen (z. B. Störungen, die nur alle zwei Monate auftreten; vgl. das Beispiel dazu in Abschnitt 4.9) kann es alternativ sinnvoll sein, Simulationsläufe ohne diese Ereignisse durchzuführen und dann die seltenen Zufallsereignisse gezielt separat zu analysieren (vgl. Wenzel et al. 2008, S. 143-144).

In Abschnitt 4.5 wurden Konfidenzintervalle eingeführt, die über die Auswertung der Stichprobe die Schätzung eines Intervalls ermöglichen, in dem der Erwartungswert mit vorgegebener Irrtumswahrscheinlichkeit liegt. Dabei ist die Frage nach der Simulationsdauer bzw. der Anzahl zu ermittelnder Messwerte eng verbunden mit der Frage nach der Ungenauigkeit der Schätzung, die der Anwender bereit ist zu akzeptieren. In der Tendenz kann davon ausgegangen werden, dass bei größerer Simulationsdauer und größerem Stichprobenumfang die Ungenauigkeit sinkt, weil das Konfidenzintervall kleiner wird.

Als einfaches Beispiel können wir die 16 Messwerte aus Abbildung 40 als Basis für eine Auswertung heranziehen. In Abbildung 41 sind die Konfidenzintervalle für unterschiedliche Stichprobenumfänge mit einem Signifikanzniveau von 99 % dargestellt. Für acht (unabhängige) Messwerte ($i = 6$ bis $i = 13$ aus Abb. 40) ergibt sich ein Intervall von [193,06; 199,94]. Werden weitere drei Werte in die Berechnung des Konfidenzintervalls einbezogen (also bis $i = 16$), so ist der neue Mittelwert für elf Messwerte etwas geringer. Das zugehörige Konfidenzintervall, gegeben durch [194,01; 199,44], ist 1,45 Einheiten kleiner als für acht Messwerte. Wie eingangs bereits thematisiert stellt sich nun die Frage, ob eines dieser Intervalle für das Ziel der Studie bzw. für den Vergleich von Ergebniswerten hinreichend klein ist. Besteht das Ziel der Studie darin, einen Mindestdurchsatz von 195 PCs (im Mittel) zu erreichen, so wäre die Anzahl erhobener Messwerte noch zu gering, da für alle Intervalle die untere Grenze kleiner als der geforderte Wert ist. Wir können also gerade nicht mit der gewünschten Sicherheit von 99 % sagen, dass der Erwartungswert für den Durchsatz an PCs größer als 195 ist.

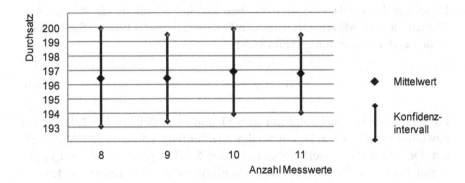

Abb. 41. Konfidenzintervalle für unterschiedliche Stichprobenumfänge (Anzahl Messwerte)

Im Umgang mit Konfidenzintervallen können dabei zwei Probleme auftreten. Neben der bereits skizzierten Problematik, dass die Konfidenzintervalle zu groß sind, könnte die vorausgesetzte Unabhängigkeit der Messwerte nicht gegeben sein. Beiden Aspekten wenden wir uns im Folgenden zu.

Ansätze zur Verkleinerung der Konfidenzintervalle Ist die gewünschte Ergebnisgenauigkeit nicht gegeben, so besteht ein erster Ansatz darin, *eine höhere Anzahl an Messwerten* zu erheben. Der Stichprobenumfang sollte dabei natürlich schon zu Beginn der Experimentdurchführung so festgelegt werden, dass eine geforderte Ergebnisgenauigkeit möglichst gesichert ist. Das Ziel kann formal so definiert werden, dass die linke und die rechte Grenze des resultierenden Konfidenzintervalls nicht mehr als $2 \cdot a$ auseinanderliegen sollen. Eine Vorgabe von $a = 0{,}5$ bedeutet beispielsweise, dass das Intervall (um den Mittelwert) einen Bereich von maximal einer Einheit umfasst. Basierend auf Formel 4.41 in Abschnitt 4.5 gilt dies genau dann, wenn gilt:

$$a = z_{1-\alpha/2} \cdot \frac{s}{\sqrt{n_2}} \tag{5.4}$$

Hierbei gibt n_2 die Anzahl der ermittelten Messwerte an. Zur Bestimmung von n_2 bietet sich an, zunächst n_1 Messwerte zu generieren. Dann wird b wie folgt definiert:

$$b = z_{1-\alpha/2} \cdot \frac{s}{\sqrt{n_1}} \tag{5.5}$$

Dabei sei $b > a$ (da wir für $b \leq a$ bereits eine ausreichende Anzahl von Werten hätten). Mittels Division von Formel 5.4 durch Formel 5.5 und anschließender Umformung ergibt sich:

$$n_2 = n_1 \cdot \frac{b^2}{a^2} \qquad (5.6)$$

Für das obige Beispiel folgt mit $n_1 = 11$ und zugehörigem $b = 2{,}71$ für ein gewünschtes $a = 0{,}5$ z. B. ein Stichprobenumfang von $n_2 = 324$ Messwerten. Der Wert für n_2 stellt dabei nur einen Schätzwert dar und wird in der Regel auch nur für eine Parameterkonfiguration eines Experimentes bestimmt, aber für alle Konfigurationen angewendet. Er sollte daher vor Durchführung der Simulationsläufe überprüft und ggf. angepasst werden. Im Ergebnis sind entweder n_2 Replikationen für jede Parameterkonfiguration durchzuführen, oder die Länge eines Simulationslaufes ist so zu wählen, dass unter Berücksichtigung der Einschwingzeit n_2 Werte innerhalb eines Simulationslaufes (als Zeitreihe) erhoben werden können. Formel 5.6 unterstreicht, dass die Breite des Konfidenzintervalls und der Stichprobenumfang in einer quadratischen Abhängigkeit stehen. Soll das Konfidenzintervall beispielsweise um den Faktor 10 verkleinert werden, ist ein hundertfach größerer Stichprobenumfang erforderlich.

Neben dem Ansatz, schlichtweg eine höhere Anzahl an Messwerten zu generieren, kann auch versucht werden, die *Varianz der Ergebniswerte zu reduzieren*. Sind die Werte weniger stark gestreut, so sind auch die Konfidenzintervalle kleiner. In L'Ecuyer (2007) sind fünf Ansätze der *Varianzreduktion* beschrieben, von denen wir hier zwei vorstellen, die mit einigen der gängigen Simulationswerkzeuge angewendet werden können.

Der erste Ansatz besteht darin, für jeden Verbraucher von Zufallszahlen einen eigenen Strom zu verwenden, also in der Nutzung von *Common Random Numbers*, vgl. Abschnitt 4.8.3). Dieser Ansatz ist für den Vergleich von Parameterkonfigurationen ähnlicher Modelle relevant: Werden die Ergebnisse aus jeweils n Replikationen für eine Ergebnisgröße Y für zwei Parameterkonfigurationen (als Y^1 und Y^2 bezeichnet) miteinander verglichen, um den Unterschied festzustellen, so interessieren wir uns für die Ergebnisgröße $D = Y^2 - Y^1$. Die Varianz der Größe D ergibt sich unter Anwendung der Rechenregeln für die Varianz von Summen von zwei Zufallsvariablen (vgl. Fahrmeir et al. 2016, S. 328) als:

$$V(D) = V(Y^1) + V(Y^2) - 2 \cdot Cov(Y^1, Y^2) \qquad (5.7)$$

Soll die Varianz von D minimiert werden, so muss die Kovarianz von Y^1 und Y^2 entsprechend maximiert werden. Berechnet man nun für alle n

Replikationen $d_i = y_i^1 - y_i^2$, und basieren die Ergebnisse für jedes i-te Paar von Läufen auf identischen Zufallszahlen für alle Verbraucher, so kann davon ausgegangen werden, dass das „Rauschen" durch die Zufallseinflüsse für jeden Verbraucher in beiden Simulationsläufen nahezu identisch ist (die Kovarianz von Y^1 und Y^2 also groß ist) und die festgestellten Unterschiede in den Ergebnissen tatsächlich auf die unterschiedlichen Parameterwerte zurückzuführen sind. Die Voraussetzung für die Anwendung dieses Ansatzes ist, dass das eingesetzte Simulationswerkzeug die Verwendung unterschiedlicher Zufallszahlenströme erlaubt. Wenn das möglich ist, liegt es zumeist in der Verantwortung der Simulationsfachleute, die Zufallszahlenströme den Verbrauchern von Zufallszahlen im Modell geeignet zuzuordnen. In vielen Fällen kann dann empirisch die zur Varianzreduktion erforderliche positive Kovarianz festgestellt werden.

Der zweite Ansatz besteht in der Verwendung *antithetischer Variablen*. Die Idee der Varianzreduktion mit antithetischen Variablen besteht darin, jeweils Paare von Simulationsläufen durchzuführen. Im ersten Lauf wird dabei für jeden Zufallszahlenstrom die Zufallszahl U aus dem Intervall [0; 1] gezogen, im zweiten Lauf wird dann jeweils $(1 - U)$ verwendet. Im ersten Lauf werden Beobachtungswerte für eine Ergebnisgröße Y^1 und im zweiten Lauf Beobachtungswerte für eine Ergebnisgröße Y^2 erzeugt. Beide haben den identischen Mittelwert und die identische empirische Varianz. Für eine Ausgangsgröße Y, die definiert wird als $1 / 2 \cdot (Y^1 + Y^2)$ ergibt sich unter Anwendung der gleichen Rechenregeln wie bei Formel 5.7 die Varianz als:

$$V(Y) = \frac{1}{2}V(Y^1) + \frac{1}{2}V(Y^2) + Cov(Y^1, Y^2) \qquad (5.8)$$

Wenn also Y^1 und Y^2 negativ korreliert sind, dann hat Y eine kleinere Varianz als die beiden Ausgangsvariablen. Bei gleicher Gesamtzahl an Replikationen ergeben sich im Vergleich zur Durchführung von Läufen ohne Nutzung antithetischer Variablen somit auch (in der Tendenz) kleinere Konfidenzintervalle. Empirische Ergebnisse zeigen, dass geringe Beobachtungswerte Y^1 im ersten Lauf oftmals mit hohen Beobachtungswerten Y^2 im korrespondierenden zweiten Lauf einhergehen und umgekehrt, womit sich die gewünschte negative Kovarianz ergibt.

Ansätze zur Sicherstellung unabhängiger Stichprobenwerte Bei Modellen terminierender Systeme liefert jedes Zeitintervall, für das die gleiche Ausgangssituation vorliegt, für jede untersuchte Messgröße einen unabhängigen Stichprobenwert. Dabei spielt es keine Rolle, ob die n Messwerte mittels eines einzigen, sich über n gleich lange Zeitintervalle erstreckenden Simulationslaufes, oder durch n Simulationsläufe (Replikationen) über jeweils das gleiche Zeitintervall erhoben werden. Im ersten Fall bilden die Messwerte zwar Zeitreihenwerte, die gleichen Startbedingungen pro Zeitintervall sorgen jedoch für Unabhängigkeit. Anders verhält es sich bei Modellen nicht terminierender Systeme. Hier können die Werte einer Zeitreihe (im Unterschied zu einzelnen Messwerten, die durch Replikationen gewonnen werden) möglicherweise autokorrelieren, d. h. die Bedingung für die Berechnung von Konfidenzintervallen hinsichtlich unabhängiger Stichprobenwerte wäre verletzt (vgl. Abschnitt 4.5).

Bei der Generierung von Messwerten als Zeitreihe ist also zunächst sicherzustellen, dass keine Autokorrelation vorliegt (vgl. den Test auf Autokorrelation in Abschnitt 4.6), oder es ist Formel 4.45 für die Berechnung der Konfidenzintervalle anzuwenden. Wenn davon ausgegangen werden muss, dass die Werte autokorreliert sind, so existieren grundsätzlich zwei Vorgehensweisen, diese Autokorrelation aufzuheben:

- Erhebung der n Messwerte über n Replikationen: Damit werden grundsätzlich unabhängige Stichprobenwerte generiert. Allerdings erhöht sich der Aufwand, da auch die Einschwingphase n-mal durchlaufen wird.
- Batchbildung: Das Ziel der Vorgehensweise ist, aus autokorrelierten Messwerten einer Zeitreihe Werte zu generieren, für die keine Autokorrelation mehr festgestellt werden kann. Ein Batch besteht dabei aus b direkt aufeinander folgenden Messwerten der betrachteten Zeitreihe. Für $b = 3$ werden also z. B. die Batches $\{x_1, x_2, x_3\}$, $\{x_4, x_5, x_6\}$, ... gebildet. Aus jedem Batch wird jetzt genau ein neuer Messwert als Mittelwert der Einzelwerte des Batches berechnet. Aus einer ursprünglichen Messreihe von 300 Messwerten bleiben also 100 Messwerte für statistische Analysen übrig, sofern diese sogenannten Batch-Mittelwerte nicht erneut autokorreliert sind. Sind die resultierenden Messwerte immer noch autokorreliert, so können entweder die Batchgröße b erhöht oder einige Batches systematisch gestrichen werden (z. B. jeder zweite oder dritte Batch).

Welche Strategie sinnvoller ist, hängt im Einzelfall von der Länge der Einschwingphase, der Batchgröße b sowie dem geforderten Stichprobenumfang ab. Unter Verwendung der benötigten Rechenzeiten für die Einschwingphase sowie für die Ermittlung eines einzelnen Messwertes kann der Aufwand der beiden Ansätze miteinander verglichen und ein Ansatz ausgewählt werden.

5.6   Experimentauswertung

Als Ergebnis der Experimentdurchführung liegen Ergebniswerte vor, die durch geeignete Festlegung von Einschwingdauer, Simulationsdauer und Anzahl Replikationen statistisch valide Ergebnisse erwarten lassen. Vergleichbar mit der Aufbereitung von Rohdaten (vgl. Abschnitt 5.4.4) sind diese Ergebnisdaten durch Verdichtung, Filtern und Verknüpfung so aufzubereiten, dass sie zur Lösung der Aufgabenstellung herangezogen werden können und beispielsweise vorab definierte Hypothesen stützen oder widerlegen.

Generell sind vor allem diejenigen Auswertungen relevant, mit denen die Zielerreichung unmittelbar bewertet werden kann. Daneben werden in aller Regel zusätzliche Auswertungen benötigt, um z. B. vermutete Engpässe mit Zahlen belegen zu können. Weiter können Auswertungen helfen, Zusammenhänge und Abläufe überhaupt erst einmal nachvollziehbar, erklärbar und verständlich zu machen. Diese zusätzlichen Auswertungen sind in der Simulationspraxis oftmals nach Bedarf durchzuführen, da Engpässe oder Erklärungsbedarf vorab in vielen Fällen gerade nicht bekannt sind.

Für Auswertungen sind grundsätzlich Kennzahlen heranzuziehen und für alle Beteiligten einer Simulationsstudie geeignet aufzubereiten. Abschnitt 5.6.1 behandelt die statistische Auswertung der Ergebnisse. Dabei gehen wir auf die Frage ein, welche Lage- und Streuungsmaße betrachtet werden sollten und verdeutlichen noch einmal die Bedeutung der Auswertung von Kennzahlen im Zeitverlauf (vgl. hierzu auch Abschnitt 2.6.2). Bezüglich der schließenden Statistik stellen wir mit Blick auf den Vergleich unterschiedlicher Parameterkonfigurationen die Bildung von Paired-t-Konfidenzintervallen vor. Der Abschnitt 5.6.2 befasst sich mit unterschiedlichen Formen der Visualisierung, die im Rahmen einer Simulationsstudie zur Darstellung von Simulationsergebnissen oder auch zur Verdeutlichung des Modellverhaltens angewandt werden.

5.6.1   Statistische Auswertung der Ergebnisse

Auswertungen von Simulationsläufen lassen sich danach unterscheiden, ob sie sich auf eine Parameterkonfiguration beziehen (Einzelauswertung) oder ob die Ergebnisse unterschiedlicher Parameterkonfigurationen miteinander verglichen werden (konfigurationsübergreifende Auswertungen). Im Folgenden wenden wir uns zunächst den Einzelauswertungen zu und werden hier aufzeigen, warum eine Auswertung von Kennzahlen im Zeitverlauf erforderlich ist. Anschließend befassen wir uns mit konfigurationsübergreifenden Auswertungen.

Welche Kennzahlen für die Auswertungen herangezogen werden sollten, hängt maßgeblich vom Ziel der Simulationsstudie ab. Eine Übersicht über typische Kennzahlen in Produktion und Logistik gibt Abschnitt 2.6. Wie erläutert, könnten diese für unsere PC-Montage beispielsweise der Durchsatz an PCs, die Durchlaufzeit der PCs durch die Montagelinie sowie die Auslastung der Montagestationen und Stapler sein.

Erste Hinweise, welche Lage- und Streuungsmaße pro Kennzahl auszuwerten sind, gibt die deskriptive Statistik (vgl. Abschnitt 4.2). Eine der wesentlichen Größen, die bei Einzelauswertungen von Simulationsläufen mit Replikationen bzw. bei entsprechenden Zeitreihen betrachtet wird, ist der Mittelwert. Für die PC-Fertigung ist insbesondere die mittlere Ausbringung pro Zeiteinheit (beispielsweise pro Stunde) interessant, die sich als Mittelwert der erfassten Werte pro simulierter Stunde ergibt. Standardabweichung, minimaler Wert und maximaler Wert sind weitere Lage- und Streuungsmaße der deskriptiven Statistik, die in diesem Zusammenhang ausgewertet werden sollten, um zu ermitteln, wie stark die betrachteten Ergebnisse Schwankungen ausgesetzt sind. Mit Hilfe der multivariaten Beschreibungsmittel der deskriptiven Statistik lassen sich Hinweise auf Korrelationen ableiten, die aus Anwendungssicht relevant sind, wie z. B. eine positive Korrelation zwischen der Anzahl eingesetzter Stapler und dem Durchsatz der PC-Montage. Ob eine solche positive Korrelation tatsächlich vorliegt, ist dann durch Verfahren der schließenden Statistik zu prüfen (vgl. Abschnitt 4.6).

In Ergänzung zu den Lage- und Streuungsmaßen werden für die Ressourcen, deren Kapazität mittels der Simulation bestimmt werden soll, zudem die relativen Häufigkeiten der Zustandsbelegung ausgewertet. Das Diagramm a) in Abbildung 42 zeigt exemplarisch die Zustandshäufigkeiten für zwei Gabelstapler aus unserem Beispiel.

Neben den aggregierten Werten über die Gesamtsimulationszeit ist es typischerweise erforderlich, auch den zeitlichen Verlauf – im Sinne einer Zeitreihe – der entsprechenden Kennzahlen auszuwerten und darzustellen. Das lässt sich gerade am Beispiel der Zustandshäufigkeiten verdeutlichen. Zwar warten die Stapler im Durchschnitt 25 % der Zeit, aber wie Diagramm b) in Abbildung 42 am Beispiel von Stapler 1 verdeutlicht, gibt es Phasen, in denen ein Auslastungswert von 95 % und mehr erreicht wird. Die alleinige Orientierung am aggregierten Wert kann also leicht zu falschen Schlüssen führen.

Mit der Auswertung der Entwicklung von Kennzahlen über die Zeit sind weitere Ziele verbunden:

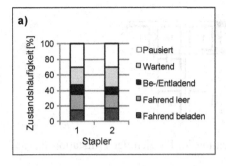
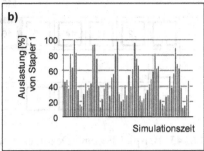

Abb. 42. Diagramme für (a) Zustandshäufigkeiten aggregiert und (b) Auslastung von Stapler 1 im Zeitverlauf

- Schwankungen können besser dargestellt und in Relation zu Parametern des Modells, wie z. B. Schichtplänen für Ressourcen, gesetzt werden. Die großen Schwankungen in Diagramm b) könnten beispielsweise durch die Schichtpausen von Stapler 1 oder auch durch fest über den Tag verteilte Lkw-Ankunftszeiten hervorgerufen sein.
- Trends und Ausreißer können erkannt und ggf. in einem weiteren Schritt über Verfahren der *Trendanalyse* weiter ausgewertet werden. Insbesondere ist es wichtig, zu analysieren, ob sich für die Belegung der im Simulationsmodell enthaltenen Puffer ein Trend erkennen lässt, ob sich also diese Puffer im Simulationsverlauf systematisch füllen oder leeren. Ein solches Verhalten kann ein Hinweis auf fehlerhaftes Modellverhalten sein. Bei Hedderich und Sachs (2016) finden sich Beispiele für einen Test auf Ausreißer (S. 469) und für einen einfachen Trendtest (S. 488).
- Deadlock-Situationen („Verklemmungen") im Material- oder Informationsfluss können in Darstellungen der zeitlichen Entwicklungen von Kennzahlen leichter erkannt werden. Eine Deadlock-Situation ist dadurch gekennzeichnet, dass mehrere Prozesse (z. B. der Weitertransport einzelner Fördergüter auf einer Fördertechnik) wechselseitig aufeinander warten. Ein Indiz für eine Deadlock-Situation könnte z. B. sein, dass der Durchsatz von einem Wert zum nächsten einer Zeitreihe auf den Wert Null sinkt. Abbildung 43 zeigt ein einfaches Beispiel für einen Deadlock. PC11 hat die Prüfung auf Station „P2" nicht bestanden und wartet nun darauf, dass PC 10 den Pufferplatz verlässt, PC10 wartet entsprechend auf PC9, usw., und PC12 wartet schließlich darauf, dass PC11 seinen aktuellen Platz verlässt, womit sich der Kreis schließt.

Für den Vergleich unterschiedlicher Parameterkonfigurationen sind über die bislang in diesem Abschnitt diskutierten Einzelauswertungen hinaus auch konfigurationsübergreifende Auswertungen erforderlich. So sind bei-

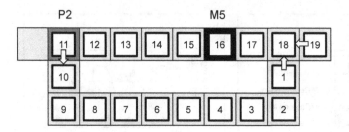

Abb. 43. Beispiel für eine Deadlock-Situation im Bereich der Prüfstation P2 und Montagestation M5

spielsweise die mit den einzelnen Konfigurationen erzielten Durchsätze einander gegenüberzustellen. Soll im Rahmen der Aufgabenstellung bewertet werden, ob vier Stapler zu einem höheren Durchsatz als drei Stapler führen, so ist es für die Bewertung nicht ausreichend, die beiden Mittelwerte miteinander zu vergleichen. Aus statistischer Sicht muss vielmehr geprüft werden, ob die beiden Parameterkonfigurationen zu signifikant unterschiedlichen Ergebnissen führen.

Ein wichtiges Hilfsmittel stellen hier Konfidenzintervalle dar (vgl. Abschnitt 4.5). So kann z. B. analysiert werden, in welcher „Beziehung" die beiden Konfidenzintervalle zueinander stehen. Im besten Fall überschneiden sich die beiden Intervalle nicht. Damit gilt für das Beispiel des Vergleiches von drei und vier Staplern unter Berücksichtigung der Irrtumswahrscheinlichkeit, dass der Erwartungswert für den Durchsatz bei Einsatz von vier Staplern größer ist als bei Einsatz von drei Staplern. Problematisch gestaltet sich eine entsprechende Bewertung, wenn sich die Konfidenzintervalle überschneiden. Für diesen Fall kann gerade nicht die Aussage getroffen werden, dass der eine Erwartungswert höher als der andere ist (wiederum unter Berücksichtigung der Irrtumswahrscheinlichkeit).

Zur Verdeutlichung greifen wir erneut das Beispiel des vorangegangenen Abschnittes auf. Neben der dort betrachteten Messreihe legen wir eine zweite Messreihe zugrunde. Für die Parameterkonfiguration mit vier Staplern wurden für den Durchsatz pro Schicht die Messwerte a_1, ..., a_n erhoben, für die Parameterkonfiguration mit drei Staplern die Werte b_1, ..., b_n. Die Einzelwerte sowie die Mittelwerte sind in Tabelle 31 dargestellt. In Abbildung 44 sind die Ergebnisse visualisiert. Bei Betrachtung von nur acht Messwerten überschneiden sich die Konfidenzintervalle der beiden Alternativen, sodass sich nicht sagen lässt, ob sich die Mittelwerte signifikant unterscheiden. Für elf Messwerte überschneiden sich die Konfidenzintervalle hingegen nicht, sodass sich nunmehr aus dem Vergleich der Konfidenzintervalle ein signifikanter Unterschied der Mittelwerte ableiten lässt. Eine ausführliche Diskussion zur Interpretation der Lage von Konfi-

Tabelle 31. Werte für den Durchsatz (Anzahl PCs pro Schicht) aus zwei Messreihen für ein Paired-t-Konfidenzintervall

Messreihe	1	2	3	4	5	6	7	8	9	10	11	Mittelwert (1-8)	Mittelwert (1-11)
4 Stapler (a_i)	200	198	195	192	194	202	199	192	196	201	195	196,500	196,727
3 Stapler (b_i)	187	191	192	189	197	195	185	191	189	188	192	190,875	190,545
$z_i = a_i - b_i$	13	7	3	3	−3	7	14	1	7	13	3	5,625	6,182

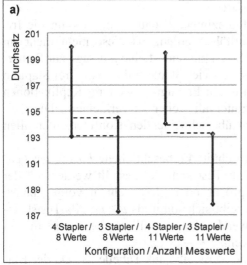 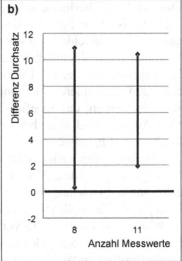

Abb. 44. Diagramme für (a) Konfidenzintervalle der einzelnen Messreihen und (b) Paired-t-Konfidenzintervalle

denzintervallen zueinander findet sich z. B. in Janczyk und Pfister (2015, S. 72-73).

Für den direkten Vergleich von zwei Parameterkonfigurationen (Alternativen) schlägt Law (2014, S. 560-565) die Bildung eines Konfidenzintervalls basierend auf einer paarweisen Auswertung aller Einzelwerte a_i und b_i (*Paired-t-Konfidenzintervall*) vor. Zunächst wird mit $z_i = a_i - b_i$ für alle $i = 1, 2, ..., n$ eine neue Reihe von Werten festgelegt (vgl. Tabelle 31), für die anschließend ein Konfidenzintervall berechnet wird.

Da dieses Konfidenzintervall die Differenz der Messwerte a_i und b_i bewertet, unterscheiden sich die Erwartungswerte der beiden Alternativen mit der angegebenen Sicherheit genau dann, wenn die linke Grenze des

Intervalls größer oder die rechte Grenze des Intervalls kleiner Null ist. Sind beide größer Null, so stellt die linke Grenze im angegebenen Beispiel den Betrag dar, mit dem der Durchsatz an PCs bei Einsatz von vier Staplern mindestens höher ist als bei Einsatz von drei Staplern (erneut unter Berücksichtigung der Irrtumswahrscheinlichkeit). Dieser Argumentation folgend kann keine Überlegenheit einer der beiden Alternativen festgestellt werden, wenn der Wert Null im Konfidenzintervall enthalten ist.

Wie Abbildung 44 zu entnehmen ist, überschneiden sich die Konfidenzintervalle der beiden Alternativen bei Berücksichtigung von acht Messwerten deutlich. Das entsprechende Paired-t-Konfidenzintervall lässt hingegen bereits die Aussage zu, dass die Alternative mit vier Staplern mit der entsprechenden Sicherheit überlegen ist.

Ist die Null im Paired-t-Konfidenzintervall enthalten, so kann die Irrtumswahrscheinlichkeit soweit erhöht werden, bis diese nicht mehr im Konfidenzintervall enthalten ist. So ist zumindest eine Aussage zur Sicherheit gegeben, mit der der Einsatz von vier Staplern dem von drei Staplern überlegen ist. Andererseits kann durch Erzeugung weiterer Replikationen versucht werden, das Konfidenzintervall weiter zu verkleinern. Die gleichen Ansätze sind auch bei sich überschneidenden Konfidenzintervallen für die a_i und b_i verwendbar.

Alternativ kann auch der in Abschnitt 4.6 beschriebene *Einstichproben-t-Test* genutzt werden. Mit diesem Test kann festgestellt werden, ob der unbekannte Erwartungswert μ größer oder gleich einem vorgegebenen Wert μ_0 ist. Die Nullhypothese ergibt sich somit als $\mu \geq \mu_0$. Als Teststatistik wird T aus Formel 4.45 verwendet. Diese Nullhypothese wird für ein Signifikanzniveau α abgelehnt, wenn $T < -t_{n-1,\,1-\alpha}$ ist.

Als Beispiel verwenden wir die Messreihe aus Tabelle 31. Da der Einstichproben-t-Test $n > 30$ voraussetzt, nutzen wir eine erweiterte Messreihe mit $n = 40$ Werten für den Durchsatz bei Einsatz von vier Staplern (Tabelle 32) und setzen (als Mindestdurchsatz) $\mu_0 = 195$. Aus den Werten in der Tabelle ergibt sich $\bar{x} = 195{,}9$ als Schätzer für $\bar{X}$ und $s = 3{,}572$ als Schätzer für S sowie folglich die Teststatistik $T = 1{,}57$. Bei einem Signifikanzniveau $\alpha = 0{,}05$ erhalten wir einen Vergleichswert von $-t_{39,\,0{,}95} = -1{,}685$. Da die Teststatistik nicht kleiner als dieser Vergleichswert ist, wird die Nullhypothese nicht abgelehnt.

Betrachten wir die Formel 4.45 zur Bestimmung von T erneut, so ist erkennbar, dass wir die Nullhypothese für den betrachteten Fall niemals ablehnen, sofern $\bar{x} \geq \mu_0$, da T dann keinen negativen Wert mehr annehmen und $T < -t_{n-1,\,1-\alpha}$ somit nicht eintreten kann. Von daher ist es in unserem Beispiel geboten, als Nullhypothese zu formulieren, dass der Durchsatz nicht erreicht wird (also die Hypothese $H_0: \mu \leq \mu_0$), in der Hoffnung, diese

Tabelle 32. Werte für den Durchsatz (Anzahl PCs pro Schicht) aus einer Messreihe (vier Stapler) für einen t-Test

200	198	195	192	194
202	199	192	196	201
195	201	190	195	202
191	199	190	201	198
192	198	194	193	197
200	192	195	194	198
201	194	198	193	199
192	195	191	194	195

Hypothese ablehnen zu können. Die Nullhypothese wird abgelehnt, wenn gilt $T > t_{n-1,\,1-\alpha}$. Tatsächlich gilt hier $T = 1{,}57 \leq t_{n-1,\,1-\alpha} = 1{,}685$. Wir können die Nullhypothese also nicht ablehnen und insofern nicht mit hinreichender Sicherheit erwarten, dass der Durchsatz nicht kleiner ist als der Zielwert. Während der erste Test also in unserem Sinne ausgeht, ist dies im zweiten Fall nicht gegeben. Aus diesem Beispiel lässt sich erkennen, dass bei der Festlegung der geeigneten Nullhypothese bei einseitigen Tests erhöhte Sorgfalt angebracht ist.

5.6.2 Visualisierung der Ergebnisse

Wie bereits in den Ausführungen des vorherigen Abschnittes erkennbar ist, werden im Rahmen der statistischen Auswertung von Simulationsergebnissen unterschiedliche Visualisierungen erstellt, damit die aus den Ergebnisdaten abzuleitenden Informationen den an einer Simulationsstudie beteiligten Personen transparent werden. Die Erstellung einer geeigneten und vollständigen Visualisierung eines bestimmten Informationsgehaltes aus einem Datensatz ist in vielen Fällen nicht trivial und soll an dieser Stelle noch einmal vertiefend behandelt werden.

Für die Ergebnisauswertung ist grundsätzlich eine expressive, effektive und angemessene Visualisierung der Ergebnisse (vgl. VDI 2009) wichtig. *Expressivität* bedeutet in diesem Zusammenhang, dass die in den Daten enthaltenen Informationen unverfälscht wiedergegeben werden. Eine nicht expressive Visualisierung besteht beispielsweise, wenn bei der Visualisierung diskreter Messwerte ein kontinuierlicher Kurvenverlauf dargestellt wird. Dies ist etwa der Fall, wenn diskrete Messwerte linear miteinander verbunden werden, obwohl kein derartiger Zusammenhang zwischen den

Messwerten besteht. Die *Effektivität* bezieht sich auf das Verstehen der durch die gewählte Visualisierung angestrebten Aussage durch den Betrachter. Die zu visualisierenden Informationen müssen möglichst intuitiv verstanden werden. Beispielsweise können fehlende Legenden oder ungünstig gewählte Farben oder Symbole das intuitive Verständnis stark beeinträchtigen und möglicherweise zu einer Fehlinterpretation der Ergebnisse führen. Die *Angemessenheit* stellt Aufwand und Nutzen bei der Erstellung der Visualisierung und ihrer Interpretation ins Verhältnis. Beispielsweise ist die (in diesem Fall überdimensionierte) Visualisierung eines Simulationsmodells als begehbares Virtual-Reality-Modell (VR-Modell) mit eingeblendeten Auslastungsgraden der Gabelstapler nicht angemessen, wenn ein Vergleich der Auslastungsgrade erfolgen soll und somit die Balkendiagramme zur Durchführung des Vergleichs ausreichen. Im Umkehrschluss kann auch eine zu einfache Form der Visualisierung nicht angemessen sein: So ist die Darstellung der prozentualen Belegung einer Pufferstrecke nicht angemessen, wenn relevant ist, in welcher Reihenfolge die Teile im Puffer stehen. Angemessenheit bezieht sich allerdings nicht nur auf den Aufwand der Erstellung, sondern vor allem auch auf den Aufwand bei der Interpretation. Eine vergleichende Darstellung der Auslastungsgrade in einem Diagramm ist einfacher und schneller zu interpretieren als das sukzessive Interagieren mit den Gabelstaplern im VR-Modell, um die entsprechenden Kennzahlen zu erhalten.

Grundsätzlich kann wie in Abschnitt 2.4 dargestellt zwischen *statischen* und *dynamischen* Visualisierungen unterschieden werden. Eine sehr einfache statische Visualisierung ist die Darstellung von Simulationsergebnissen in Form von Tabellen (vgl. z. B. Tabelle 31). Zu den statischen *graphischen* Visualisierungen von Simulationsergebnissen zählen die auch aus der deskriptiven Statistik bekannten Diagramme (vgl. Abschnitt 4.2), um zum Beispiel prozentuale Zustandsanteile darzustellen (vgl. Abb. 42, Fall a), sowie *Box-Plots* (Abb. 45) oder auch Diagramme, die Zusammenhänge vergleichend darstellen (vgl. Abb. 44). Zur Verdeutlichung mengenmaßstäblicher Darstellungen z. B. von Transportströmen zwischen Aufnahme- und Abgabeorten werden im Kontext der Logistikplanung auch sogenannte *Sankeydiagramme* (Abb. 46) verwendet, bei denen die Dicke der Pfeile proportional zur Transportmenge ist. Strukturbehaftete Sankeydiagramme haben zusätzlich einen Bezug zur Struktur des Systems, beispielsweise werden die Transportströme in ein Layout eingetragen (vgl. Arnold und Furmans 2009, S. 251-252 sowie S. 299).

Während in den bislang genannten statischen Visualisierungen die Zeit als Parameter keine Rolle spielt, lassen Linien- oder auch Ganttdiagramme eine Ergebnisvisualisierung mit einer Veranschaulichung von Veränderungen über die Zeit zu (vgl. Abb. 42, Fall b). Bei einem Protokollieren und gleichzeitigen Visualisieren der zeitabhängigen Wertveränderungen sukzessive *während* eines Simulationslaufes wird aus einer statischen eine dynamische Visualisierung (*Monitoring*).

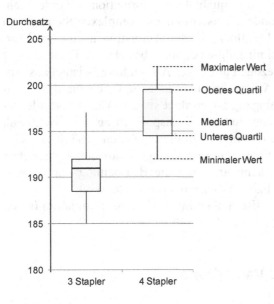

Abb. 45. Beispielhaftes Box-Plot-Diagramm zur Visualisierung der Durchsätze beim Einsatz von drei und vier Staplern

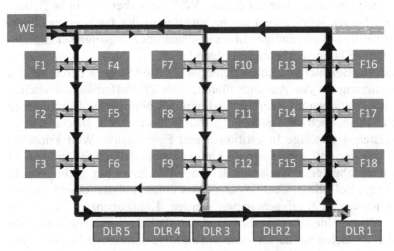

Abb. 46. Beispielhaftes Sankeydiagramm

Als weitere sehr häufig eingesetzte dynamische Visualisierung ist die bereits in Abschnitt 2.4 diskutierte *Animation* eines Simulationslaufes zu nennen. Im Gegensatz zu den oben erwähnten statischen Visualisierungen insbesondere aus der deskriptiven Statistik können mit einer Animation keine quantitativen, sondern nur qualitative Informationen verdeutlicht werden. So werden insbesondere Auswirkungen komplexer Steuerungen oder die Entstehung eines Deadlocks in der Animation nachvollziehbar, sodass die Ursachen und damit möglicherweise bestehende Fehler besser ermittelt werden können. Bezogen auf unser Anwendungsbeispiel aus Abschnitt 2.1 lässt sich in der Animation unter anderem erkennen, dass Stapler, die einmal dem Wareneingang zugeordnet sind, zunächst dort alle Paletten entladen, ehe sie einen anderen Transportauftrag für Nachschub annehmen. Unter Umständen kommt es in diesen Zeiten gehäuft zu Fehlteilesituationen am Band. Dieser Zusammenhang ist aus den statistischen Einzelauswertungen nicht erkennbar, wenn die Bearbeitung von Wareneingangsaufträgen nicht explizit als Zustand ausgewertet wird.

Weitere Hinweise zu Visualisierungen im Umfeld der Simulation finden sich auch in VDI (1997b) sowie in VDI (2009).

5.7   Verifikation und Validierung

Verifikation und Validierung (V&V) sollen sicherstellen, dass die aus der Simulation erhaltenen Ergebnisse für die Beantwortung der gegebenen Fragestellung verwendet werden dürfen. V&V hat daher eine hohe Bedeutung, denn Fehlentscheidungen beispielsweise auf der Basis eines fehlerhaften Modells, unvollständiger Eingangsdaten oder ungeeigneter Simulationsergebnisse können erhebliche Folgen haben.

In unserem Beispiel könnte ein fehlerhaftes Modell etwa durch falsche Parametrisierung zu der Aussage führen, dass 28 Pufferplätze zwischen den Montagestationen erforderlich sind, um den geforderten Durchsatz zu erreichen. Tatsächlich sind jedoch 18 Plätze hinreichend. In der Konsequenz entstehen unnötige Investitionen und Folgekosten. Weit kritischer gestaltet sich der Fall, dass aus dem Simulationsmodell ein Bedarf von 14 Pufferplätzen abgeleitet wird, mit dem der Durchsatz gar nicht erreicht werden kann. Soll dieser dennoch erreicht werden, müssen erhebliche zusätzliche Kosten in Kauf genommen werden. Konsequenzen könnten in diesem Fall erhöhter Personalaufwand, zusätzlicher Flächenbedarf für Vor- oder Zwischenmontagen oder aufwendige Umbaumaßnahmen mit temporärem Systemausfall sein.

V&V wurde bereits im Zuge des Vorgehensmodells zur Simulation (Abschnitt 5.1) kurz eingeführt. In diesem Kapitel sollen die Begriffe genauer erläutert, Hinweise zum Vorgehen der V&V gegeben sowie ausgewählte Techniken der V&V beispielhaft erläutert werden.

5.7.1 Begriffsdefinitionen

Ziel der V&V ist die Prüfung der *Glaubwürdigkeit* („Credibility") eines Modells. Ein Modell ist glaubwürdig, wenn es vom Auftraggeber als hinreichend genau akzeptiert wird, um als Entscheidungshilfe zu dienen (Carson 1989). Zur Prüfung der Glaubwürdigkeit sind die Fragen „Ist das Modell richtig?" (Verifikation) und „Ist es das richtige Modell (im Hinblick auf die Aufgabenstellung)?" (Validierung) zu beantworten (vgl. Balci 2003). Im Sinne des Simulationsvorgehensmodells ist Glaubwürdigkeit für alle Phasenergebnisse herzustellen. Aspekte der Glaubwürdigkeit sind die Durchführbarkeit der Simulationsstudie, die Korrektheit des jeweils betrachteten Phasenergebnisses sowie die Angemessenheit des Ergebnisses für die Anwendung (vgl. Rabe et al. 2008, S. 19-23).

Glaubwürdigkeit zu erreichen, ist eine große Herausforderung. Auf der einen Seite reicht schon ein „negatives" Beispiel, um die Glaubwürdigkeit in Frage zu stellen. Auf der anderen Seite kann die Glaubwürdigkeit des Modells durch noch so viele „positive" Beispiele zwar wahrscheinlich gemacht, die Korrektheit aber nicht nachgewiesen werden.

Hieraus folgt die Bedeutung eines systematischen Vorgehens, mit dem die Wahrscheinlichkeit, dass Unzulänglichkeiten erkannt werden, möglichst hoch wird. Als Vorbereitung für die Einführung eines entsprechenden Vorgehensmodells sollen im Folgenden zunächst die Begriffe der V&V geklärt werden.

Verifikation ist die Überprüfung, ob ein Phasenergebnis in ein anderes Phasenergebnis korrekt transformiert wurde (vgl. Rabe et al. 2008). Die Notwendigkeit solcher Transformationen ergibt sich unmittelbar, wenn die Bearbeitung einer Simulationsstudie dem Simulationsvorgehensmodell folgt (vgl. Abb. 36 sowie die Erläuterungen in Abschnitt 5.1). In jeder Phase kann geprüft werden, ob die Phasenergebnisse in sich schlüssig sind und nicht im Widerspruch zu den Ergebnissen früherer Phasen stehen.

„*Validierung* ist die kontinuierliche Überprüfung, ob die Modelle das Verhalten des abgebildeten Systems hinreichend genau wiedergeben" (Rabe et al. 2008, S. 15). Auch ein fehlerfreies Modell kann für eine gegebene Fragestellung ungeeignet sein, weil es wesentliche Elemente oder Aspekte vernachlässigt. Analog zur Verifikation ist die Validierung in allen Phasen des Simulationsvorgehensmodells durchzuführen, damit Festlegungen, die dem Zweck des Modells nicht entsprechen, möglichst sicher und möglichst frühzeitig erkannt werden.

In der praktischen Anwendung sind Verifikation und Validierung zumeist eng miteinander verbunden. Viele mögliche Prüfungen beziehen sich zunächst darauf, ob ein Modell das abgebildete System in der erwarteten Weise beschreibt. In der englischsprachigen Literatur findet sich dementsprechend die zusammenfassende Bezeichnung *„Verification, Validation, and Testing"* (VV&T, vgl. Balci 1998). Wichtiger als eine exakte Differenzierung von Verifikation und Validierung ist daher die systematische Betrachtung unterschiedlicher Kriterien, die zur Glaubwürdigkeit des Modells beitragen können. Rabe et al. (2008, S. 22-23) geben neun Kriterien an, die hier jeweils mit einer beispielhaften Frage illustriert werden:

- *Vollständigkeit*: Sind alle in der Aufgabenspezifikation genannten und für die Modellierung relevanten Prozesse, Strukturen, Systemkomponenten, Strukturierungsvorgaben, organisatorischen Angaben sowie Systemschnittstellen und Systemlastvorgaben im Konzeptmodell hinreichend berücksichtigt?
- *Konsistenz*: Sind die bei der Implementierung erforderlichen Änderungen und Erweiterungen gegenüber dem formalen Modell entsprechend begründet und dokumentiert?
- *Genauigkeit*: Sind die in der Zielbeschreibung benannten Anforderungen in Bezug auf die zu betrachtenden Fragestellungen und die Umsetzbarkeit hinreichend präzise formuliert?
- *Aktualität*: Entsprechen die für das Konzeptmodell verwendeten detaillierten Anlagen- und Ablaufbeschreibungen dem geforderten Stand?
- *Eignung*: Ist die zeitliche und örtliche Aggregation der Rohdaten geeignet, die Anforderungen aus der Aufgabenspezifikation zu erfüllen?
- *Plausibilität*: Reagiert das ausführbare Modell in Grenz- oder Extremsituationen erwartungsgemäß?
- *Verständlichkeit*: Sind alle Beschreibungen in der Aufgabenspezifikation für alle Projektbeteiligten präzise und nachvollziehbar?
- *Machbarkeit*: Lassen die Komplexität der Fragestellung, der Systemumfang und der geforderte Detaillierungsgrad den Einsatz der Simulation überhaupt zu?
- *Verfügbarkeit*: Liegen die als verfügbar angenommenen Daten auch tatsächlich vor?

Diese Kriterien gehen in unterschiedlichem Umfang in das Vorgehen der V&V ein, das im folgenden Abschnitt diskutiert wird.

5.7.2 Hinweise zum Vorgehen bei der V&V

Im vorhergehenden Abschnitt wurde die Schaffung von Glaubwürdigkeit als herausfordernde Aufgabe der V&V charakterisiert. Gefordert ist daher ein systematisches Vorgehen, das die V&V in überschaubare Elemente gliedert. Hierzu schlagen Rabe et al. (2008) ein Vorgehensmodell zur V&V vor, das sich an den Phasenergebnissen des Vorgehensmodells zur Simulation (vgl. Abschnitt 5.1.2) orientiert. Bei dem vorgeschlagenen Vorgehen ist jedes Phasenergebnis spätestens bei Abschluss der entsprechenden Phase, in Teilen möglichst schon während der Durchführung der Phase, zu verifizieren und zu validieren. Dabei sind (orientiert an den im vorhergehenden Abschnitt eingeführten Kriterien der V&V) jeweils folgende Fragen zu beantworten:

- Ist das Phasenergebnis eindeutig und transparent und damit *verständlich*?
- Ist das Phasenergebnis *vollständig*, d. h. enthält es alle Informationen, die als Ergebnis dieser Phase erwartet werden können?
- Ist das Phasenergebnis *konsistent* oder enthält es Widersprüche zwischen unterschiedlichen Fakten und Annahmen?
- Ist das Phasenergebnis *plausibel*, d. h. nachvollziehbar und schlüssig?
- Sind die mit dem Phasenergebnis gegebenen detaillierten Projektziele technisch, zeitlich und wirtschaftlich *machbar*?
- Ist zu erwarten, dass als erforderlich erkannte Daten und Dokumente *verfügbar* gemacht werden können?

Diese Fragen lassen sich an bislang bereits betrachteten Ausschnitten unseres Beispiels aus Abschnitt 2.1 verdeutlichen. Wenn sich beispielsweise die in der Zielbeschreibung angegebenen Projektziele nur auf die Montagelinie beziehen, das abzubildende System jedoch wie in dem Layout in Abbildung 2 umrissen ist, sind Projektziele und vorgesehener Abbildungsumfang offenbar nicht konsistent. Für das formale Modell hatten wir in Abschnitt 5.3.2 gezeigt, dass für alle Staplerfahrwege die möglichen Fahrtrichtungen eindeutig gekennzeichnet sein müssen. Im Sinne der Vollständigkeit wäre hier zu prüfen, ob diese Information tatsächlich für alle Teilstrecken eindeutig vermerkt ist. Bei den erhobenen Daten, die im Regelfall nicht unmittelbar als glaubwürdig betrachtet werden können (vgl. Abschnitt 5.4.5), lässt sich die Plausibilität beispielsweise durch einfache Vergleichsrechnungen untersuchen. Wenn wir die Bearbeitungszeiten an einer Maschine mit der Anzahl der gefertigten Werkstücke multiplizieren (ggf. unter Berücksichtigung von Rüstzeiten und unterschiedlichen Werkstücken), so sollte die erhaltene Gesamtbearbeitungszeit zu der in der Vergangenheit gemessenen Auslastung der Maschine passen.

Die beispielhaften Prüfungen im vorhergehenden Absatz werden als intrinsisch bezeichnet, weil sie sich nur auf das jeweils zu untersuchende Phasenergebnis (also auf die Zielbeschreibung, das formale Modell und die Rohdaten) beziehen. Aus dem logischen Zusammenhang der Phasen (vgl. Abschnitt 5.1.2) wird aber bereits deutlich, dass intrinsische Prüfungen alleine nicht hinreichend sein können. Vielmehr ist als wesentlicher Teil von V&V zu untersuchen, ob die bereits in den davor liegenden Phasen beschriebenen Ergebnisse in der jeweiligen Phase geeignet umgesetzt sind. Daraus ergeben sich unter Berücksichtigung der Kriterien weitere Fragen:

- Berücksichtigt das Phasenergebnis mit hinreichender *Genauigkeit* das davor liegende Phasenergebnis oder wurde etwas übersehen?
- Ist das Phasenergebnis *konsistent* mit den anderen Phasenergebnissen oder ergeben sich Widersprüche?
- Ist das Phasenergebnis *aktuell* (berücksichtigt es den in der Zielbeschreibung oder anderen Dokumenten als gültig angegebenen Stand)?
- Sind bei der Ausarbeitung des Phasenergebnisses Annahmen getroffen worden, die zu einem Widerspruch zu früheren Phasenergebnissen oder zu der ursprünglichen Zielbeschreibung führen und damit die *Eignung* des Modells in Frage stellen?
- Sind die nach dem Phasenergebnis erforderlichen Aktivitäten in Bezug auf die Zeit- und Ressourcenplanung anderer Phasen (insbesondere der Zielbeschreibung) *machbar*?

Diese Fragen sind jeweils in Bezug auf alle davor liegenden Phasen zu betrachten, wobei sich „davor liegend" hier auf das intuitive Verständnis der Darstellung des Vorgehensmodells in Abbildung 36 bezieht.

Beispielsweise könnte in der Aufgabenspezifikation begründet sein, dass die konkreten Wege der Gabelstapler nicht betrachtet werden müssen, weil eine gegenseitige Beeinflussung bei nur zwei erforderlichen Staplern nicht zu erwarten ist (vgl. Abschnitt 5.3.1). Ist aber in die Zielbeschreibung vorgegeben, dass die Bewegung der Stapler zum besseren Verständnis des Systemverhaltens in der Animation dargestellt werden soll, ist die Eignung des Modells, das sich aus der Aufgabenspezifikation ergibt, im Sinne der Zielbeschreibung nicht gegeben. Ein Konsistenzproblem tritt auf, wenn etwa im formalen Modell die Dispositionsstrategie der Gabelstapler die Anzahl der leeren Paletten nicht berücksichtigt, obwohl bereits in der Aufgabenspezifikation (vgl. Abschnitt 2.1) angegeben ist: „Wenn der Stapel eine Höhe von acht Leerpaletten erreicht hat, wird dieser von einem Stapler zum Wareneingangstor gefahren".

Wie diese Beispiele verdeutlichen, ist das sehr genaue Lesen und Vergleichen von Dokumentinhalten (bezogen auf die angegebenen Fragen) ein wesentlicher Bestandteil dieser V&V. Dabei ist es erforderlich, „Absatz für Absatz" die Inhalte des detaillierteren Dokumentes mit den entsprechenden Ergebnissen der vorhergehenden Phasen zu vergleichen. Dies wird durch eine ähnliche Struktur der entsprechenden Dokumente natürlich wesentlich vereinfacht. Hierfür können standardisierte Kapitelstrukturen für die Dokumente der Phasenergebnisse hilfreich sein, wie sie Rabe et al. (2008, S. 207-215) vorschlagen.

Neben intrinsischen Fragen und Vergleichen mit gemäß Vorgehensmodell „davorliegenden" Phasenergebnissen gibt es natürlich auch Bezüge zwischen den modellbezogenen und den datenbezogenen Phasenergebnissen. Auch diese Bezüge müssen verifiziert und validiert werden, wobei sich zwei Gruppen identifizieren lassen:

1. V&V von Rohdaten in Bezug auf die Aufgabenspezifikation und das Konzeptmodell (in allen späteren Modellierungsphasen erscheint eine V&V in Bezug auf die Rohdaten nicht sinnvoll),
2. V&V der aufbereiteten Daten in Bezug auf alle Modellierungsphasen in Abhängigkeit davon, wann sie vorliegen.

Betrachten wir die zu Beginn von Abschnitt 5.4 bereits kurz problematisierte Kombination von Rohdaten und Konzeptmodell, so ist einerseits abzuschätzen, ob der aus dem Konzeptmodell ablesbare Bedarf an Daten aus den Rohdaten erfüllbar sein wird. Dies kann zur Ergänzung der Rohdatenbeschreibung und in der Konsequenz zur Erfassung weiterer Rohdaten führen. Umgekehrt kann der Fall eintreten, dass im Zeit- und Kostenumfang der Simulationsstudie nicht beschaffbare Rohdaten eine entsprechende Korrektur des Konzeptmodells erforderlich machen (sofern das mit der Zielbeschreibung vereinbar ist). In unserem Beispiel könnten die Verteilungen zur Modellierung von Anzahl und Art der einzubauenden Rechnerkomponenten beispielsweise aus Rohdaten gewonnen werden, die durch eine noch durchzuführende Aufzeichnung über einen relevanten Zeitraum von etwa acht Wochen entstehen sollen. Sollen nach dem Zeitplan in der Zielbeschreibung zu diesem Zeitpunkt jedoch bereits die ausgewerteten Simulationsergebnisse für die Investitionsentscheidung vorliegen, so ist dieser Ansatz nicht mit den gesetzten Terminen konsistent.

Die beschriebene Systematisierung hilft, Aufgaben der V&V in Bezug auf die Phasen der Modellbildung strukturiert durchzuführen. Hierdurch werden eine Objektivierung des Vorgehens sowie eine bessere Nachvollziehbarkeit der V&V erreicht, was zur Glaubwürdigkeit der Ergebnisse beiträgt. Dieses Vorgehen ist allerdings (ähnlich dem in Abschnitt 5.1 zusammengefassten Vorgehen bei der Simulationsstudie) in einen Rahmen zu stellen, der von der Planung bis zur Dokumentation der V&V-Ergebnisse führt, ggf. einschließlich der abschließenden Dokumentation der Akzeptanz der Ergebnisse der jeweiligen Phase. Bei der Dokumentation empfiehlt sich die Zusammenfassung der V&V-Ergebnisse mit den Phasenergebnissen in einem gemeinsamen Dokument. Dadurch können die Ergebnisse der V&V im Zusammenhang mit den festgelegten Annahmen, etwa zu Detaillierung und Vereinfachungen, leichter nachvollzogen werden.

Möglichst bereits während der Aufgabenspezifikation, spätestens aber zu Beginn der jeweiligen Phase, ist zu planen, welche einzelnen Aktivitäten zur V&V unter den gegebenen Projektbedingungen erforderlich und angemessen sind. Diese sollten in einem entsprechenden Plan schriftlich festgehalten werden, wobei einige Prüfungen gleichzeitig Bedingungen für die Annahme eines Phasenergebnisses durch die Entscheidungsträger des Auftraggebers sein können und dann als solche markiert werden sollten. In der Regel wird es erforderlich sein, im Laufe der Modellierung weitere V&V-Aktivitäten zu planen. Dies kann beispielsweise der Fall sein, wenn in der Formalisierung spezifische Steuerungsalgorithmen ergänzt werden, für die dann geeignete intrinsische Tests und eine Überprüfung am ausführbaren Modell zu planen sind. Während eine Erweiterung des V&V-Planes die Regel darstellen wird, sollte die Streichung einmal geplanter Aktivitäten nur in gut begründeten Fällen erfolgen.

Die geplanten V&V-Aktivitäten sind mit geeigneten Tests zu untersetzen, die Hypothesen über Eigenschaften des Modells überprüfen. Hierzu sind *Fragen* an das Modell zu formulieren, deren Beantwortung zur Glaubwürdigkeit beiträgt. Beispielhafte Listen solcher Fragen für alle V&V-Aktivitäten finden sich bei Rabe et al. (2008, S. 217-234). Für das Konzeptmodell unserer PC-Fertigung wäre etwa intrinsisch zu fragen, ob die Schnittstellen der dort definierten Teilmodelle für Materialabrufe an den Montagestationen und Rückmeldung eines Gabelstaplers nach Abschluss eines Fahrauftrages mit den Schnittstellen der übergeordneten Gabelstaplerdisposition konsistent sind. Ein formales Modell wäre gegen das Konzeptmodell dahingehend zu validieren, ob alle vorgegebenen Steuerungsregeln und Funktionsweisen formal beschrieben sind.

5.7.3 V&V-Techniken

Zur Unterstützung des im vorangehenden Abschnitt beschriebenen Vorgehens lassen sich zahlreiche V&V-Techniken einsetzen, die die durchzuführenden Tests mehr oder weniger formal unterstützen. Balci (1998) benennt beispielsweise 77 Techniken, bei Rabe et al. (2008, S. 93-116) sind 20 Techniken eingeordnet und erläutert, wobei in beiden Fällen kein Anspruch auf Vollständigkeit erhoben wird. Der Anwender steht vor der Herausforderung, für seine Tests die richtigen Techniken auszuwählen, wobei kein allgemein anwendbares Vorgehen zur Auswahl der geeigneten Techniken vorliegt (vgl. Sargent 1982). Ein sehr allgemeines Vorgehensmodell findet sich bei Wang (2013), das aber so abstrakt gehalten ist, dass es im Kontext der Produktion und Logistik nicht unmittelbar anwendbar ist.

Bei der hohen Anzahl möglicher V&V-Techniken ist eine umfassende Beschreibung an dieser Stelle nicht möglich. Im Folgenden werden ausgewählte Einzeltechniken und Gruppen von Techniken beschrieben, die den Autoren hilfreich erscheinen, wobei durch die Reihenfolge der Beschreibung keine Gewichtung der Techniken vorgenommen werden soll. Anschließend werden Hinweise gegeben, in welchen Phasen des Vorgehensmodells welche Techniken effektiv einsetzbar sind.

Beschreibung ausgewählter V&V-Techniken

Die V&V-Technik *Vergleich mit aufgezeichneten Daten* („Historical Data Validation") ist nur einsetzbar, wenn aus der Vergangenheit reale Eingangsdaten und die korrespondierenden Ausgangsdaten aus dem abgebildeten System vorliegen. Dies ist beispielsweise dann der Fall, wenn die Simulationsstudie Verbesserungsvorschläge für ein existierendes System untersuchen soll. Hier wird als Ausgangspunkt das existierende System abgebildet. Das so entstehende Ausgangs- oder Basismodell kann (bei Verfügbarkeit von Daten) validiert werden kann. Die Glaubwürdigkeit wird dadurch zumindest für das Basismodell erhöht, auch wenn die Technik für die weiteren untersuchten Varianten naturgemäß nicht angewandt werden kann. Diese Technik erschöpft sich allerdings nicht darin, Simulationsergebnisse mit den realen Daten in Übereinstimmung zu bringen. Derart angewendet, wird tatsächlich ein Fehler gemacht und gar keine Aussage zur Validität gewonnen. Der Vergleich mit aufgezeichneten Daten besteht gerade nicht darin, das Modell solange zu verbessern, bis es die im realen System beobachteten Ergebnisse liefert. Vielmehr müssen dafür Daten verwendet werden, die nicht bereits zuvor zur Verbesserung des Modells eingesetzt wurden und daher ohnehin das richtige Verhalten liefern. Dafür sind die vorliegenden Vergangenheitsdaten in Abschnitte aufzuteilen, beispielsweise die Aufzeichnungen eines halben Jahres in monatsweise Abschnitte. Die Validierung wird nur mit einem der sechs Abschnitte durchgeführt. Bei Abweichungen wird das Modell für diesen Abschnitt verbessert. Anschließend ist die Validierung mit dem zweiten Abschnitt durchzuführen. Stimmen die Ausgabedaten hinreichend überein, ist die Glaubwürdigkeit erhöht und die Validierung kann mit den weiteren Abschnitten fortgesetzt werden. Anderenfalls wird nochmals (mit den ersten beiden Abschnitten) das Modell verbessert und dann der dritte Abschnitt zur Validierung genutzt. Sind alle Abschnitte in dieser Weise „verbraucht", so ist keine weitere Validierung mit den vorliegenden Daten mehr möglich.

Mit einer *Sensitivitätsanalyse* („Sensitivity Analysis") wird experimentell untersucht, wie Veränderungen der Eingangsdaten auf Ausgangsdaten wirken werden (vgl. auch Abschnitt 5.5.3). Im V&V-Kontext ist wünschenswert, dass kleinere Veränderungen der Eingangsdaten keine deutlichen Ausschläge in den Ausgangsdaten zur Folge haben, damit die Ergebnisse als stabil angenommen werden können. Trifft dies nicht zu, dann ist die Verwendbarkeit der erhaltenen Ergebnisse sorgfältig zu prüfen: Entweder reagiert das Modell unrealistisch sensibel auf die Eingangsdaten (Modell ist nicht valide) oder das abgebildete System verhält sich tatsächlich sehr sensibel gegenüber solchen Veränderungen (Modell ist valide, aber möglicherweise sind weitere Analysen erforderlich).

Bei der *Animation* wird das zeitliche Verhalten des Modells dargestellt (vgl. Abschnitt 2.4). Diese Technik kann sehr hilfreich sein, weil Fehler im Modellverhalten vergleichsweise intuitiv erkannt werden können. Problematisch ist, dass bei größeren Modellen das menschliche Auge das Modell nicht insgesamt erfassen kann. Der Anwender wird daher den Fokus der Betrachtung auf aus seiner Sicht wichtige Teile des Modells legen, mit der Konsequenz, dass er ein mögliches Fehlverhalten in anderen Modellteilen nicht erkennt. Weiter wird kaum ein Anwender bereit sein, das Modell während der gesamten Laufzeit zu beobachten. Entsprechend werden nur Fehler im Beobachtungszeitraum erkannt. Die in Raum und Zeit eingeschränkte Beobachtung führt also dazu, dass ohne einen systematischen Ansatz Fehler nur zufällig gefunden werden können. Dieses Problem wird noch verschärft durch die Tatsache, dass das Verhalten eines Modells in den unterschiedlichen Replikationen auch für den gleichen Zeitpunkt deutlich variieren kann. Daher sollte vorab überlegt werden, welches Detailverhalten (z. B. eine Vorfahrtsteuerung) an welcher Stelle des Modells und zu welchem Zeitpunkt überprüft werden soll. Hierdurch werden zwar ebenfalls keine Fehler an unerwarteten Stellen oder zu unerwarteten Zeitpunkten gefunden, aber die Glaubwürdigkeit des Modells zumindest bezüglich der als kritisch erwarteten Modellteile kann erhöht werden. Weiterhin kann Animation sehr effektiv eingesetzt werden, wenn aus den statistischen Ergebnissen des ganzen Modells über die ganze Laufzeit ein unerwartetes Verhalten einzelner Modellteile zu bestimmten Zeiten erkannt wird. In diesem Fall kann mit der Animation das unerwartete Verhalten an der kritischen Stelle zur richtigen Zeit gezielt untersucht werden.

Für die *Trace-Analyse* werden während der Simulationsausführung Informationen in einer oder mehreren Dateien (*Trace-Dateien*) aufgezeichnet, die auch im Kontext der Animation vorkommen können (vgl. Abschnitt 2.4). Aus diesen Informationen lassen sich Zustandsänderungen im Zeitverlauf nachverfolgen. Die in den Dateien zeilenweise protokollierten Informationen bestehen typischerweise aus einem Zeitstempel gemeinsam mit mehreren Eigenschaften von Modellbestandteilen (z. B. Maschine oder Werkstück). Mit geeigneten Werkzeugen lassen sich Filter auf diese Daten anwenden, um beispielsweise den Weg eines Werkstückes oder die Zustandsabfolgen an einem Montageplatz nachzuvollziehen. Vorteilhaft ist etwa im Vergleich zur Animation, dass der gesamte Verlauf der aufgezeichneten Zustandsgrößen über der Zeit im Zusammenhang analysierbar wird. Bei großen Modellen können die Dateien allerdings einen erheblichen Umfang annehmen. Außerdem kann die Ausführungsgeschwindigkeit durch das zusätzliche Schreiben von Daten in die Trace-Dateien signifikant sinken.

Beim *Grenzwerttest* („Extreme-Condition Test") wird das tatsächliche Verhalten des Modells mit dem erwarteten Verhalten verglichen, wenn einzelne Parameter im Grenzbereich der möglichen Einstellungen liegen. Beispiele sind extrem große Transportgeschwindigkeiten oder Puffergrößen. Der Grenzwerttest ist grundsätzlich schon im formalen Modell als mathematischer Test verwendbar, indem dort gegebene Formeln in ihrem entsprechenden Grenzverhalten untersucht werden. Die Technik ist aber auch als (experimentelle) Technik der ereignisorientierten Simulation einsetzbar.

Viele Techniken der V&V lassen sich gut mit anderen Techniken kombinieren. Eine davon ist die *Validierung im Dialog* („Face Validation"), die im Kern nur für die Prüfung durch zwei Personen steht. Dies kann etwa erfolgen, indem der Modellierer einer anderen Person das Modell erläutert. Die Technik ist auf alle Phasenergebnisse anwendbar, beispielsweise zur Validierung der richtigen Detaillierung im Konzeptmodell. Die Technik wirkt auf zweierlei Weise: Offensichtlich kann das spezifische Wissen der zweiten Person zusätzliches Wissen in den Prozess einbringen, etwa wenn diese besondere Fachkenntnisse zum abgebildeten System besitzt. Ein sehr wichtiger Aspekt ist aber auch der Zwang für den Modellierer, einer weiteren Person sein Modell zu erläutern und Modellierungsentscheidungen zu begründen: Die Erfahrung zeigt, dass in diesem Prozess der Modellierer selbst mehr Fehler entdeckt als die hinzugezogene zweite Person. Die Wirkung dieser Technik kann durch die Kombination mit anderen Techniken, beispielsweise der Animation oder dem Grenzwerttest, verstärkt werden, weil hierdurch die zweite Person zusätzliche Einsicht in das Modell gewinnen und dabei unerwartete Effekte identifizieren kann. Ein ebenfalls breit anwendbares Verfahren ist das *Strukturierte Durchgehen* („Structured Walkthrough"), bei dem ein zu prüfendes Dokument von den Projektbeteiligten Schritt für Schritt durchgegangen wird, bis alle Beteiligten von der Richtigkeit überzeugt sind.

Für den *Vergleich mit anderen Modellen* („Comparison to other Models") ist die Kombination mit anderen Techniken sogar der Regelfall. Liegt für das modellierte System beispielsweise eine vereinfachte statistische Berechnung vor, so handelt es sich dabei im Grunde um ein einfaches mathematisches Modell. Um einen Vergleich mit diesem einfachen Modell durchführen zu können, kann es sich anbieten, im Simulationsmodell stochastische Parameter durch feste Größen zu ersetzen (*Festwerttest*) oder mit dem oben bereits beschriebenen Grenzwerttest zu arbeiten.

Der *Test von Teilmodellen* („Submodel Testing" oder „Module Testing") ist gut bei der Implementierung des ausführbaren Modells einsetzbar, indem einzelne Abschnitte des Modells separat unter verschiedenen Randbedingungen systematisch getestet werden, bevor die Integration dieser Teilmodelle und eine V&V für das gesamte Modell erfolgt. Da die Konzeption der Modellstruktur mit seinen Teilmodellen bereits für das Konzeptmodell erfolgt, kann aber auch hier sowie für das formale Modell diese Struktur effektiv zur Unterstützung einer systematischen V&V genutzt werden.

Viele V&V-Techniken in der Simulation sind von Techniken im Management, Testverfahren im Software Engineering sowie mathematischen und statistischen Verfahren beeinflusst. So finden *Management-Techniken* wie das oben bereits beschriebene Strukturierte Durchgehen typischerweise bei der Steuerung und Überwachung von Projekten Anwendung. Kennzeichnend für diese Techniken ist eine teilweise Formalisierung eines nicht formalen und eher subjektiven Vorgehens, das im Wesentlichen auf ein „scharfes Hinschauen" hinausläuft. Die Formalisierung besteht regelmäßig in einer Systematisierung der *betrachteten* Objekte sowie der *betrachtenden* Subjekte. Auf diesem Weg wird beispielsweise dafür gesorgt, dass tatsächlich ein vorher festgelegter Kanon von Aspekten des zu testenden Phasenergebnisses betrachtet wird und dass diese Betrachtung aus definierten Rollen wie beispielsweise Fachexperten, Simulationsfachleute oder Entscheidungsträger heraus erfolgt.

In der Informatik sind zahlreiche *Techniken des Software Engineerings* entstanden. Dazu gehören beispielsweise *Black-Box-* und *White-Box-Tests*. Black-Box-Tests leiten sich aus den Spezifikationen ab. Hier wird am implementierten Modell überprüft, ob das Verhalten der Spezifikation entspricht; Detailkenntnisse über die Implementierung sind dafür nicht erforderlich. White-Box-Tests bestehen demgegenüber aus der strukturellen Analyse von Programmen. White-Box-Tests haben den Vorteil, dass sie auch an einer Spezifikation ausgeführt werden können, also noch vor dem Vorliegen eines implementierten Modells. Grundsätzlich ist die Anwendung von White-Box-Tests und anderen formalen Verifikationstechniken in typischen Simulationsprojekten nur in engen Grenzen möglich, wobei ein nicht vollständig bekanntes internes Verhalten von Softwarekomponenten der eingesetzten Simulationswerkzeuge die Anwendung erschweren oder gar unmöglich machen kann. Zu den Techniken des Software Engineerings gehört auch der oben beschriebene Test von Teilmodellen. Die Techniken des Software Engineerings einschließlich formaler Verifikationstechniken finden sich beispielsweise bei Balzert (2005, S. 469-546).

Mathematisch orientierte Techniken umfassen statistische Verfahren (vgl. Abschnitte 4.5 bis 4.7) sowie mathematische Ansätze, die sich auf im Modell enthaltene Formeln beziehen (Balci 1998, S. 378-379).

Weitere Hinweise zu zahlreichen V&V-Techniken finden sich beispielsweise bei Balci (1998, S. 354-379) oder Rabe et al. (2008, S. 93-116).

Auswahl von V&V-Techniken

Offensichtlich können nicht alle Techniken in allen Phasen einer Simulationsstudie eingesetzt werden. Wie in Tabelle 33 dargestellt, lassen sich auf die Phasenergebnisse Zielbeschreibung, Aufgabenspezifikation und Konzeptmodell oft nur Management-Techniken anwenden, die durch ihren sehr allgemeinen Ansatz in allen Phasen anwendbar sind. Beim formalen Modell können zusätzlich mathematische Techniken eingesetzt werden. Auf das ausführbare Modell lassen sich grundsätzlich alle Techniken anwenden. Auf Rohdaten, aufbereitete Daten und Simulationsergebnisdaten sind in erster Linie statistische Techniken anwendbar (vgl. Rabe et al. 2008, S. 112-113).

Grundsätzlich empfiehlt es sich, nach Möglichkeit mehrere und vor allem unterschiedliche Techniken einzusetzen, um verschiedene Aspekte der Validität zu beleuchten. Dabei sind häufig auch sehr einfache Techniken wie der *Dimensionstest* (vgl. Rabe et al. 2008, S. 98) außerordentlich hilfreich, mit dem durch Prüfung der in einer Formel enthaltenen Einheiten Flüchtigkeitsfehler schnell aufgedeckt werden können.

Tabelle 33. Verwendbarkeit von V&V-Techniken in den Phasen des Simulations-vorgehensmodells (in Anlehnung an Rabe et al. 2008, S. 113)

	Zielbeschreibung	Aufgabenspezifikation	Konzeptmodell	Formales Modell	Rohdaten	Aufbereitete Daten	Ausführbares Modell	Simulationsergebnisse
Strukturiertes Durchgehen	X	X	X	X	X	X	X	X
Validierung im Dialog	X	X	X	X	X	X	X	X
Test von Teilmodellen			X	X			X	
Dimensionstest				X	X	X	X	X
Festwerttest				X			X	X
Grenzwerttest				X			X	X
Statistische Techniken					X	X	X	X
Sensitivitätsanalyse						X	X	X
Animation							X	X
Trace-Analyse							X	
Vergleich mit anderen Modellen							X	X
Vergleich mit aufgezeichneten Daten							X	

5.8   Ergänzende Aspekte bei der Durchführung von Simulationsstudien

Aus der Erfahrung mit dem Einsatz von Simulation ergeben sich weitere Aspekte, die bei der Durchführung einer Simulationsstudie berücksichtigt werden müssen.

Die Phasen des Vorgehensmodells (vgl. Abb. 36) sind grundsätzlich nicht davon abhängig, ob eine Simulationsstudie von einem Unternehmen mit eigenem Personal oder durch einen beauftragten externen Dienstleister durchgeführt wird. Die entsprechende Entscheidung ist nicht Teil des Vorgehensmodells. Daher werden in Abschnitt 5.8.1 ergänzend Argumente zusammengestellt, die bei dieser Entscheidung zu beachten sind.

Weiter finden sich in der Literatur hilfreiche Hinweise oder – im negativen Sinne – typische Fehler bei der Durchführung von Simulationsstudien. Solche Hinweise und Fehler finden sich verteilt in zahlreichen Abschnitten dieses Kapitels. Für einen kompakten Überblick stellt Abschnitt 5.8.2 eine Reihe von Verweisen zusammen und gibt ergänzende Literaturhinweise.

5.8.1 Entscheidung über Eigendurchführung oder Fremdvergabe

Um eine Simulationsstudie operativ durchführen zu können, bedarf es zumindest eines geeigneten Simulationswerkzeuges sowie entsprechend ausgebildeten Personals. Vor der Durchführung einer Simulationsstudie ist daher in jedem Fall die Entscheidung zu treffen, ob die Simulationsstudie durch eigene Mitarbeiterinnen und Mitarbeiter (Eigendurchführung) oder durch eine Beauftragung eines externen Unternehmens (Fremdvergabe) abgewickelt werden soll.

Die VDI 3633 Blatt 1 (VDI 2014, S. 21) empfiehlt in diesem Zusammenhang, in einem ersten Schritt der Entscheidungsfindung das im eigenen Haus vorliegende Simulationswissen und die zur Verfügung stehende Hard- und Software einzuschätzen. Darüber hinaus muss geklärt werden, ob die für die Simulationsstudie erforderlichen personellen und technischen Kapazitäten für die Studie ausreichend sind und für den geplanten Zeitraum der Studie zur Verfügung stehen.

In einem zweiten Schritt sind die Kosten, die bei Eigenbearbeitung oder bei Fremdvergabe entstehen, gegenüberzustellen. Liegt bisher noch kein Simulationswissen im eigenen Hause vor, ist zu prüfen, ob die Qualifizierung des Personals und der Kauf eines Simulationswerkzeuges auf lange Sicht zweckmäßig erscheinen. Dies ist beispielsweise dann der Fall, wenn eine strategische Entscheidung getroffen wird, zukünftig regelmäßig Simulationsstudien durchzuführen oder die Simulationsmodelle im Tagesgeschäft einzusetzen. Handelt es sich hingegen um eine einmalige oder eher sporadische Anwendung der Simulation, ist der Aufwand für die Erstqualifizierung und anschließende regelmäßige Weiterqualifizierung des Personals und die Anschaffung eines Simulationswerkzeuges in der Regel zu hoch.

Grundsätzlich sind bei der Eigendurchführung mehr oder weniger umfangreiche Kosten für

- Auswahl, Kauf und laufende Softwarewartung eines Simulationswerkzeuges,
- Bereitstellung der Hardware,

- Personalqualifikation inklusive Schulungsmaßnahmen, weiterer Einarbeitung in die Anwendung des Simulationswerkzeuges und Aufbau der Kenntnisse für die Durchführung von Simulationsstudien sowie
- Personalaufwände für die Durchführung der Studie selbst

zu kalkulieren. Die Kosten für die ersten drei Punkte fallen anteilig weniger ins Gewicht, wenn im eigenen Hause regelmäßig Simulationsstudien durchgeführt werden.

Bei der Fremdvergabe bestimmt das Auftragsvolumen für die einzelnen Phasen einer Simulationsstudie die Kosten. Diese sind je nach Größe des zu untersuchenden Systems, Komplexität der Fragestellungen und Laufzeit des Projektes sehr unterschiedlich. Mit Blick auf die in Abschnitt 5.1.3 eingeführten Rollen in einer Simulationsstudie kommen in jedem Fall im eigenen Unternehmen zu bearbeitende Umfänge hinzu. Diese beziehen sich auf die Beteiligung in allen Phasen als Ansprechpartner für fachliche Fragen und Entscheider sowie operativ vor allem auf Aufgaben der Datenbeschaffung und Modellabnahme. Sie sind in keinem Fall zu vernachlässigen. So geben Rabe und Hellingrath (2001, S. 132) an, dass für diese Aufgaben die Hälfte des Aufwandes einer Simulationsstudie anzusetzen ist.

Ergänzend sei zudem darauf hingewiesen, dass sich eine Fremdvergabe auch nur auf einzelne Phasen des Vorgehensmodells beziehen und damit deutlich unterschiedliche Umfänge besitzen kann. Eine eng abgegrenzte Möglichkeit ist die Einschränkung der Fremdvergabe nur auf die Erstellung eines lauffähigen Simulationsmodells. In diesem Fall stellt der Dienstleister dem Auftraggeber das Simulationsmodell zur Durchführung der Simulationsexperimente in Eigenregie zur Verfügung.

5.8.2 Hinweise für die erfolgreiche Durchführung von Simulationsstudien

Die praktische Erfahrung zeigt, dass die Berücksichtigung von einigen „goldenen Regeln" sehr vorteilhaft für den Erfolg von Simulationsstudien sein kann und umgekehrt immer wieder die gleichen Fehler gemacht werden. Vor diesem Hintergrund stellt die VDI-Richtlinie 3633 Blatt 1 (VDI 2014, S. 6) allgemeine Leitsätze zur Durchführung von Simulationsstudien auf. Vertiefende Ausführungen finden sich auch in mehreren Fachbüchern. So behandeln Wenzel et al. 2008 die fünf Qualitätskriterien sorgfältige Projektvorbereitung, konsequente Dokumentation, durchgängige Verifikation und Validierung, kontinuierliche Integration des Auftraggebers und systematische Projektdurchführung. Rabe und Hellingrath (2001, S. 134-138) benennen typische Fehler und Ansätze zu deren Vermeidung. Liebl

(1995, S. 222-231) diskutiert sieben „Todsünden" der Simulation. Eine strukturierte Analyse von Warnungen zur Simulation („Warnings about Simulation"), die sich in weiten Teilen den Phasen unseres Vorgehensmodells zuordnen lassen, findet sich in Banks und Chwif (2011). Sie erörtern die auf das Vorgehen bezogenen Aspekte Datensammlung („Data Collection" mit Inhalten aus Datenbeschaffung und -aufbereitung), Modellbildung, V&V sowie Ergebnisanalyse. Weitere benannte Risiken betreffen die Visualisierung, das Management des Simulationsprojektes sowie die erforderlichen Fähigkeiten und Kompetenzen. Auch Balci (1990) diskutiert das Vorgehen im Verlauf einer Simulationsstudie und gliedert zahlreiche Hinweise in die unterschiedlichen Phasen ein, wobei er einen besonderen Schwerpunkt auf die Untersuchung der Glaubwürdigkeit der Phasenergebnisse legt. Williams und Ülgen (2012a) strukturieren ihre Hinweise ebenfalls entlang des Vorgehens und konzentrieren sich dabei auf typische Fehler. Sturrock (2013) stellt Hinweise zum Management des Simulationsprojektes in den Vordergrund und beleuchtet dabei auch die eher „wiechen" Faktoren, beispielsweise zur Frage, wer der Kunde ist, und zur Notwendigkeit intensiver Kommunikation zwischen den unterschiedlichen Beteiligten.

In diesem Kapitel wurden an unterschiedlichen Stellen Hinweise für den Erfolg einer Simulationsstudie gegeben. Tabelle 34 zeigt, in welchen Abschnitten sie jeweils angesprochen werden.

Tabelle 34. Hinweise zur Durchführung einer Simulationsstudie

Hinweis	Abschnitt
Detaillierung des Simulationsmodells geeignet wählen	5.1.1 / 5.2
Ausgangssituation bei Projektstart klären	5.2
Unrealistische Erwartungen des Auftraggebers an die Simulation vermeiden	5.2
Ziele der Studie klar und operational definieren	5.2
Zu modellierendes Systems sorgfältig abgrenzen	5.2
Ziele und Randbedingungen der Studie in der Modellierung berücksichtigen	5.3
Simulationsstudie hinreichend dokumentieren	5.3.1
Änderungen an den Zielen und Randbedingungen dokumentieren	5.3.1
Zugrundeliegende Daten hinreichend kritisch bewerten	5.4.1
Ergebnisse in allen Phasen hinreichend verifizieren und validieren	5.5.4
Simulationsergebnisse statistisch absichern	5.5.5 / 5.6.1

6 Simulationswerkzeuge und ihre Anwendung

Zur Unterstützung der Simulation stehen heute für den Bereich Produktion und Logistik unterschiedliche Simulationswerkzeuge zur Verfügung. Als *Simulationswerkzeug* (Synonyme: Simulator, Simulationsinstrument, Simulationsprogramm, Simulationstool oder auch Simulationssystem) bezeichnen wir eine Software, die das in Kapitel 5 dargestellte Vorgehen insbesondere in Bezug auf die Phasen „Implementierung" und „Experimente und Analysen" unterstützt. Die Kernfunktionalitäten solcher Werkzeuge liegen folglich in der Erstellung eines ausführbaren Simulationsmodells einschließlich aller Steuerungen und stochastischer Einflüsse (Zufälligkeiten) sowie in der Umsetzung der Ereignisverwaltung zur Durchführung von Simulationsläufen (vgl. Kapitel 3). Viele Werkzeuge unterstützen auch die Definition und Durchführung von Experimenten sowie die statistische Auswertung der mit dem Modell erzeugten Ergebnisgrößen (vgl. Kapitel 4). Zudem werden heute in einigen Werkzeugen Methoden zur Verifikation und Validierung angeboten, die eine Prüfung der im Simulationswerkzeug verfügbaren Eingangsdaten, des ausführbaren Simulationsmodells und der Simulationsergebnisse zulassen. Diese Methoden lassen sich zum Teil auf die in Abschnitt 5.7.3 dargestellten V&V-Techniken zurückführen, zum Teil handelt es sich um werkzeugindividuelle Entwicklungen, die aufgrund von Modellbesonderheiten erforderlich sind, wie z. B. die Prüfung auf Vollständigkeit eines Wegenetzes, sodass jeder Zielpunkt auch für Fahrzeuge erreichbar ist. Weil die implementierten V&V-Techniken werkzeugspezifisch sind, passt ihre Erläuterung nicht in den Rahmen dieses Buches. Experimentplanung und statistische Auswertung sind umfassend in den Abschnitten 5.5.2 und 5.6.1 behandelt worden. Daher werden diese als Leistungsmerkmale für Simulationswerkzeuge ebenfalls an dieser Stelle nicht näher betrachtet.

Das vorliegende Kapitel stellt in Abschnitt 6.1 zunächst mögliche Einordnungen der heute im Bereich Produktion und Logistik im Einsatz befindlichen ereignisdiskreten Simulationswerkzeuge vor. Im Anschluss werden ausgewählte Funktionalitäten von Simulationswerkzeugen diskutiert. Abschnitt 6.2 behandelt die Modellierung von Zufällen und Abschnitt 6.3 die Modellierung von Steuerungen. Da die Integration von Simulationswerkzeugen in die IT-Landschaft eines Unternehmens eine immer größere

Relevanz erfährt, erläutern wir in Abschnitt 6.4 Schnittstellenfunktionen zum Datenaustausch mit anderen IT-Systemen. Der abschließende Abschnitt 6.5 widmet sich der Auswahl eines geeigneten Simulationswerkzeuges und diskutiert mögliche Randbedingungen.

6.1   Merkmale zur Einordnung von Simulationswerkzeugen

Die Entwicklung der Simulationswerkzeuge begann bereits parallel mit der Entwicklung der ersten höheren Programmiersprachen. Als erstes universelles ereignisdiskretes Simulationssystem – allerdings ohne expliziten Bezug zur Produktion und Logistik – kann das 1960/1961 entstandene Programmiersystem General Purpose Simulation System (GPSS) zur Simulation diskreter Systeme angesehen werden (vgl. Gordon 1981). Einige Jahre später (1967) wurde die Programmiersprache SIMULA 67 entwickelt (Simula Standard Group 1986). Aufgrund der Verwendung von Klassen als Programmierkonstrukt in SIMULA 67 kann dieses Jahr auch als Geburtsjahr der objektorientierten Programmierung bezeichnet werden. Ab Mitte der siebziger bis in die neunziger Jahre hinein entstand weltweit eine Vielzahl unterschiedlicher ereignisdiskreter Simulationswerkzeuge für allgemeine oder auch spezifische Anwendungen. Als wichtige in Deutschland entwickelte Vorläufer der heute bekannten ereignisdiskreten Simulationswerkzeuge für Produktion und Logistik können folgende Werkzeuge, angegeben jeweils mit Geburtsjahr und -ort, verzeichnet werden: 1977 Simflex (Kassel/Berlin), 1980 DOSIMIS-3 (Dortmund), 1986 Simple Mac (Stuttgart), 1986 Simplex (Erlangen/Passau), 1987 MOSYS (Berlin), 1988 SIMPRO (Berlin). In den 1960er bis 1980er Jahren fanden ebenfalls im internationalen Bereich umfangreiche Entwicklungen zur Simulation statt. Hier sind als Vorläufer der heutigen Werkzeuge unter anderem GASP, SIMSCRIPT, WITNESS (Vorgänger: SEE-WHY, FORSSIGHT), SIMAN/ CINEMA, SLAM/TESS oder auch SIMFACTORY, ProModel und AutoMod (vgl. beispielsweise Bell und O'Keefe 1986; Nance 1993) oder auch Taylor II (Robinson 2005 sowie Hollocks 2006) zu nennen. Hollocks (2006) beschreibt in seinem Rückblick auf vierzig Jahre Simulation die teilweise gemeinsamen Wurzeln einiger dieser Werkzeuge. Internationale Übersichten über aktuelle Simulationswerkzeuge finden sich beispielsweise in Swain (2015), der in zweijährigen Abständen Marktübersichten zur Verfügung stellt. Nach dem Beginn ihrer Entwicklung wurden die einzelnen Simulationswerkzeuge in den Folgejahren sukzessive in Bezug auf Funktionalitäten und umfassende Bausteinbibliotheken, aber auch in

Bezug auf Offenheit und Integrierbarkeit z. B. über Schnittstellen zu Datenbanken oder zu Werkzeugen zur statistischen Analyse, zur Animation oder zu CAD erweitert. Einige dieser Schnittstellen diskutieren wir in Abschnitt 6.4. Existierten für solche Funktionalitäten am Markt keine Werkzeuge, die über Schnittstellen eingebunden werden konnten, entwickelten sich oftmals unterschiedliche Lösungen, die in Teilen heute auch in den Werkzeugen zu finden sind. Dies gilt beispielsweise für die Animation (vgl. Abschnitt 2.4). Hier sind Simulationswerkzeuge mit integrierter oder mit speziell für dieses Simulationswerkzeug angegliederter Animationskomponente (vgl. Wenzel 1998) entstanden. Ergänzend sei erwähnt, dass auch eine Kopplung von Simulationswerkzeugen mit allgemein einsetzbaren Animationswerkzeugen möglich ist.

Mit dem erhöhten Durchdringungsgrad der Simulation in der industriellen Anwendung und der Forderung nach stärker standardisierten Simulationsanwendungen entstanden darüber hinaus unternehmensübergreifende Lösungen für einzelne Branchen (vgl. hierzu für die Automobilindustrie Mayer und Pöge 2010 und für den Schiffbau Steinhauer 2011). Aufgrund der Tatsache, dass die Simulation heute eine wichtige Methode bei der Umsetzung der Digitalen Fabrik (Bracht et al. 2011, S. 79ff) darstellt und auch für die Entwicklungen im Bereich Industrie 4.0 von großer Bedeutung (acatech 2013) sein wird, stehen verstärkt Schnittstellenentwicklungen und Integrationskonzepte im Fokus.

Parallel zur Entwicklung der Simulationswerkzeuge entstanden bereits in den 1980er Jahren erste Klassifikationen. Schmidt (1988) ordnet Simulationssoftware in vier von ihm als „Level" bezeichnete Ebenen ein, die von Noche und Wenzel (1991) durch die Einführung einer fünften Ebene verfeinert wurden:

- Ebene 0: Programmiersprachen ohne Erweiterungen oder Anpassungen für simulationsspezifische Bedarfe,
- Ebene 1: Programmiersprachen mit Basiskonzepten zur leichteren Modellierung von dynamischen Vorgängen,
- Ebene 2: Simulationswerkzeuge mit bereits implementierten allgemeinen Komponenten für beliebige Anwendungen,
- Ebene 3: Simulationswerkzeuge mit spezifischen Komponenten für einen Anwendungsbereich (z. B. Produktion und Logistik),
- Ebene 4: Spezialsimulationswerkzeuge, die spezifische Komponenten für ein abgegrenztes Teilgebiet eines Anwendungsbereiches enthalten.

Die einzelnen Ebenen unterscheiden sich in der Allgemeingültigkeit der Anwendung, wobei die Übergänge zwischen den Ebenen aufgrund der Möglichkeiten zur Programmierung fließend sind. Programmiersprachen auf den Ebenen 0 und 1 besitzen die höchste Allgemeingültigkeit, aber den geringsten Anwendungsbezug. Hier muss der Modellierer sämtliche Prozesse bzw. Bausteine des Anwendungsbereiches selbst implementieren. Er hat dabei aber alle Freiheiten, die die jeweilige Programmiersprache bietet. Auf den Ebenen 2 bis 4 nimmt der Anwendungsbezug dann stetig weiter zu, die Allgemeingültigkeit dagegen ab. Je geringer der Anwendungsbezug ist, desto höher ist der Aufwand bei der Erstellung eines Simulationsmodells für eine konkrete Anwendung aufgrund notwendiger, oftmals umfangreicher Programmiertätigkeiten. Simulationswerkzeuge der Ebene 2 bieten allgemeine Simulationskomponenten an, die nicht auf einen Anwendungsbereich zugeschnitten sind. Auf dieser Ebene sind beispielsweise Simulationssprachen oder auch Werkzeuge unter Verwendung von Petrinetzen (vgl. Abschnitt 3.3.3) einzuordnen. Werkzeuge auf den Ebenen 3 und 4 hingegen enthalten stärker auf das Anwendungsgebiet zugeschnittene Komponenten. Dies können beispielsweise Bibliotheken mit anwendungsnahen Bausteinen (zum Bausteinkonzept vgl. Abschnitt 3.3.1) sein. In diesen Fällen kann der Modellierer große Teile des Modells über eine Auswahl, Positionierung und Parametrisierung der Bausteine erstellen, wobei systemspezifische Steuerungen auch hier in aller Regel zu programmieren sind (vgl. Abschnitt 6.3).

Eine etwas andere Form der Klassifizierung der Werkzeuge zur Simulation für den Bereich Produktion und Logistik teilt in Anlehnung an Wenzel und Noche (2000) sowie Hollocks (2006, S. 1391) in Simulationssprachen, Simulationswerkzeuge und Spezialwerkzeuge ein.

Simulationssprachen (vgl. Abschnitt 3.3.4 erlauben die Erstellung des Simulationsmodells als Programm in einer vorgegebenen Syntax, möglicherweise unter zusätzlicher Verwendung einer Funktionsbibliothek. Das Simulationsmodell selbst ist ein Programm, das für die meisten gängigen Simulationssprachen mittels eines Compilers übersetzt wird.

Simulationswerkzeuge stellen eigenständige Programmpakete mit einer bestimmten Funktionalität dar. Ihre Programmbestandteile sind die Ablaufsteuerung und Ereignisverwaltung (vgl. Abschnitt 3.2), die bereitgestellten Modellelemente, die interne Datenverwaltung, die Bedienoberfläche, Statistikfunktionen sowie die Schnittstellen zu externen Programmen (vgl. Abschnitt 6.4). Das Simulationsmodell wird als Eingabedatei des Simulationswerkzeuges eingelesen und verarbeitet. Simulationswerkzeuge lassen sich entsprechend ihres Grades an Offenheit unterscheiden. *Offene* Simulationswerkzeuge lassen es zu, neue Bausteine und auch Funktionen – gegebenenfalls auch innerhalb gegebener Bausteine – anwendungsbezogen zu beschreiben und innerhalb des Werkzeuges zu ergänzen. Dadurch lassen sich Lösungen erarbeiten, die auf eine spezifische Domäne oder eine einzelne Anwendung zugeschnitten sind. Als Beispiele können an dieser Stelle erneut Mayer und Pöge (2010) sowie Steinhauer (2011) dienen, die

auf Basis eines offenen Simulationswerkzeuges jeweils branchenspezifi-
sche Bausteinkästen für die Automobilindustrie bzw. für den Schiffbau
beschreiben. Neben diesen offenen Simulationswerkzeugen gibt es weniger offene Werkzeuge, die beispielsweise nur eine Erweiterung der Bausteinbibliothek über neu modellierte Bausteine zulassen. Geschlossene Simulationswerkzeuge bieten lediglich einen Standardfunktionsvorrat und
Standardbausteine an und ermöglichen keine anwenderspezifischen Erweiterungen.

Die angebotenen Modellelemente können sich an den Prozessen innerhalb des Systems (auch prozess- bzw. ablauforientierte Sicht genannt) oder
an der Systemtechnik und -struktur (auch struktur- oder aufbauorientierte
Sicht genannt) orientieren, wie wir bereits bei den bausteinorientierten
Modellierungskonzepten in Abschnitt 3.3.1 gesehen haben. Bei der prozessorientierten Sicht wird das Systemlayout in der Regel nicht abgebildet.
Bei der technikorientierten Sicht bieten Simulationswerkzeuge entweder
eine schematische oder eine layoutbasierte, maßstabsgetreue Modellierung
an. Einige Simulationswerkzeuge lassen zudem beide Sichten bei der Modellierung gleichberechtigt nebeneinander zu.

Gerade für neuere Anwendungsbereiche der Simulation (beispielsweise
Geschäftsprozesssimulation) stehen heute *Spezialwerkzeuge* zur Verfügung. Hier sei allerdings darauf hingewiesen, dass Werkzeuge oftmals als
Simulationswerkzeug am Markt angeboten werden, nach unserem Verständnis aber keine Simulationswerkzeuge, sondern beispielsweise Visua-
lisierungs- oder Optimierungswerkzeuge sind. Der Anwender muss daher
bei der Auswahl dieser Werkzeuge sorgfältig den Funktionsumfang prüfen. Werkzeuge für sehr eingeschränkte Aufgabenstellungen, wie sie in
den 90er Jahren z. B. für die Simulation von Lagersystemen oder flexiblen
Fertigungssystemen existierten, sind nahezu vollständig vom Markt ver-
schwunden (Wenzel und Noche 2000).

6.2 Modellierung des Zufalls

In Kapitel 4 haben wir statistische Grundlagen und ihre Relevanz für die
Simulation von Produktions- und Logistiksystemen erläutert. Um mit Zufallsprozessen in Simulationsstudien in angemessener und effizienter Weise umgehen zu können, müssen Simulationswerkzeuge die Modellierung
dieser Prozesse unterstützen. Folgende Funktionalitäten sind in diesem Zusammenhang sinnvoll:

- Erzeugung von gleichverteilten Pseudo-Zufallszahlen (vgl. Abschnitt
  4.8),

- Erzeugung von Stichproben aus unterschiedlichen Verteilungen (vgl. Abschnitte 4.4.3 und 4.8.2),
- Verteilungsanpassung (vgl. Abschnitt 4.7).

Allerdings unterscheiden sich Art und Umfang der angebotenen Unterstützung und der umgesetzten Implementierung dieser Funktionalitäten von Simulationswerkzeug zu Simulationswerkzeug zum Teil ganz erheblich. Grundsätzlich sollte jedes Simulationswerkzeug Zufallszahlengeneratoren zur Ermittlung von Pseudo-Zufallszahlen bereitstellen. Unterschiede finden sich allerdings in der Implementierung der Verfahren dieser Zufallszahlengeneratoren und den zur Verfügung gestellten statistischen Verteilungen. Darüber hinaus unterscheiden sich Qualität und Umfang der zur Verfügung gestellten Hilfsmittel zur Verteilungsanpassung.

Aus zumindest zwei Gründen ist es ratsam zu verstehen, mit welchem (oder welchen) Verfahren das verwendete Simulationswerkzeug Zufallszahlen erzeugt. Der erste Grund sind die in Abschnitt 4.8.3 erläuterten Regeln für den Umgang mit Zufallszahlenströmen. Ihre Anwendung setzt voraus, dass das Simulationswerkzeug mehrere unabhängige Zufallszahlenströme bereitstellt und die Anwender die Startwerte dieser Ströme festlegen können oder das Simulationswerkzeug explizit unterschiedliche Startwerte vergibt. Hilfreich wäre in diesem Zusammenhang allerdings auch, wenn die Software zusätzlich dokumentieren würde, welcher Prozess Zufallszahlen aus welchem Strom verwendet. Zumindest sollte der Modellierer wissen, ob ein oder mehrere Zufallszahlenströme zur Verfügung stehen und wie die Festlegung der Startwerte erfolgt.

Der zweite Grund, sich mit den Zufallszahlengeneratoren im verwendeten Simulationswerkzeug auseinanderzusetzen, ist noch etwas grundsätzlicher. Wie unter anderem von L'Ecuyer (2001) problematisiert wird, weist nicht jeder in kommerziellen Simulationswerkzeugen zur Verfügung gestellte Zufallszahlengenerator aus statistischer Sicht einwandfreie Eigenschaften auf. L'Ecuyer regt in diesem Zusammenhang an, Simulationswerkzeughersteller explizit zur Verwendung qualitativ hochwertiger Zufallszahlengeneratoren aufzufordern. Auch heute besitzt diese Forderung vor dem Hintergrund der in Abschnitt 4.8 diskutierten Anforderungen an die Erzeugung von Zufallszahlen unverändert Gültigkeit. Insgesamt ist es für einen Modellierer in der Regel nicht erforderlich, die Implementierung eines Generators im Einzelnen nachzuvollziehen. Für ihn ist aber wichtig zu wissen, welches Verfahren implementiert ist. Gegebenenfalls muss er sich über die Durchführung entsprechender Tests rückversichern, dass die statistischen Eigenschaften des verwendeten Generators für den gewünschten Einsatzzweck hinreichend sind.

Während Informationen über den zugrundeliegenden Zufallszahlengenerator in vielen Fällen nicht unmittelbar zugänglich sind und unter Umständen nur direkt beim Softwarehersteller erfragt werden können, lässt sich durch einen Blick in die Dokumentation oder durch erste Arbeitsschritte mit dem Werkzeug sehr schnell feststellen, welche statistischen Verteilungen vom Simulationswerkzeug zur Verfügung gestellt werden. Auch diesbezüglich sind die Unterschiede zwischen den Softwarepaketen recht groß. Aus Sicht der Anwendung in Produktion und Logistik können die in Abschnitt 4.4.3 zusammengestellten Verteilungen als ein vom Simulationswerkzeug anzubietender Mindestumfang betrachtet werden.

Einige Simulationswerkzeuge bieten für die bereitgestellten Verteilungen die Möglichkeit an, eine Begrenzung durch untere und obere Schranken vorzunehmen (vgl. Abschnitt 4.9). In diesem Fall empfiehlt es sich auch hier, die Implementierung zu hinterfragen. Häufig erfolgt die Umsetzung der Begrenzung nämlich einfach dadurch, dass solange aus der entsprechenden unbegrenzten Verteilung gezogen wird, bis der dabei erhaltene Wert zwischen der unteren und oberen Schranke liegt. Der Algorithmus 7 zeigt beispielhaft eine solche Implementierung.

Die globale Variable *maxIterations* steht für eine maximale Anzahl von Versuchen, die vom Modellierer bei einigen Simulationswerkzeugen für das Ziehen aus begrenzten Verteilungen parametrisiert werden kann. Eine solche Obergrenze für die Anzahl der Schleifendurchläufe ist dann hilfreich, wenn die Schranken so gewählt werden, dass die Fläche unter der begrenzten Funktion sehr klein wird (vgl. Formeln 4.59 und 4.60). Wird durch die Wahl der Schranken die Fläche unter der ursprünglichen Verteilungsfunktion beispielsweise auf ein Hundertstel begrenzt, so muss die Schleife in Algorithmus 7 im Schnitt hundert Mal durchlaufen werden, bevor eine Zufallszahl als Ergebnis zurückgegeben werden kann. Dies hat

Algorithmus 7. Ziehen aus einer begrenzten Verteilung

```
i = 0
repeat
     Erzeuge eine Zufallszahl x aus der
     unbegrenzten Dichtefunktion f
     i = i + 1
until x liegt innerhalb der Schranken or
      i > maxIterations

if i > maxIterations then
     Warnhinweis ausgeben
else
     result = x
```

entsprechende Konsequenzen für die Laufzeit des Simulationsmodells. Problematischer sind die Auswirkungen auf die erwarteten Kenngrößen wie den Erwartungswert, der beispielweise für die Exponentialverteilung nicht mehr zwangsläufig dem für die unbeschränkte Verteilung geltenden Wert 1 / λ entspricht (vgl. Abschnitt 4.9).

Unterschiede zwischen den Simulationswerkzeugen gibt es auch hinsichtlich der Implementierung von *Störungen*, die für Simulationsmodelle in Produktion und Logistik einen wesentlichen stochastischen Einflussfaktor darstellen. In Abschnitt 4.9 haben wir gesehen, dass das Störverhalten von Ressourcen vom Fehlerabstand und von der Fehlerdauer bestimmt wird. Nun ist allerdings beim Fehlerabstand keineswegs selbstverständlich, worauf er sich bezieht. So gut wie alle Simulationswerkzeuge stellen zunächst einmal sogenannte simulationszeitabhängige Störungserzeugung („Time-dependent Breakdown") zur Verfügung. Dabei wird der Fehlerabstand auf die verstrichene Simulationszeit bezogen. Ein mittlerer Fehlerabstand von 90 Minuten wie in unserem Beispiel in Abschnitt 4.9 führt bei dieser Vorgehensweise dazu, dass im Mittel 90 Minuten nach dem Ende einer behobenen Störung erneut eine Störung auftritt, und zwar völlig unabhängig davon, was die von der Störung betroffene Maschine in der Zwischenzeit gemacht hat. Das ist für einige Anwendungen auch völlig in Ordnung, während es in anderen Fällen wünschenswert ist, dass die nächste Störung dann auftritt, wenn die Maschine in der Zwischenzeit durchschnittlich 90 Minuten gearbeitet hat. Arbeitet die Maschine nicht ununterbrochen, führt das zu einem späteren Störungszeitpunkt als bei zeitabhängiger Störungserzeugung. Eine von den Zuständen der zu störenden Ressource (vgl. Abschnitt 2.6.1) abhängige sogenannte *nutzungsabhängige Störung* („Operation-dependent Breakdown") ist im Allgemeinen aufwendiger in der Berechnung als die zeitabhängige Störung. Bei den zeitabhängigen Störungen muss zur Bestimmung des nächsten Störzeitpunktes nur eine Zahl aus der Verteilung gezogen werden, die den Fehlerabstand bestimmt. Demgegenüber muss bei nutzungsabhängigen Störungen zusätzlich ein Abgleich mit den Zeitanteilen der relevanten Zustände der Ressource erfolgen. Das ist sicherlich ein wesentlicher Grund dafür, warum einige Simulationswerkzeuge ausschließlich zeitabhängige Störungen anbieten. Dagegen fordern andere Softwarepakete den Modellierer bei der Abbildung von Störungen explizit zu der Angabe auf, ob sich die Fehlerabstände auf die Simulationszeit beziehen oder nutzungsabhängig sein sollen. Zudem sollte der Modellierer sich darüber informieren, wie innerhalb des verwendeten Simulationswerkzeuges MTTR und MTBF definiert sind, da es teilweise von den in Abschnitt 4.9 dargestellten Formeln abweichende Implementierungen gibt.

6.3 Modellierung von Steuerungen

In realen Produktions- und Logistiksystemen lassen sich Steuerungen unterschiedlichen Ebenen zuordnen. Eine Möglichkeit zur Darstellung dieser Ebenen ist die im Produktionsbereich regelmäßig verwendete Automatisierungspyramide (vgl. Heinrich et al. 2015, S. 4). Grundsätzlich vergleichbare Strukturen finden sich für Steuerungssysteme auch in der Lagerlogistik (vgl. Jünemann und Beyer 1998, S. 145; ten Hompel und Schmidt 2010, S. 226). Abbildung 47 fasst die in der Lagerlogistik und in der Automatisierung verwendeten Ebenenbezeichnungen etwas vereinfacht zusammen. Die einzelnen Ebenen werden im Folgenden kurz charakterisiert, da grundlegendes Wissen über ihre Funktion für die Modellierung realer Produktions- und Logistiksysteme hilfreich und wichtig ist. Die meisten der den Ebenen zugeordneten IT-Systeme haben wir bereits in Abschnitt 5.4.2 als Datenquellen für die Erstellung und Parametrisierung von Simulationsmodellen kennengelernt.

Auf der obersten administrativen Ebene können insbesondere die in den ERP- und PPS-Systemen umgesetzten Verfahren der Absatzplanung, der Produktionsplanung und -steuerung sowie der Beschaffungsplanung für die Simulation von Produktions- und Logistiksystemen relevant sein (Kurbel 2011, S. 21-222). Betriebswirtschaftliche Funktionen der ERP-Systeme, wie beispielsweise aus dem Finanz- und Rechnungswesen sowie der Personalwirtschaft (vgl. Hansen et al. 2015, S. 152-165), sind hingegen zumeist nicht von Interesse für die Umsetzung in Simulationsmodellen.

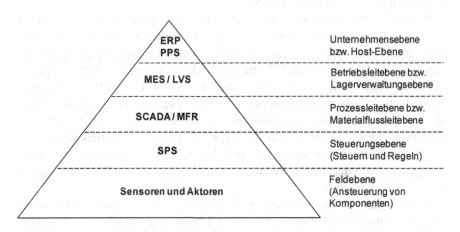

Abb. 47. Automatisierungspyramide einschließlich der entsprechenden Ebenen für Steuerungssysteme in der Lagerlogistik (in Anlehnung an Heinrich et al. 2015, S. 4)

Die Betriebsleitebene wird in der Produktion oftmals über MES und in der Lagerlogistik über LVS umgesetzt. Den MES werden Funktionen mit dispositivem Charakter wie Produktionsfeinplanung, Kapazitätsplanung sowie Materialmanagement zugeordnet (für eine Übersicht zu MES vgl. Kletti 2015). Aktuelle MES bieten weitreichende Funktionen zur Unterstützung des Fertigungsmanagements an (VDI 2016c). In den LVS sind beispielsweise Funktionen der Lager- sowie Auftragsverwaltung angesiedelt. Die Prozessleitebene wird im Kontext der Produktionssysteme als *Supervisory Control and Data Acquisition* (SCADA) bezeichnet. SCADA-Systeme dienen der Koordination – im Sinne einer übergeordneten Bedienung und Steuerung – der laufenden Prozesse und Produktionsaufträge. Neben Überwachung und Visualisierung der laufenden Prozesse können SCADA-Systeme auch Steuerbefehle versenden, um bei Bedarf aktiv in den technischen Prozess einzugreifen. Diese Eingriffe dienen meist der Reaktion auf außergewöhnliche Systemzustände (vgl. Daneels und Salter 1999). Zum Teil beinhalten SCADA-Systeme auch Analysekomponenten, um beispielsweise Vorhersagen über künftige Probleme im Prozessablauf zu machen (vgl. Zhang und Wang 2014). Einige der genannten Funktionalitäten werden auch den BDE-Systemen zugeordnet, die der Datenerhebung und –bereitstellung dienen. Analog werden Materialflussrechner (MFR) zur Koordination teil- oder vollautomatisierter logistischer Prozesse mit den entsprechenden Transportaufträgen eingesetzt. Eine Materialflussleitebene kann sich dabei beispielsweise aus einem übergeordneten, koordinierenden MFR sowie mehreren Bereichssteuerungen, wie z. B. Staplerleitsystemen oder Hochregallagersteuerungen, zusammensetzen (ten Hompel und Schmidt 2010, S. 9).

Sowohl SCADA-Systeme als auch MFR sind hierzu mit unterlagerten Speicherprogrammierbaren Steuerungen (SPS) informationstechnisch verbunden, die die eigentliche (techniknahe) Steuerung und Regelung umsetzen (vgl. Wellenreuther und Zastrow 2015). So kann ein MFR beispielsweise Informationen von einer SPS über die Einfahrt eines PCs auf einem Fördertechnikelement erhalten, bei mehreren Nachfolgeelementen auf Basis der aktuellen Belegungssituation anderer Bereiche über das nächste Ziel dieses PCs entscheiden und das Ergebnis an die SPS zurückgeben.

SPS kommunizieren wiederum mit der Feldebene. Auf der Feldebene erfolgt die Ansteuerung der Sensoren und Aktoren, um die Entscheidungen höherer Ebenen umzusetzen.

Je nach Anwendungszweck eines Simulationsmodells sind in aller Regel Steuerungen einer oder mehrerer dieser Ebenen zu modellieren. Für Modelle zur Bewertung von Lieferketten (Supply Chain Simulation) sind beispielsweise vor allem ERP- bzw. PPS-Funktionen, wie z. B. verschiedene Bestellpolitiken oder Algorithmen zur Produktionsgrobplanung, detailliert

abzubilden (vgl. Abschnitt 2.7). Bezogen auf unser Beispiel der PC-Fertigung wären neben der Ablauflogik der SPS für die Fördertechnik auch
übergeordnete Steuerungen auf der Ebene der Lagerverwaltung (zumindest
für die Durchlaufregale und die Bereitstellflächen) sowie der Materialflussleitebene (Staplersteuerung sowie Füllstandsüberwachung in der Fördertechnik für die PCs) zu modellieren, während die administrative Ebene
in diesem Fall als einfache Auftragseinsteuerung an der Quelle umgesetzt
werden kann.

Grundsätzlich sollte bei der Modellierung von Steuerungen darauf ge-
achtet werden, dass eine Modularisierung analog zur Architektur der
Steuerungen des betrachteten realen oder geplanten Systems erfolgt, um
eine einfache Übertragbarkeit der entwickelten Abläufe aus dem Simulationsmodell in reale Informations- und Steuerungssysteme zu gewährleisten. Die Umsetzung einer ähnlichen Architektur ist zudem eine wesentliche Voraussetzung, um ein Simulationsmodell auch für Tests der realen
Steuerungssoftware nutzen zu können. Wir greifen diese als *Emulation* bezeichnete Anwendung in Abschnitt 7.3 auf.

Im Folgenden wenden wir uns den unterstützenden Funktionen von Simulationswerkzeugen zur Abbildung von Steuerungen auf den unterschiedlichen Ebenen zu. Abläufe auf der SPS-Ebene, wie beispielsweise
das Weiterreichen unserer PCs von einem Puffer auf eine Montagestation
oder von einer Montagestation auf den nachfolgenden Puffer, sind in vielen Simulationswerkzeugen über vorhandene Ereignisroutinen implementiert (vgl. Abschnitt 3.2.4). Darüber hinaus bieten viele Simulationswerkzeuge ergänzende Standardsteuerungen auf Bausteinebene an, die der Anwender lediglich parametrisieren muss und die über das einfache Weiterreichen an einen unmittelbaren Nachfolger hinausgehen. Im Falle mehrerer
Nachfolger oder Vorgänger greifen in Materialflusssystemen dann z. B.
Vorfahrtstrategien wie First Come – First Served (FCFS) oder Verteilstra-
tegien wie das Round-Robin-Verfahren („reihum"), die Verteilung nach
Objekttyp oder nach kürzester Warteschlange. Hier muss der Modellierer
lediglich eine Strategie für den Baustein auswählen und gegebenenfalls
weitere Parametrisierungen vornehmen.

Auch für übergeordnete Steuerungen auf Prozess-, Betriebsleit- sowie
Unternehmensebene finden sich in einigen Simulationswerkzeugen Funktionen oder Bausteine, die lediglich parametrisiert werden müssen. Diese
dienen dazu, beispielsweise Netzwerke zu steuern oder Ressourcen zu dis-
ponieren. So gibt es etwa Bausteine für die Disposition von Fahrzeugen,
die wir in unserem Beispiel für die Modellierung der Staplersteuerung nutzen könnten. Eine weitere Funktion in diesem Zusammenhang ist auch die
automatische Wegfindung in komplexen Wege- bzw. Materialflussnetzen
auf Basis der Berechnung kürzester Wege (vgl. Gutenschwager et al. 2012

für einen Vergleich verschiedener Algorithmen und Implementierungen in ausgewählten Werkzeugen).

Allerdings sind in Produktions- und Materialflusssystemen viele komplexe Steuerungen vor allem auf Prozess- sowie Betriebsleitebene auf die spezifischen Anforderungen, die sich aus individuellen Anlagen und Prozessen ergeben, abzustimmen, sodass keine vorgegebenen Implementierungen in Simulationswerkzeugen vorliegen können oder die vorliegenden Implementierungen diese individuellen Strategien nicht hinreichend genau abbilden. In solchen Fällen ist es erforderlich, benutzerdefinierte Strategien zu programmieren.

Viele Simulationswerkzeuge ermöglichen, benutzerdefinierte Strategien auf allen Ebenen der Steuerungssysteme durch unterstützende Beschreibungsmittel wie beispielsweise Entscheidungstabellen oder durch ergänzende Programmierung umzusetzen. Oftmals wird auch eine Kombination unterschiedlicher Möglichkeiten angeboten. Ein Beispiel für eine Entscheidungstabelle findet sich in Abschnitt 5.3.2. Für die Programmierung bieten einige Simulationswerkzeuge eine spezifische Skriptsprache an, andere ermöglichen die Erstellung von ergänzendem Programmcode direkt in einer Programmiersprache (vgl. dazu auch die Abschnitte 3.3.1 und 3.3.4). Zudem stehen in einigen Simulationswerkzeugen graphische Unterstützungsfunktionen für die Programmierung zur Verfügung. Ergänzend besteht bei vielen Werkzeugen die Möglichkeit, über Schnittstellen auch externe Programme oder Datenbanken anzubinden, um beispielsweise Funktionen der Lagerverwaltungsebene umzusetzen (Abschnitt 6.4).

6.4   Schnittstellen für den Datenaustausch

In diesem Abschnitt befassen wir uns mit Schnittstellen, die Simulationswerkzeuge typischerweise für den Datenaustausch bereitstellen. Diese lassen sich wie folgt unterscheiden:

- Dateischnittstellen für den Austausch von Daten als Textdateien,
- Graphikschnittstellen,
- Datenbankschnittstellen,
- Kommunikationsschnittstellen.

Dateischnittstellen können für einen einfachen Austausch von zeichenorientierten Daten, wie sie auch in beliebigen Editoren bearbeitet werden können, genutzt werden. Viele Daten, wie Stamm- oder Auftragsdaten, liegen tabellenförmig mit einer fest definierten Anzahl an Spalten und einer beliebigen Anzahl an Zeilen vor. Hier kann beispielsweise ein CSV-Format für den Datenimport genutzt werden. Das gleiche Format kann auch für den Datenexport, etwa von Messgrößen zur Bewertung der Produktionsmenge oder zur Auslastung von Montagestationen eingesetzt werden (typischerweise nach Abschluss eines Simulationslaufes). Für viele Simulationswerkzeuge sind auch entsprechende Schnittstellen für den Import und Export von Dateien im Format spezieller Tabellenkalkulationsprogramme verfügbar. Einige Simulationswerkzeuge bieten zudem Schnittstellen für den Import und Export von zeichenorientierten Dateien auf Basis der eXtensible Markup Language (XML) an (vgl. Vonhoegen 2015).

Die zweite Schnittstellenkategorie sind Graphikschnittstellen, die z. B. bei der Modellerstellung genutzt werden können. Hierzu zählen verschiedene CAD-Datenformate, wie beispielsweise DXF, IGES oder STEP, ebenso wie Graphikbildformate, wie beispielsweise JPEG, BMP, GIF oder PNG. Bei einigen dieser Formate handelt es sich um Pixelgraphiken (z. B. JPEG und GIF) und bei anderen um Vektorgraphiken (insbesondere die CAD-Datenformate). Relevant ist diese Unterscheidung insofern, als bei Simulationswerkzeugen, die Graphiken als Pixelgraphik (Bitmap) verwalten, in der Regel keine stufenlose Vergrößerung oder Verkleinerung der Darstellung möglich ist. Weiter finden sich 3D-Graphikformate wie 3DS oder auch VRML für bewegte 3D-Szenen. Oftmals werden auch Schnittstellen zur Erzeugung von Filmsequenzen, beispielsweise als AVI-Datei, angeboten. Weitere Informationen zu den Graphikformaten finden sich z. B. bei Bracht et al. (2011, S. 189-196).

Für eine strukturierte, langfristige Speicherung von Eingangs- und Ergebnisdaten bieten sich Datenbanken an. Bei den heute überwiegend eingesetzten relationalen Datenbanken erfolgt der Zugriff auf die Daten mit Hilfe der *Structured Query Language* (SQL). Über eine *Datenbankschnittstelle* kann eine Verbindung mit dem jeweiligen *Datenbankmanagementsystem* (DBMS) aufgebaut werden, das die SQL-Anweisungen ausführt. Der Datenaustausch kann über DBMS-spezifische Schnittstellen oder über *Open Database Connectivity* (ODBC) erfolgen. ODBC ist eine häufig eingesetzte Implementierung des sogenannten *Call Level Interface* (CLI) von SQL. In dem CLI-Standard ist eine Datenbankschnittstelle für unterschiedliche Programmiersprachen spezifiziert (vgl. Saake et al. 2013, S. 430-431).

Mit *Kommunikationsschnittstellen* kann zur Laufzeit auf Objekte externer Programme zugegriffen werden. *Object Linking and Embedding* (OLE) ist beispielsweise eine herstellerspezifische Schnittstelle, um eine entsprechende Zusammenarbeit unterschiedlicher OLE-fähiger Applikationen zu unterstützen. In einigen Werkzeugen wird so z. B. ein direkter Zugriff auf einzelne Zellen von Tabellenkalkulationsprogrammen aus den Modellen heraus unterstützt.

Kommunikationsschnittstellen dienen ferner der Integration von Simulationsmodellen und externer Software für Produktions- und Logistikanlagen zur Laufzeit eines Modells. Dabei können beispielsweise die folgenden Schnittstellen genutzt werden, die auch für die Kommunikation in realen Anwendungen zwischen Softwarekomponenten auf unterschiedlichen Ebenen der Automatisierungspyramide (vgl. Abb. 47) eingesetzt werden:

- *Sockets* stellen eine Softwareschnittstelle für eine bidirektionale Interprozess- oder Netzwerkkommunikation dar und bieten die erforderlichen Funktionalitäten für das Versenden und Empfangen von Nachrichten an. Auf diese Weise kann ein Telegrammverkehr zwischen verschiedenen Anwendungen realisiert werden. Zu beachten ist, dass Sockets nur die technische Basis für den Nachrichtenaustausch über Netzwerke zur Verfügung stellen. Die Strukturierung aus dem Simulationswerkzeug heraus zu versendender und die Interpretation eingehender Nachrichten ist spezifisch für die jeweilige Anwendung und muss in der Regel ergänzend programmiert werden.
- *OPC-Schnittstellen* (Open Platform Communications) werden von einigen Simulationswerkzeugen für eine direkte Kommunikation auf Ebene der SPS angeboten. Bei einer entsprechenden Kopplung werden im Simulationsmodell zur Abbildung der Steuerungen nur noch Sensoren und Aktoren auf der Feldebene modelliert, die direkt mit der jeweiligen SPS über eine OPC-Schnittstelle kommunizieren. Beim Nachfolger des klassischen OPC, der OPC Unified Architecture (OPC UA), handelt es sich um eine plattformunabhängige Schnittstellendefinition, die den Austausch von Daten zwischen Komponenten unterschiedlicher Typen und Hersteller der Automatisierungstechnik gewährleisten soll (Mahnke et al. 2009, S. 8).

Sowohl Sockets als auch OPC-Schnittstellen spielen insbesondere für die Emulation eine Rolle, die wir weiterführend in Abschnitt 7.3 behandeln.

6.5   Auswahl von Simulationswerkzeugen

Wie bereits an einigen Stellen in Kapitel 3 und in diesem Kapitel erläutert, existieren verschiedene kommerzielle Simulationswerkzeuge für den Bereich Produktion und Logistik. Der Kauf eines Simulationswerkzeuges ist daher – wie der Kauf jedes Softwareproduktes – vorzubereiten und in Abhängigkeit von den gewünschten Softwarefunktionalitäten, Hard- und Softwarerestriktionen und dem zur Verfügung stehenden Budget abzuwägen. Ein systematisches Vorgehen ist die Durchführung einer Nutzwertanalyse, um auf Basis von unternehmensspezifisch festgelegten und gewichteten Auswahlkriterien die in Frage kommenden Simulationswerkzeuge zu bewerten und das Simulationswerkzeug mit dem größten Nutzwert auszuwählen (zur Anwendung der Nutzwertanalyse für die Simulation vgl. Wenzel et al. 2008, S. 92-107). In der Literatur gibt es eine Vielzahl an Kriterien und Kategorien zur Bewertung von Simulationswerkzeugen (vgl. Noche und Wenzel 1991, S. 33-34 und S. 41-44; VDI 1997c; Nikoukaran und Paul 1999; Hlupic et al. 1999 sowie Verma et al. 2008). Nikoukaran und Paul (1999) haben in ihrem Artikel zudem eine Literaturrecherche durchgeführt und Kriterien und Kategorien verschiedener Autoren nebeneinandergestellt.

Aus unserer Sicht können die heute für die Simulation in Produktion und Logistik relevanten Kriterien beispielsweise wie folgt kategorisiert werden:

- *allgemeine und kaufmännische Kriterien* zum Simulationswerkzeug wie Entwicklungsgeschichte, Marktverbreitung, Lizenzpolitik und –kosten, Wartung und Support,
- *ergonomische Kriterien* zur Bewertung der Bedienoberflächengestaltung wie intuitive Bedienbarkeit, Transparenz, leichte Erlernbarkeit oder Vorhandensein von kontextbezogenen Online-Hilfefunktionen,
- *funktionale Kriterien* zur Modellbildung und Visualisierung (z. B. Bereitstellung von Bibliotheken, 3D-Animation), zur Verifikation und Validierung (z. B. Funktionen zum Modelltest wie Konsistenzüberprüfung oder Debugging), zur Experimentdurchführung sowie zur Statistik (z. B. Modellierung von Zufällen, Anzahl der Zufallszahlenströme, Verteilungsanpassung),
- *Kriterien zur Bewertung der Ergebnisausgabe* (statische oder dynamische Berichte, Qualität und Verständlichkeit der Ergebnisstatistiken, Individualisierbarkeit der Berichte, Schnittstellen zur Weiterverarbeitung der Ergebnisse),
- *Kriterien zur Bewertung der Softwareleistung* wie Flexibilität der Software, Robustheit und Ausführungsgeschwindigkeit der Modelle (in Abhängigkeit von der Modellgröße bzw. des Detaillierungsgrades) oder auch Kompatibilität mit anderen Softwarewerkzeugen (weitere Schnittstellen).

Die Anzahl der auf dem Markt erhältlichen Werkzeuge ist allerdings so groß, dass es nicht sinnvoll ist, alle Werkzeuge einer Nutzwertanalyse zu unterziehen oder alle Werkzeuge bezüglich eines Kriterienkataloges einzuordnen. Die Eingrenzung der Werkzeuge bis zur Endauswahl kann beispielsweise in einem dreistufigen Prozess (in Anlehnung an Noche und

Wenzel 1991, S. 29-32) erfolgen, in deren Verlauf dann eine Nutzwertanalyse für einen eingegrenzten Kreis an Werkzeugen erfolgen kann:

1. Grobauswahl auf Basis der Sichtung des Marktangebotes (z. B. per
   Internet), bei der maximal vier bis sechs Simulationswerkzeuge für
   die weiteren Schritte verbleiben sollten,
2. engere Auswahl auf Basis von Testbeispielen, Demonstrationen und
   ggf. bereits einer Nutzwertanalyse, um so eine weitere Eingrenzung
   auf maximal zwei bis drei Simulationswerkzeuge vorzunehmen,
3. Endauswahl auf Basis von Testinstallationen und ggf. einer Nutzwertanalyse.

In der ersten Stufe ist zu klären, ob das Simulationswerkzeug überhaupt
zur Beantwortung der Fragestellungen, die im Unternehmen vorliegen, geeignet ist. In diesem Zusammenhang muss geklärt werden, was simuliert
werden soll, wer mit welcher Qualifikation simulieren wird, welche Hard-
und Softwarerestriktionen (beispielsweise die Notwendigkeit spezifischer
Schnittstellen) vorliegen und wie groß das Budget für die Anschaffung und
die Wartung der Software ist. In einigen Branchen existieren zudem Vor-
gaben für das bei der Durchführung von Simulationsstudien einzusetzende
Simulationswerkzeug. So haben sich in Deutschland Vertreter der Auto-
mobil- und Automobilzulieferindustrie zusammengeschlossen und einen
gemeinsamen VDA Automotive Bausteinkasten (vgl. Mayer und Pöge
2010) entwickelt, der bei ihren Simulationsstudien möglichst durchgängig
eingesetzt werden soll.

Neben dem verfügbaren Budget und den genannten Restriktionen, die in
der Regel schon einen Teil der Simulationswerkzeuge aus der Auswahl
ausscheiden lassen, ist eine wichtige frühzeitig zu beantwortende Frage die
nach dem späteren Nutzer des Simulationswerkzeuges. Existieren im Unternehmen keine Simulationsfachleute und soll auch niemand in diesem
Bereich geschult werden, so ist von einem Softwarekauf abzuraten (siehe
auch Abschnitt 5.8.1). Liegt hingegen Erfahrung mit einem speziellen
Simulationswerkzeug vor, so muss im Sinne der Wirtschaftlichkeit geprüft
werden, ob dieses spezielle Werkzeug eingesetzt werden kann, auch wenn
aufgrund der angebotenen Funktionalitäten ein anderes Werkzeug möglicherweise vorteilhafter erscheint, dieses aber Schulungsaufwand oder sogar Akzeptanzprobleme beim Anwender nach sich ziehen könnte. Dabei
sollte sich die Expertise des Anwenders im Unternehmen grundsätzlich
nicht allein auf gute Programmierkenntnisse, sondern auch auf alle anderen Kompetenzen beziehen, die bei der Durchführung einer Studie zu beachten sind (vgl. Abschnitt 5.1.3).

In der zweiten Stufe ist es hilfreich, an einem Testbeispiel die angebotenen Funktionsumfänge bezüglich der gestellten Anforderungen zu prüfen.

Diese Prüfung kann sich auf allgemeine Funktionen zur Modellerstellung (z. B. Notwendigkeit der automatischen Generierung eines 3D-Modells aus einem erstellten 2D-Modell), zur Simulationsdurchführung (z. B. Notwendigkeit der Durchführung von umfangreichen Experimenten) und zur Ergebnisdarstellung (z. B. Notwendigkeit einer 3D-Animation) beziehen. Zudem sei darauf hingewiesen, dass ein Simulationswerkzeug Software ist und daher wie viele andere Softwareprodukte nie ganz fehlerfrei sein wird. Über die Marktpräsenz eines Simulationswerkzeuges lässt sich allerdings in einem gewissen Rahmen auf Akzeptanz und Qualität eines Simulationswerkzeuges schließen. Auch Erfahrungswerte anderer Anwender können in diesem Zusammenhang sehr hilfreich sein.

In der dritten Stufe sind die verbleibenden zwei bis drei Werkzeuge in Bezug auf ihren Leistungsumfang genauer zu betrachten. Hierzu eignet sich am besten eine Testinstallation, bei der der spätere Anwender auch den Umgang mit dem Werkzeug und die eigene Akzeptanz der Bedienung erfahren kann. Zudem können hier auch konkrete Leistungsumfänge überprüft werden. So kann beispielsweise die Frage gestellt werden, welche Modellelemente in welcher Detaillierung zur Verfügung stehen. Betrachten wir beispielsweise unsere PC-Montage, so kämen Simulationswerkzeuge in Betracht, die die Möglichkeit bieten, Bearbeitungsstationen, Puffer, Fahrzeuge (Stapler) und Fahrwege zu modellieren oder gegebenenfalls sogar entsprechende Modellelemente in einer Bibliothek anbieten. Hierbei ist aber zu bedenken, dass Modellelemente in unterschiedlichen Werkzeugen auch unterschiedliche interne Funktionen beinhalten können. So kann ein Modellelement „Bearbeitungsstation" typabhängige Bearbeitungs- und Rüstzeiten abbilden oder nur eine reine Bearbeitungszeit hinterlegt haben. Auch die Modellierung von Steuerungen (vgl. Abschnitt 6.3) oder die Umsetzung der Erzeugung von Zufallszahlen (vgl. Abschnitt 6.2) kann sich von Werkzeug zu Werkzeug unterscheiden. In vielen Fällen spielt auch die Ausführungsgeschwindigkeit der Simulationsmodelle bei der Auswahl eines Werkzeuges eine Rolle. Wichtige ergänzende Aspekte, die in dieser Stufe ebenfalls geprüft werden sollten, beziehen sich auf ein Angebot an Anwenderunterstützung wie Hotline, Schulungen oder auch Wartung, damit im Fehlerfall oder bei kritischen Anwendungen zeitnahe Unterstützung besteht.

Das beschriebene Vorgehen kann nach eigener Marktkenntnis individuell angepasst werden. Die Vielzahl an abzuwägenden Kriterien zeigt aber, dass ein systematisches Vorgehen erforderlich ist, um eine für das Unternehmen nachvollziehbare Entscheidung zu treffen. Die oben erwähnte Nutzwertanalyse kann hier eine gute Hilfestellung geben.

7 Weiterführende Konzepte und Anwendungen

In diesem letzten Kapitel des Buches werden Themen behandelt, die mit der Simulation in engem Zusammenhang stehen, aber zunächst keine Kernthemen sind. Die ersten beiden Abschnitte stellen methodische Ergänzungen in den Vordergrund, während sich die beiden folgenden Abschnitte der Simulationsanwendung in speziellen Lebenszyklusphasen der untersuchten Produktions- und Logistiksysteme widmen.

Die Darstellung in den vorherigen Kapiteln, insbesondere in den Kapiteln 3 und 5, geht implizit davon aus, dass ein „monolithisches" Simulationsmodell entsteht, das auf einem einzigen Rechner ausgeführt wird. Grundsätzlich ist es jedoch denkbar, ein Modell über mehrere Rechner zu verteilen. Abschnitt 7.1 beschreibt Motivationen und Herausforderungen eines solchen Vorgehens.

Der Abschnitt 7.2 befasst sich mit den möglichen Beziehungen zwischen Simulation und Optimierung und vertieft dann das Thema der simulationsunterstützten Optimierung. Damit werden auch die Ausführungen zu Optimierungsverfahren aus Abschnitt 2.5.1 und Abschnitt 2.5.2 sowie zur Experimentplanung aus Abschnitt 5.5.2 ergänzt.

In den bisherigen Ausführungen zum Vorgehensmodell (Kapitel 5) haben wir uns vornehmlich mit der Anwendung der Simulation im Rahmen der Planung logistischer Systeme befasst. Wie in Abschnitt 2.7 erläutert, stellt die Planung die erste Phase des Lebenszyklus entsprechender Systeme dar. Nach Abschluss der Planung folgen die Phasen der Umsetzung (inklusive Anlauf) sowie anschließend der operative Betrieb. Auch in diesen Phasen kann die Simulation zum Einsatz kommen. In diesem Zusammenhang werden wir die Emulation (Abschnitt 7.3) und die Auftragsfeinplanung (Abschnitt 7.4) als Einsatzmöglichkeiten näher behandeln.

7.1 Verteilte Simulation

Bei Nutzung sehr umfangreicher oder sehr detaillierter Simulationsmodelle entsteht ein entsprechender Aufwand an Rechenzeit, der – bei gegebenen Ansprüchen an statistische Signifikanz – dazu führen kann, dass im verfügbaren Zeitbudget nur eine begrenzte Anzahl von Simulationsläufen durchführbar ist. Daher gab es schon früh Überlegungen, mehrere Computer gleichzeitig einzusetzen. Dabei ist der allgemeinere Begriff der parallelen Simulation vom spezifischeren Begriff der verteilten Simulation zu unterscheiden.

Die *parallele Simulation* bezeichnet den Einsatz mehrerer nahe beieinander angeordneter Prozessoren gleichzeitig (Fujimoto 2015). Dies kann im einfachsten Fall bedeuten, dass die Replikationen für eine zu untersuchende Parameterkonfiguration nicht sequentiell auf dem gleichen Prozessor ausgeführt werden, sondern parallel auf mehreren. Dieser Ansatz stellt somit keine besonderen Anforderungen an das zu erstellende Modell.

Von *verteilter Simulation* wird gesprochen, wenn ein logisch zusammenhängendes Modell über mehrere Computer verteilt wird. Die Verteilung kann dabei in einem lokalen Netzwerk oder über große geographische Entfernungen (etwa unterschiedliche Unternehmen oder global verteilte Niederlassungen) erfolgen (Fujimoto 2000). Schulze et al. (1998) geben als Kennzeichen der verteilten Simulation an: „Komplexe Modelle werden in eigenständige Simulationsmodelle aufgeteilt, wobei jedes selbständige Modell seinen eigenen Speicherbereich, seinen eigenen Prozessor und sein eigenes Zeitmanagement (z. B. seine eigenen Ereignislisten) besitzt". Bei unserem Beispiel aus Abschnitt 2.1 könnten wir beispielsweise die Lagerflächen mit den Gabelstaplern auf einem Computer simulieren (Teilmodell A) und die Montagelinie mit den Durchlaufregalen auf einem anderen (Teilmodell B).

Für den Einsatz verteilter Simulationsmodelle kann es mehrere Motive geben (vgl. Rabe 2000; Lendermann 2006; Straßburger und Schulze 2008). Zunächst erscheint es naheliegend, die Ausführung eines Modells durch den Einsatz mehrerer Computer gleichzeitig zu beschleunigen. Entsprechende Anwendungen finden sich im militärischen Bereich als sogenannte Serious Games (Manojlovich et al. 2003; Dawson et al. 2005). Ein anderes Motiv kann die Anforderung sein, individuelle Prozesse (wie z. B. die Produktionssteuerung) und Daten (wie z. B. unternehmensspezifische Kostensätze) nicht offenzulegen, wie es beispielsweise in Lieferketten mit mehreren beteiligten Unternehmen der Fall sein kann. In diesem Szenario ist es auch denkbar, dass die beteiligten Unternehmen unterschiedliche Simulationswerkzeuge verwenden (Rabe 2003a; McLean et al. 2005). Ein drittes Motiv besteht, wenn sich für unterschiedliche Aspekte der Fragestellung unterschiedliche Simulationswerkzeuge eignen. Beispiele hierfür sind die Verbindung von logistischen mit verfahrenstechnischen Modellen (Bernhard und Wenzel 2002) oder mit Modellen zum Energieeinsatz (vgl. Wenzel et al. 2013). Darüber hinaus ist auch erhöhte Transparenz und Wartbarkeit ein Motiv für die Aufteilung eines Modells. Duinkerken et al. (2002)

geben ein entsprechendes Beispiel der Simulation eines großen Container-
terminals. Zudem kann mit verteilten Modellen die Wiederverwendbarkeit
der einzelnen Modellteile erleichtert werden (vgl. Taghaddos et al. 2008).
Beim Aufbau eines verteilten Modells stellt sich somit die Frage nach
der integrierenden Technologie. An eine solche Technologie ergeben sich
folgende Anforderungen (vgl. auch Bernhard und Wenzel 2006):

- Eine gezielte Kommunikation zwischen den Teilmodellen muss sicher-
  stellen, dass diese sich (soweit erforderlich) über Änderungen von Zu-
  ständen informieren.
- Die Übergabe von Elementen (Material oder Information) aus einem
  Teilmodell in ein anderes muss geregelt sein. Dazu gehört auch die
  Autorisierung, Eigenschaften von Elementen zu verändern.
- Ein Zeitmanagement und damit auch die Koordination von Ereignislis-
  ten muss unterstützt werden.

Im militärischen Bereich hat sich die durch das amerikanische Verteidi-
gungsministerium geförderte *High Level Architecture* (HLA) durchgesetzt,
die 2010 durch das Institute of Electrical and Electronics Engineers (IEEE)
standardisiert wurde (IEEE 2010). Die HLA hat auch einige Anwendungen
für produktionslogistische Aufgaben erfahren (vgl. Rabe und Jäkel 2003;
Raab et al. 2008). Eine Reihe weiterer Anwendungen baut auf proprietären
Technologien auf (vgl. Tan et al. 2003; Daniluk und ten Hompel 2015).
Unabhängig von der verwendeten Technologie liegt eine zusätzliche Herausforderung darin, die Bedeutung der auszutauschenden Daten teilmo-
dellübergreifend festzulegen, damit eine identische Interpretation dieser
Daten auf Basis einer einheitlichen Semantik sichergestellt ist.
    Eine grundsätzliche Problemstellung der verteilten Simulation ist die
Behandlung der Ereignisse. Durch die Auftrennung auf mehrere Teilmodelle existiert keine ganzheitliche Ereignisliste und der grundlegende Algorithmus 1 aus Abschnitt 3.2.1 ist nicht in Reinform anwendbar. Zwar
wäre es denkbar, dass sich die Teilmodelle jeweils über die aktuelle Simulationszeit und damit das global nächste Ereignis verständigen. In diesem
Fall verkehrt sich der Zeitvorteil der Verteilung allerdings nahezu immer
in sein Gegenteil, weil alle Teilmodelle auf das jeweils aktive Teilmodell
warten müssen, welches Folgeereignisse erzeugen könnte, die noch vor
den jeweils nächsten Ereignissen anderer Teilmodelle abzuarbeiten wären.
Werden die Teilmodelle dagegen stärker unabhängig betrieben, kann es
dazu kommen, dass ein Teilmodell ein Ereignis erzeugt, das bereits in der
Vergangenheit eines anderen Teilmodells liegt und damit zu einem logischen Fehler (bei Fujimoto 2000 als Causality Error bezeichnet) führt. Bei
solchen Ereignissen, die aus Sicht eines Teilmodells in der Vergangenheit
liegen, müsste dieses Teilmodell auf den letzten noch konsistenten Stand

zurückgesetzt werden (Rollback). Das würde erfordern, dass ereignisdiskrete Simulationswerkzeuge in der Produktion und Logistik die Zwischenzustände abspeichern, was die meisten Werkzeuge nicht können. Ein Kompromiss aus Genauigkeit und Geschwindigkeit kann erreicht werden, indem Kommunikation und damit logischer Abgleich nur zu bestimmten Zeitpunkten (Synchronisationspunkten) gestattet werden. In Modellen von Lieferketten ist es etwa je nach Anwendungsfall denkbar, einen Abgleich nur einmal pro Werktag zuzulassen. Entscheidend für die Performanz ist der Zeitraum, für den einzelne Teilmodelle ihre Abläufe unabhängig betrachten können (Lookahead). Je länger dieser Zeitraum ist, umso mehr Effizienzgewinn kann durch die Verteilung erwartet werden.

Unabhängig von der Art der Synchronisation entsteht Aufwand für die Integration der Teilmodelle und die Kommunikation führt in jedem Fall zu einem zusätzlichen Rechenaufwand bei der Ausführung des Gesamtmodells. Gleichzeitig lässt sich sagen, dass ein Geschwindigkeitsgewinn durch verteilte Simulation unter bestimmten Bedingungen möglich ist.

7.2   Simulation und Optimierung

In Abschnitt 2.5.1 und Abschnitt 2.5.2 haben wir bereits eine Reihe von Optimierungsverfahren diskutiert und die Grenzen der mathematischen Optimierung behandelt, die sich durch die Komplexität einer gegebenen Problemstellung sowie insbesondere durch stochastische Einflüsse ergeben. Dennoch besteht natürlich die Möglichkeit, Simulation und Optimierungsverfahren geeignet zu kombinieren. Die VDI-Richtlinie 3633 beschreibt in Blatt 12 vier Möglichkeiten der Verknüpfung von Simulation und Optimierung (VDI 2016a). Zunächst lassen sich eine sequentielle sowie eine hierarchische Verknüpfung der beiden Methoden unterscheiden.

Bei einer *sequentiellen Verknüpfung* kann entweder zunächst eine Optimierung durchgeführt werden und anschließend eine Simulation oder umgekehrt. In beiden Fällen stellen die Ergebnisse der ersten Phase Eingangsgrößen für die zweite Phase dar:

- Wird erst eine Optimierung durchgeführt, so wird zunächst ein vereinfachtes, aber exaktes Optimierungsmodell für die betrachtete Problemstellung gelöst. Die Annahme ist dabei, dass sich die so erhaltene beste Lösung (Parameterkonfiguration; vgl. Abschnitte 2.3 und 5.5.2) nur geringfügig von der in einer Simulationsstudie ermittelbaren besten Parameterkonfiguration unterscheidet. In diesem Fall sind in der zweiten Phase nur geringfügige Änderungen in der aus der Optimierung erhaltenen Parameterkonfiguration vorzunehmen, um die tatsächlich beste Lösung mittels Simulation zu finden. Die Idee bei dieser Vorgehensweise ist also, dass die Optimierung gute Ausgangspunkte für die weitere Simulationsstudie liefert. Der Gesamtaufwand für die Experimentdurchführung lässt sich so gegebenenfalls deutlich reduzieren.

• Auch wenn umgekehrt zunächst eine Simulation durchgeführt wird und anschließend eine Optimierung, wird ein vereinfachtes Optimierungsmodell genutzt. Allerdings enthält in diesem Fall das Optimierungsmodell einige Parameter, deren Werte aus der Datenbeschaffung und -aufbereitung nicht unmittelbar verfügbar sind. Bei dieser Vorgehensweise wird die Simulation genutzt, um für diese Parameter Werte zu erzeugen.

Bei dem Ansatz einer *hierarchischen Verknüpfung* sind Optimierung und Simulation stärker verzahnt als bei der sequentiellen Verknüpfung, da hier die jeweils „führende" Komponente die jeweils andere zur Laufzeit mehrfach aufruft:

• Im Fall, dass die Simulation die führende Komponente ist, wird ein Teilproblem, das zur Laufzeit der Simulation zu lösen ist, mittels einer Optimierungskomponente gelöst. Deren Ergebnisse werden im weiteren Verlauf der Simulation genutzt. So kann für das Beispiel der PC-Montage die Disposition der Stapler (Zuordnung der Aufträge zu Staplern und Bestimmung der Reihenfolge der Abarbeitung) als Optimierungsproblem definiert werden. Dieses Optimierungsproblem könnte immer dann gelöst werden, wenn ein neuer Transportauftrag gemeldet wird. Entsprechende Ansätze und Beispiele einer solchen Online-Optimierung finden sich beispielsweise bei Gutenschwager (2002).

• Im zweiten Fall, in dem die Optimierung die führende Komponente ist, dient das Simulationsmodell dazu, Parameterkonfigurationen zu bewerten, die zur Laufzeit der Optimierung generiert werden. Dieser Fall wird auch als simulationsunterstützte Optimierung bezeichnet.

Dieser zuletzt genannte Fall spiegelt sich wegen seiner Bedeutung für die dynamische Experimentplanung (vgl. Abschnitt 5.5.2) auch in einer hohen Anzahl von Implementierungen in Simulationswerkzeugen wider. Simulationsmodell und Optimierungskomponente haben dann folgende Funktionen:

• Das Simulationsmodell dient im Kern dazu, den Zielfunktionswert oder die Zielfunktionswerte zu einer gegebenen Wertebelegung der Entscheidungsvariablen zu ermitteln. Die Entscheidungsvariablen sind dabei eine Teilmenge der Simulationsmodellparameter.

• Die Optimierungskomponente muss die Wertebelegung der Entscheidungsvariablen vorgeben (das Simulationsmodell also in Teilen parametrisieren) und die Durchführung der erforderlichen Anzahl von Simulationsläufen zur Bewertung der betrachteten Parameterkonfiguration anstoßen. Sobald alle Replikationen abgeschlossen sind, müssen die Zielfunktionswerte aus den zugrundeliegenden Ergebnisgrößen bestimmt und an die Optimierungskomponente zurückgegeben werden. Es kann zusätzlich erforderlich sein, weitere Ergebnisgrößen der Simulation an die Optimierungskomponente zurückzugeben, um die Einhaltung von Restriktionen – und damit die Zulässigkeit von betrachteten Lösungen – zu überprüfen.

Wie wir bereits in Abschnitt 2.5.2 gesehen haben, ist eine wesentliche Aufgabe der Meta-Heuristiken (als Verfahren der Optimierungskomponente), den Suchprozess so zu steuern, dass lokale Optima überwunden werden. Ihr Ansatz besteht darin, auch Verschlechterungen im Suchverlauf zuzulassen, in der Erwartung, nach einigen Suchschritten, die wir im Folgenden als Züge bezeichnen, wieder bessere Lösungen zu finden. Sobald aber Verschlechterungen zugelassen werden, besteht die Gefahr, dass bereits untersuchte Lösungen nach einer oder mehreren Iterationen erneut aufgesucht werden. Im Suchverlauf kann es also zu Zyklen kommen. Um diese Zyklen zu vermeiden, arbeiten zahlreiche Meta-Heuristiken mit Akzeptanzkriterien, die angeben, unter welchen Bedingungen ein Zug durchgeführt (akzeptiert) werden darf.

So wird beispielsweise bei Nutzung eines probabilistischen Akzeptanzkriteriums nicht der Zug gewählt, der zur besten Nachbarlösung führt, sondern der nächste Zug wird per Zufall bestimmt. Die einfachste Variante, die eine reine Zufallssuche darstellt, wird als *Random Search* bezeichnet. Dieser Ansatz ist aber wenig effektiv. Um der Suche eine gewisse „Richtung" zu geben, sollte die Wahrscheinlichkeit nicht für alle möglichen verschlechternden Züge gleich sein. Vielmehr sollte die Auswahl von der Lösungsgüte der jeweiligen Nachbarlösung abhängig sein. Züge, die zu einer deutlichen Verschlechterung des aktuellen Zielfunktionswertes führen, sollten dabei mit einer entsprechend geringeren Wahrscheinlichkeit gewählt werden. Diese Grundidee findet sich in der Meta-Heuristik *Simulated Annealing* wieder, wobei die Akzeptanz eines Zuges, der zu einer Verschlechterung führt, sowohl von dem Absolutwert der jeweiligen Verschlechterung des Zielfunktionswertes als auch von der bisherigen Dauer des Suchprozesses abhängig ist. Zu Beginn des Verfahrens ist die Wahrscheinlichkeit, verschlechternde Züge zu akzeptieren, noch recht hoch. Im Verlauf des Verfahrens wird diese schrittweise reduziert, bis am Ende nur noch verbessernde Lösungen akzeptiert werden und das Verfahren schließlich terminiert (vgl. Dowsland 1993; Kirkpatrick et al. 1983).

Ein anderer Ansatz zur Vermeidung von Zyklen im Suchverlauf besteht in der Nutzung eines Gedächtnisses über den bisherigen Suchverlauf. *Tabu Search* stellt den bekanntesten Vertreter gedächtnisbasierter Meta-Heuristiken dar (vgl. Glover und Laguna 1997). Hier gibt es mehrere Varianten, wie etwa *striktes Tabu Search, statisches Tabu Search* sowie *Reactive Tabu Search*, die sich jeweils bezüglich der Verwaltung des Gedächtnisses unterscheiden. Während im strikten Tabu Search alle bereits betrachteten Lösungen gespeichert werden, werden im statischen Tabu Search nur die zuletzt durchgeführten Züge in einer Tabu-Liste fester Länge gespeichert. Solange ein Zug in der Tabu-Liste enthalten ist (abhängig von der Länge der Liste), ist die Invertierung dieses Zuges verboten. Reactive Tabu Search stellt eine Erweiterung dieses Ansatzes dar, bei dem Länge der Liste dynamisch und vom Verlauf des Suchverfahrens abhängig ist (vgl. Battiti und Tecchiolli 1994).

Neben diesen Meta-Heuristiken, die auf einer lokalen Suche aufsetzen, finden sich auch populationsbasierte Meta-Heuristiken, wie beispielsweise *genetische Algorithmen*. Populationsbasierte Ansätze bilden Analogien zur biologischen Evolution und beruhen auf der Erwartung, dass sich durch die Kombination von Lösungen („Individuen") die Lösungsgüte innerhalb der Population im Laufe der Zeit (über mehrere Generationen) verbessert (vgl. Holland 1975). Die Lösungen müssen hierzu geeignet codiert werden, im einfachsten Fall indem alle betrachteten Parameter zu einem Vektor zusammengefasst werden. Werden jetzt zwei Lösungen aus der aktuellen Population miteinander kombiniert, so kann ein einfacher Crossover-Operator eingesetzt werden: Per Zufall wird eine Stelle in den Vektoren bestimmt, womit sich zwei Teile pro Lösung ergeben. Aus den zwei zu kombinierenden Lösungen (Eltern) werden nun zwei neue Lösungen (Kinder) erzeugt, indem ein Kind den ersten Teil vom ersten Elternteil und den zweiten Teil vom zweiten Elternteil „erbt". Das zweite Kind erhält den ersten Teil vom zweiten Elternteil und den zweiten Teil vom ersten Elternteil. Abbildung 48 verdeutlicht einen solchen Crossover-Schritt. Sie zeigt vier Lösungsvektoren, wobei sich jeder Lösungsvektor aus neun Parametern unseres Beispiels zusammensetzt (vgl. Abschnitt 5.5.1). Auf der linken Seite sind zwei Lösungen (Eltern) dargestellt, die nach dem Crossover-Vorgang zu den rechts dargestellten Kindern führen.

Ergänzend werden – in Analogie zur biologischen Mutation – mit einer gewissen Wahrscheinlichkeit zufällige Änderungen einzelner Parameterwerte zugelassen, damit auch in den aktuellen Individuen nicht enthaltene und möglicherweise günstige Eigenschaften in die Optimierung einfließen können. In jeder Iteration werden mehrere neue Lösungen erzeugt, wobei die Auswahl, welche Lösungen für eine Rekombination in Frage kommen, wiederum von der jeweiligen Lösungsgüte abhängig ist. Zudem wird per

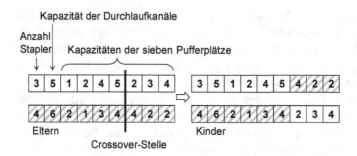

Abb. 48. Beispiel für die Anwendung eines Crossover-Operators

Zufall (auch abhängig von der Lösungsgüte) entschieden, welche Lösungen in die neue Generation übernommen werden (Prinzip des „Survival of the Fittest").

Allen Meta-Heuristiken ist gemeinsam, dass sie, um zu guten Ergebnissen zu kommen, viele Lösungen bewerten müssen. Dies führt für sich genommen schon zu einer großen Zahl von Simulationsläufen. Erschwerend kommt hinzu, dass bei stochastischen Modellen jeweils Replikationen für jede Parameterkombination durchgeführt werden müssen. Bei großem Rechenzeitbedarf pro Simulationslauf kommt es damit schnell zu inakzeptablen Gesamtrechenzeiten.

Ein Ansatz zur Einsparung von Rechenzeit besteht beispielsweise darin, Lösungen zunächst mit einem vereinfachten deterministischen Simulationsmodell zu bewerten, um anschließend vielversprechende Kandidaten mit einem weiteren Modell zu untersuchen, das auch alle stochastischen Einflüsse berücksichtigt. Auch die Anzahl an Replikationen kann während der Experimentdurchführung von Lösung zu Lösung variiert werden, um die Rechenzeit in vielversprechende Lösungen zu investieren. Eine umfassendere Diskussion zu Meta-Heuristiken in Verbindung mit Simulation sowie Ansätze zur effizienteren Durchführung findet sich beispielsweise bei Juan et al. (2015). Anwendungsbeispiele finden sich beispielsweise bei Spieckermann et al. (2000) sowie bei März et al. (2011).

7.3   Emulation

In Abschnitt 6.3 haben wir gesehen, dass in einem realen Produktions- und Logistiksystem unterschiedliche Steuerungssysteme die Abläufe auf der technischen (physikalischen) Ebene kontrollieren und beeinflussen. Die technische Ebene wird unter anderem von Maschinen, Anlagen, Förder- und Lagertechnik gebildet. Werden die in Abschnitt 6.3 benannten Hinweise zur Steuerungsmodellierung berücksichtigt, so lassen sich sowohl im realen als auch im modellierten System die Steuerungssysteme und die technischen Systeme klar voneinander trennen. Auf Basis dieser Trennung finden sich in Follert und Trautmann (2006) die in Abbildung 49 darge-stellten vier Varianten der Verknüpfung von realem und modelliertem Steuerungssystem mit realem und modelliertem technischen System. Die Beziehung A1 symbolisiert die Verknüpfung zwischen dem realen techni-schen System und dem realen Steuerungssystem, die Beziehung A4 die entsprechende Verknüpfung für die gleichen Systeme innerhalb von Simu-lationsmodellen. Die Beziehung A3 ist für unsere Betrachtung nicht rele-vant, wohingegen die Beziehung A2 schließlich kennzeichnet, was in die-sem Abschnitt unter Emulation verstanden wird: Reale Steuerungssysteme werden mit simulierten technischen Systemen verknüpft. Der realen Steue-rung wird im Rahmen einer Emulation „vorgegaukelt", dass sie ein reales technisches System steuert. Etwas weniger umgangssprachlich formuliert erhält das simulierte technische System (Emulationsmodell) die gleichen Eingangsdaten wie das zu emulierende Originalsystem. Als Ergebnis der Verarbeitung der Daten durch das Emulationsmodell werden jeweils glei-che Rückmeldungen wie vom Originalsystem erwartet.

Wir wollen uns nun den Anwendungsbereichen einer solchen Kopplung zuwenden. Wie bereits in Abschnitt 2.6 gesehen, schließt sich an die Pla-nungsphase von Produktions- und Logistiksystemen die Realisierungspha-se an, die zwei zum Teil parallel durchführbare Aufgabenbereiche umfasst:

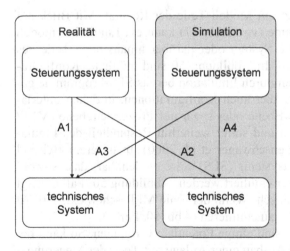

Abb. 49. Verknüpfung von realen und simulierten Steuerungssystemen und realen und simulierten technischen Systemen (nach Follert und Trautmann 2006, S. 522)

- Auf- bzw. Umbau aller Anlagenelemente (Materialfluss- und Produktionstechnik),
- Entwicklung der Steuerungssoftware (Informationstechnik).

Steuerungssoftware ist meist sehr komplex und zur Modularisierung und Hierarchisierung der Aufgaben in Ebenen unterteilt. Ein entsprechendes Ebenenmodell haben wir in Abschnitt 6.3 kennengelernt. In der Praxis werden oftmals Softwareprodukte unterschiedlicher Hersteller auf den unterschiedlichen Ebenen eingesetzt und einzelne Module, z. B. zur Abbildung systemspezifischer Steuerungsstrategien, individuell implementiert. Alle Softwarekomponenten sind dann projektspezifisch zu integrieren. Auch wenn standardisierte Kommunikationsprotokolle existieren, sind die tatsächlich auszutauschenden Informationen hinsichtlich Syntax und Semantik anwendungsbezogen zu klären. Das wesentliche Problem besteht nun darin, dass viele Softwaretests an der realen Anlage durchgeführt werden, da eine Kommunikation mit Elementen des technischen Systems erforderlich ist. Für das Beispiel der PC-Montage könnte z. B. ein Staplerleitsystem neu zu entwickeln und in das Gesamtsystem zu integrieren sein. Das Staplerleitsystem erhält Transportaufträge vom übergeordneten MFR. Nach Fertigstellung eines Transportauftrages wird eine Quittung an den MFR geschickt. Das Leitsystem selbst kommuniziert wiederum mit den einzelnen Staplern, also Elementen des technischen Systems. Die Stapler quittieren ihrerseits einzelne Transporte und erhalten (als Antwort auf die Quittung) jeweils den nächsten Transportauftrag zugewiesen. Für einen Test des realen Staplerleitsystems werden in diesem Fall der reale MFR und reale Stapler benötigt.

Bei der Emulation ersetzt ein Modell Teile der Realität. Mit Blick auf die Automatisierungspyramide (vgl. Abb. 47) kann ein Emulationsmodell entweder nur das technische System oder darüber hinaus auch Teile des Steuerungssystems umfassen. In Abbildung 50 sind mögliche Konfigurationen dargestellt. So können durch Emulation bereits SPS-Programme getestet werden. Typisch sind aber auch Konfigurationen, in denen unterlagerte Steuerungen auf SPS-Ebene oder sogar auf Prozessleitebene (MES/MFR) nicht getestet werden und somit weiterhin Bestandteil des Emulationsmodells sind (vgl. Gutenschwager et al. 2000). In unserem Beispiel für den Test des Staplerleitsystems (SLS) wäre es denkbar, dass sowohl der MFR als auch die Stapler emuliert werden. Abbildung 50, Fall d, zeigt diese Konfiguration schematisch. Wenn der reale MFR schon existiert, ist auch denkbar, nur die Stapler zu emulieren (Abb. 50, Fall c).

Mit solchen Emulationen sind einige Potentiale verbunden. So kann bereits vor dem vollständigen Aufbau einer Anlage mit Tests der Steuerungssoftware begonnen werden, bei denen auch die Kommunikation mit dem

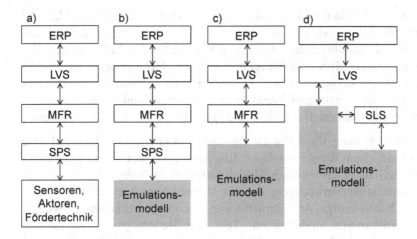

Abb. 50. Beispielhafte Konfigurationen (a) ohne Emulation (b) Emulation für den Test der SPS (c) Emulation für den Test des MFRs (d) Emulation für den Test des SLS

technischen System selbst einbezogen wird. Die Emulation unterstützt im Sinne eines Integrationstests auch eine Prüfung des Zusammenspiels der miteinander kommunizierenden Rechner und Anlagenteile. Zudem können umfassende Tests anhand des Anlagenmodells mit einem vergleichsweise geringen zeitlichen Aufwand durchgeführt werden. Auf diese Weise lassen sich Fehler bereits vor und während des Aufbaus der Anlage erkennen und beheben, womit eine Verkürzung der Inbetriebnahmezeit bei gleichzeitig hoher Qualität der Steuerungssoftware erreicht werden kann.

Die technischen Voraussetzungen zur Durchführung einer Emulation beziehen sich insbesondere auf die Bereitstellung der erforderlichen Schnittstellen zwischen der jeweils zu testenden realen Steuerung und dem zur Emulation dienenden Simulationsmodell. Die für die Emulation erforderlichen Schnittstellen wie Sockets oder OPC-Schnittstellen haben wir bereits in Abschnitt 6.4 vorgestellt. Wie in Abbildung 50 dargestellt, können die Schnittstellen zwischen Emulationsmodell und realem Steuerungssystem je nach Aufgabenstellung zwischen unterschiedlichen Ebenen oder sogar zwischen Teilsystemen innerhalb einer Ebene angesiedelt sein:

- Für das Testen von SPS-Programmen werden in aller Regel OPC-Schnittstellen benötigt. Für die Emulation wird lediglich das physikalische System abgebildet, während die Verarbeitung von Sensorsignalen und die Entscheidungen zur Ansteuerung der Aktoren durch die reale SPS erfolgen (vgl. Abb. 50, Fall b).

- Ist die SPS-Ablauflogik selbst im Emulationsmodell nachgebildet (vgl. Abb. 50, Fall c), sind in aller Regel Socket-Schnittstellen erforderlich, um die Kommunikation zwischen der zu testenden Software auf Prozessleitebene (MES oder MFR) und dem Emulationsmodell zu ermöglichen. Hinzu kommen unter Umständen noch Datenbankschnittstellen, um den Anlagenzustand, wenn er in einer Datenbank geführt wird, für das Emulationsmodell und die reale Steuerung zugänglich zu machen.

Grundsätzlich kann die Entwicklung eines Emulationsmodells auf zwei unterschiedlichen Wegen erfolgen. Ein Ansatz besteht darin, ein Emulationsmodell als eigenständiges Modell aufzubauen. Neben den kommerziellen Simulationswerkzeugen, die für diesen Ansatz eingesetzt werden können, haben einige Anlagenhersteller eigene Umgebungen entwickelt, die den Aufbau von Modellen zum Test ihrer Steuerungssoftware für kundenspezifische Produktions- und Logistiksysteme ermöglichen. Ein zweiter Ansatz besteht darin, ein Simulationsmodell für eine geplante Anlage für die Emulation anzupassen. Das setzt natürlich voraus, dass bereits ein Simulationsmodell (z. B. aus der Planungsphase) vorliegt. Meyer (2014b) befasst sich in diesem Zusammenhang mit einem allgemeinen Rahmenwerk zur Emulation und insbesondere mit Möglichkeiten der Überführung von Simulations- in Emulationsmodelle. Wenn in unserem Fall bereits ein komplettes Simulationsmodell für die PC-Montage vorliegt, ließe sich beispielsweise das reale Staplerleitsystem (als Modul) in das bestehende Simulationsmodell integrieren, während alle übrigen Entscheidungen weiterhin vom Simulationsmodell getroffen werden. Ein Vorteil dieses Ansatzes ist, dass alle Abweichungen in den Ergebnissen auf ein ausgetauschtes Modul, in unserem Beispiel also auf das Staplerleitsystem, zurückzuführen sind. Eine Bewertung eines so getesteten Moduls kann auch durch den direkten Vergleich mit den Simulationsergebnissen des ursprünglichen Simulationsmodells erfolgen ("Back-to-back-Test") und erleichtert damit zusätzlich den Test der Steuerungssoftware. Eine Voraussetzung für solche Modultests im Speziellen sowie für die Überführung eines Simulations- in ein Emulationsmodell im Allgemeinen ist die Ähnlichkeit der Architektur des realen Steuerungssystems und der Abbildung der Steuerungen im Simulationsmodell. Ein entsprechendes Vorgehensmodell sowie ein Anwendungsbeispiel für Back-to-back-Tests wird in Gutenschwager et al. (2000) gegeben.

Eine besondere Herausforderung bei der Emulation stellt die Zeitsynchronisation dar. Wenn in unserem Beispiel das Staplerleitsystem durchschnittlich eine Sekunde braucht, um einem Gabelstaplerfahrer auf dessen Anforderung einen neuen Transportauftrag zur Verfügung zu stellen, und die Simulationszeit um den Faktor zehn schneller abläuft als die Realzeit,

so beträgt die Antwortzeit im Emulationsmodell statt einer Sekunde zehn
Sekunden. Das führt unter Umständen zu weit mehr Wartezeiten des Stap-
lerfahrers im Modell als in der Realität. Um solche Situationen auszuschließen, können mehrere Lösungsansätze betrachtet werden:

- Das Emulationsmodell läuft simultan zu der in der Realität ablaufenden
  Zeit und damit in der Regel deutlich langsamer als das Modell erlauben
  würde. Dies kann die Anzahl durchführbarer Tests einschränken.
- Das Emulationsmodell wird immer angehalten, wenn eine entsprechende Antwort vom Steuerungssystem erwartet wird und nach Erhalt der
  Antwort fortgesetzt. Da die Antwortzeit jetzt nicht mehr im Emulationsmodell berücksichtigt wird, kann es zu einem Fehler kommen, wenn die
  Antwortzeit des Steuerungssystems in der Realität zu einer Wartezeit
  führen würde. Unser Staplerfahrer wäre unter den obigen Annahmen bei
  jeder Transportanforderung eine Sekunde zu schnell.
- Das Emulationsmodell wird periodisch angehalten (z. B. einmal pro Sekunde) und wartet solange, bis alle ausstehenden erwarteten Antworten
  des Steuerungssystems eingegangen sind. Die Herausforderung in diesem Fall ist die geeignete Wahl der Periodenlänge, die sich an der maximalen Antwortzeit der Steuerung orientieren sollte. Wenn die Steuerung
  immer innerhalb dieser Periodenlänge antwortet, beträgt der maximale
  Synchronisationsfehler eine Periodenlänge.

Für die Emulation ist eine Software hilfreich, die sowohl die Kommunikation als auch die Synchronisation unterstützt. Diese Software kann genutzt
werden, um Telegramme auf das jeweils gewünschte Format zu transfor-
mieren. Zudem erwarten viele Steuerungssysteme „Lebenszeichen" in
Form von speziellen, periodisch gesendeten Telegrammen („Watchdogs")
von den Elementen des technischen Systems. Auch diese Telegramme lassen sich am einfachsten über eine solche Software realisieren.

7.4   Simulationsunterstützte Auftragsfeinplanung

Die wesentliche Aufgabe der Auftragsfeinplanung in der Produktion ist die
Festlegung, in welcher Reihenfolge und auf welchen Betriebsmitteln (Ressourcen) Aufträge innerhalb einer bestimmten Periode (beispielsweise einer Schicht, eines Tages oder einer Woche) bearbeitet werden sollen (vgl.
Kurbel 2011, S.158-159; Günther und Tempelmeier 2012, S. 230). Wie wir
in Abschnitt 6.3 gesehen haben, wird diese Aufgabe der Betriebsleitebene
zugeordnet. Im Produktionsumfeld wird diese Feinterminierung auch als
Maschinenbelegungsplanung bezeichnet.

Ereignisdiskrete Simulationsmodelle von Produktions- und Logistiksystemen eignen sich in vielen Fällen sehr gut zur Unterstützung der Auftragsfeinplanung, weil sie sowohl die zu verplanenden Aufträge als auch die zu belegenden Ressourcen beinhalten. Eine Zuordnung von Aufträgen zu Ressourcen sowie die Festlegung einer Auftragsreihenfolge kann mit einem solchen Simulationsmodell hinsichtlich der wesentlichen logistischen Kennzahlen wie Durchsatz, Durchlaufzeit, Bestände und Ressourcenauslastungen (vgl. Abschnitt 2.6.1) vergleichsweise genau bewertet werden. Die zu bewertende Zuordnung kann dabei dem Modell von außen, beispielsweise durch ein Optimierungsverfahren (vgl. Abschnitt 7.2) vorgegeben werden. Denkbar ist aber auch, dass sich die Belegungsreihenfolge im Modell durch die Auswertung von Prioritätsregeln ergibt. Prioritätsregeln legen eine Auftragsreihenfolge fest, indem unter mehreren für eine Ressourcenbelegung in Frage kommenden Aufträgen der jeweils nächste beispielsweise anhand des Liefertermins des Auftrages, der Restbearbeitungszeit des Auftrages oder anderer (vergleichsweise einfacher) Kriterien ausgewählt wird (vgl. Domschke et al. 1997, S. 299-300; Kurbel 2011, S. 159-161). Möglich sind auch Mischformen, bei denen Zuordnungen teilweise von außen vorgegeben und teilweise im Modell ermittelt werden. Die Vorgabe von außen kommt in vielen Fällen aus IT-Systemen der Betriebsleitebene, wie etwa MES oder LVS, die wir in Abschnitt 6.3 kennengelernt haben.

Ein wesentliches Kennzeichen der simulationsunterstützten Feinplanung ist, dass die Simulation nicht in der Planungsphase eines Produktions- oder Logistiksystems zum Einsatz kommt, sondern in der Betriebsphase (vgl. Abschnitt 2.7). Daraus und aus der Anforderung, die geplante Ressourcenbelegung in einem im Betrieb befindlichen System zu bewerten, ergeben sich einige Besonderheiten. Eine wesentliche Besonderheit ist, dass ein Simulationsmodell im Rahmen der Feinplanung in der Regel nicht wie in Abschnitt 5.5.4 dargestellt „leer" startet und sich dann einschwingt. Um mit Hilfe des Modells die Entwicklung der Produktion in den kommenden Stunden oder Tagen angemessen abzuschätzen zu können, ist es erforderlich, das Modell mit der zu Beginn des Simulationslaufes aktuellen Belegung des Produktions- oder Logistiksystems zu initialisieren. Die zu dieser Vorbelegung erforderlichen Daten müssen aus BDE- oder SCADA-Systemen übernommen werden können, wobei der Abgleich zwischen den aus dem realen System aufgezeichneten Daten und dem Simulationsmodell im Einzelfall sehr anspruchsvoll sein kann. So wird in unserem Beispiel das Staplerleitsystem bei Transport via Gabelstapler über die Information verfügen, mit welchen Transportaufträgen die Stapler gerade befasst sind, aber unter Umständen nicht wissen, wo genau sich die einzelnen Stapler gerade im System befinden. Es ist damit nicht klar, wo die Stapler zu

Beginn der Simulation im Modell zu platzieren sind. Aus dem BDE- oder SCADA-System lassen sich auch aktuelle Zustände von Ressourcen ermitteln, die möglicherweise ebenfalls für eine Initialisierung des Simulationsmodells herangezogen werden. Eine weitere Besonderheit ist, dass natürlich auch im Simulationsmodell die zu berücksichtigenden Produktions- oder Transportaufträge den aktuell im realen System zur Bearbeitung anstehenden Aufträgen entsprechen müssen. Die entsprechenden Auftragsdaten müssen von der Unternehmensebene (ERP oder PPS) oder von der Betriebsleitebene (MES, LVS) übernommen werden. Verallgemeinernd lässt sich festhalten, dass der Datenaustausch mit den betrieblichen IT-Systemen – im Unterschied zur Anwendung der Simulation in der Planungsphase – regelmäßig stattfinden muss und Datenbank-, Socket- oder OPC-Schnittstellen, wie sie in Abschnitt 6.4 zusammengestellt sind, für eine betriebsbegleitende Simulation unbedingt erforderlich sind.

Zum Abschluss dieses Abschnittes wollen wir in Anlehnung an Höppe et al. 2016 zeigen, in welchen Schritten eine simulationsunterstützte Auftragsfeinplanung ausgeführt werden könnte:

1. Übernahme von Auftragsdaten aus einem ERP-System mittels automatisierten Datenaustausches,
2. Manuelle Auswahl einer Teilmenge einzuplanender Aufträge,
3. Vorgabe weiterer Parameter für die Einplanung wie Schichtpläne (ggf. über die Schnittstelle zu einem Personalplanungssystem), Personalanzahl und -qualifikation, Störungen oder Wartungsarbeiten an Ressourcen, Sperrungen von Teilen sowie die von der BDE gemeldete Verfügbarkeit von Ressourcen,
4. Erzeugung von Belegungsplänen für das parametrisierte Planungsszenario, z. B. mit Hilfe eines Optimierungsverfahrens,
5. Simulative Bewertung der erzeugten Pläne,
6. Manuelle Auswahl eines Planes,
7. Umwandlung des Planes in konkrete Anweisungen für Transporte und Maschinenbelegungen oder Übergabe des Planes an die Anlagensteuerung.

Diese Schritte sind als Beispiel zu verstehen. Im konkreten Einzelfall können weitere Schritte erforderlich sein oder eventuell auch Schritte entfallen, aber sie verdeutlichen eine typische Vorgehensweise beim Einsatz dieser Art simulationsbasierter Planungsanwendungen.

Die Vielzahl solcher betrieblichen Anwendungen zeigt, dass die ereignisdiskrete Simulation neben der Planungs- und Inbetriebnahme mittlerweile für operative Prozesse in Produktion und Logistik verwendet wird. Die Unterstützung aller Lebenszyklusphasen von Systemen aus dem Bereich Produktion und Logistik wird dabei sicherlich künftig noch an Bedeutung gewinnen, und gerade mit Blick auf die steigende Vernetzung von Systemen im Rahmen zunehmender Digitalisierung werden sich weitere spezielle Anwendungsbereiche für die Simulation ergeben.

Literatur

acatech (Hrsg) (2013) Umsetzungsempfehlungen für das Zukunftsprojekt Industrie 4.0. Abschlussbericht, April 2013. Acatech, München

Achterberg T (2009) SCIP: solving Constraint Integer Programs. Mathematical Programming Computation 1 (2009) 1, S 1-41

Ackoff RL (1979) The future of operational research is past. J. Operational Research Society 30 (1979) 2, S 93-104

Arnold D, Furmans K (2009) Materialfluss in Logistiksystemen, 6. Aufl. Springer VDI, Berlin

ASIM (1997) Leitfaden für Simulationsbenutzer in Produktion und Logistik. Arbeitsgemeinschaft Simulation in der Gesellschaft für Informatik: Mitteilungen aus den Fachgruppen, Heft 58

Atkinson AC (1979) The computer generation of Poisson random variables. Applied Statistics 28 (1979) 1, S 29-35

Balci O (1990) Guidelines for Successful Simulation Studies. In: Balci O, Sadowski RP, Nance RE (Hrsg) Proceedings of the 1990 Winter Simulation Conference. IEEE, Piscataway, S 25-32

Balci O (1998) Verification, validation and testing. In: Banks J (Hrsg) Handbook of simulation. John Wiley, New York, S 335-393

Balci O (2003) Validation, verification, and certification of modeling and simulation applications. In: Chick S, Sanchez PJ, Ferrin E, Morrice DJ (Hrsg) Proceedings of the 2003 Winter Simulation Conference. IEEE, Piscataway, S 150-158

Balci O, Nance RE, Derrick EJ, Page EH, Bishop JL (1990) Model generation issues in a simulation support environment. In: Balci O, Sadowski RP, Nance RE (Hrsg) Proceedings of the 1990 Winter Simulation Conference. IEEE, Piscataway, S 257-263

Balzert H (2005) Lehrbuch Grundlagen der Informatik, 2. Aufl. Elsevier Spektrum Akademischer Verlag, Heidelberg

Balzert H (2009) Lehrbuch der Software-Technik: Basiskonzepte und Requirements Engineering, 3. Aufl. Spektrum Akademischer Verlag, Heidelberg

Balzert H (2011) Lehrbuch der Software-Technik: Entwurf, Implementierung, Installation und Betrieb, 3. Aufl. Spektrum Akademischer Verlag, Heidelberg

Banks J (1998) Principles of simulation. In: Banks J (Hrsg) Handbook of simulation. John Wiley, New York, S 3-30

Banks J, Chwif L (2011) Warnings about simulation. Journal of Simulation 5 (2011) 4, S 279-291

Banks J, Carson II JS, Nelson BL, Nicol DM (2014) Discrete-event system simulation, 5. Aufl. Pearson, Upper Saddle River

Barnett V, Lewis T (1994) Outliers in Statistical Data, 3. Aufl. John Wiley & Sons, Chichester

Battiti R, Tecchiolli G (1994) The reactive tabu search. ORSA Journal on Computing 6 (1994) 2, S 126-140

Bayer J, Collisi T, Wenzel S (Hrsg) (2003) Simulation in der Automobilproduktion. Springer, Berlin

Bea FX, Scheurer S, Hesselmann S (2011) Projektmanagement. UVK Verlagsgesellschaft, Konstanz

Bell P, O'Keefe R (1987) Visual interactive simulation – history, recent developments, and major issues. Simulation: Transactions of The Society for Modeling and Simulation International 49 (1987) 3, S 109-116

Bernhard J, Wenzel S (2002) Eine logistische Betrachtung der integrativen Kopplung von ereignisdiskret logistischen und zeitkontinuierlich verfahrenstechnischen Simulationswerkzeugen. In: Noche B, Witte G (Hrsg) Anwendungen der Simulationstechnik in Produktion und Logistik, 10. ASIM-Fachtagung Simulation in Produktion und Logistik. SCS, Ghent, S 201-210

Bernhard J, Wenzel S (2006) Verteilte Simulationsmodelle für produktionslogistische Anwendungen – Anleitung zur effizienten Umsetzung. In: Schulze T, Horton G, Preim B, Schlechtweg S (Hrsg) Proceedings der Tagung Simulation und Visualisierung 2006. SCS, Erlangen, S 169-177

Bernhard J, Jodin D, Hömberg K, Kuhnt S, Schürmann C, Wenzel S (2007) Vorgehensmodell zur Informationsgewinnung – Prozessschritte und Methodennutzung. Technical Report 06008 – Sonderforschungsbereich 559 „Modellierung großer Netze in der Logistik". ISSN 1612-1376, Universität Dortmund

Bossel H (2004) Systeme, Dynamik, Simulation: Modellbildung, Analyse und Simulation komplexer Systeme. Books on Demand, Norderstedt

Box GEP, Muller ME (1958) A note on the generation of normal deviates. Annals of Mathematical Statistics 29 (1958) 2, S 610-611

Bracht U, Hagmann M (1998) Die ganze Fabrik im Simulationsmodell – Ein neuer Ansatz hierarchischer Gesamtmodellierung. ZwF 93 (1998) 7-8, S 345-348

Bracht U, Geckler D, Wenzel S (2011) Digitale Fabrik. Springer VDI, Heidelberg

Bucklew JA (2004) Introduction to rare event simulation. Springer, New York

Carson JS II (1989) Verification and validation: a consultant's perspective. In: MacNair EA, Musselman KJ, Heidelberger P (Hrsg) Proceedings of the 1989 Winter Simulation Conference. IEEE, Piscataway, S 552-558

Cassandras CG, Lafortune S (2010) Introduction to discrete event systems, 2. Aufl. Springer Science+Business Media, New York

Chung CA (2004) Simulation modeling handbook: a practical approach. CRC Press, Boca Raton

Claus V, Schwill A (2006) Duden Informatik A-Z, 4. Aufl. Bibliographisches Institut, Mannheim

Conway RW (1963) Some tactical problems in digital simulation. Management Science 10 (1963) 1, S 47-61

Csanady K, Bockel B, Wenzel S (2008) Methodik zur systematischen Informationsgewinnung für Simulationsstudien. In: Rabe M (Hrsg) Advances in Simulation for Production and Logistics Applications. Fraunhofer IRB Verlag, Stuttgart, S 595-604

Dakin RJ (1965) A tree-search algorithm for Mixed Integer Programming problems. The Computer Journal 8 (1965), S 250-255

Daneels A, Salter W (1999) What is SCADA? In: Bulfone D, Daneels A (Hrsg) Accelerator and large experimental physics control systems. Proceedings of the 7th international conference on accelerator and large experimental physics control systems ICALEPCS'99, Trieste, 4.-8.10.1999, S 339-343

Dangelmaier W, Laroque C, Klaas A (Hrsg) (2013) Simulation in Produktion und Logistik 2013. HNI-Verlagsschriftenreihe, Paderborn

Daniluk D, ten Hompel M (2015) Verteilte Simulation und Emulation von Materialflusssystemen mit dezentraler Steuerung. In: Rabe M, Clausen U (Hrsg) Simulation in Production and Logistics 2015. Fraunhofer Verlag, Stuttgart, S 261-268

Dantzig GB (1966) Lineare Programmierung und Erweiterungen. Springer, Berlin

Dawson JW, Chen P, Zhu Y (2005) Usability study of the virtual test bed and distributed simulation. In: Kuhl ME, Steiger NM, Armstrong FB, Joines JA (Hrsg) Proceedings of the 2005 Winter Simulation Conference. IEEE, Piscataway, S 1298-1305

Derrick EJ, Balci O, Nance RE (1989) A comparison of selected conceptual frameworks for simulation modeling. In: MacNair EA, Musselman KJ, Heidelberger P (Hrsg) Proceedings of the 1989 Winter Simulation Conference. IEEE, Picataway, S 711-718

DIN (1990) DIN 40041 „Zuverlässigkeit; Begriffe". Beuth, Berlin

DIN (2014) DIN IEC 60050-351 „Internationales Elektrotechnisches Wörterbuch: Teil 351: Leittechnik". Beuth, Berlin

Domschke W, Drexl A, Klein R, Scholl A (2015) Einführung in Operations Research, 9. Aufl. Springer Gabler, Berlin, Heidelberg

Domschke W, Scholl A, Voß S (1997) Produktionsplanung: Ablauforganisatorische Aspekte, 2. Aufl. Springer, Berlin

Dowsland KA (1993) Simulated annealing. In: Reeves C (Hrsg) Modern heuristic techniques for combinatorial problems. Blackwell Scientic, Oxford, S 20-69

Duinkerken MB, Ottjes JA, Lodewijks G (2002) The application of distributed simulation in TOMAS: redesigning a complex transportation model. In: Yücesan E, Chen C-H, Snowdon JL, Charnes JM (Hrsg) Proceedings of the 2002 Winter Simulation Conference. IEEE, Piscataway, S 1208-1213

Etspüler M, Kippels MD (1996) Simulation steht vor Investition. In: VDI-Nachrichten (1996) 23, S 21

Evans JR, Olson DL (1998) Introduction to simulation and risk analysis. Prentice Hall, Upper Saddle River

Fahrmeir L, Hamerle A, Tutz G (1996) Multivariate statistische Verfahren, 2. Aufl. de Gruyter, Berlin, New York

Fahrmeir L, Heumann C, Künstler R, Pigeot I, Tutz G (2016) Statistik: Der Weg zur Datenanalyse, 8. Aufl. Springer Spektrum, Heidelberg

Ferschl F (1973) Markovketten. Springer, Berlin

Finkenzeller K (2015) RFID-Handbuch: Grundlagen und praktische Anwendungen von Transpondern, kontaktlosen Chipkarten und NFC, 7. Aufl. Hanser, München

Fishman GS (1973) Concepts and methods in discrete event digital simulation. Wiley, New York

Follert G, Trautmann A (2006) Emulation intralogistischer Systeme. In: Wenzel S (Hrsg) Simulation in Produktion und Logistik 2006. Tagungsband 12. Fachtagung der ASIM-Fachgruppe Simulation in Produktion und Logistik. SCS Publishing House, S 521-530

Fujimoto RM (2000) Parallel and distributed systems. Wiley Interscience, New York

Fujimoto R (2015) Parallel and distributed simulation. In: Yilmaz L, Chan WKV, Moon I, Roeder TMK, Macal C, Rossetti MD (Hrsg) Proceedings of the 2015 Winter Simulation Conference. IEEE, Piscataway, S 45-59

Gather U, Kuhnt S, Pawlitschko J (2003) Concepts of outlyingness for various data structures. In: Misra JC (Hrsg) Industrial mathematics and statistics. Narosa Publishing House, New Delhi

Georgii H-O (2009) Stochastik: Einführung in die Wahrscheinlichkeitstheorie und Statistik, 4. Aufl. de Gruyter, Berlin, New York

Glover F, Kochenberger GA (Hrsg) (2003) Handbook of metaheuristics. Kluwer Academic Publisher, New York

Glover F, Laguna M (1997) Tabu Search. Kluwer, Boston

Göpfert I (2005) Logistik Führungskonzeption: Gegenstand, Aufgaben und Instrumente des Logistikmanagements und -controllings, 2. Aufl. Vahlen, München

Gordon G (1981) The development of the General Purpose Simulation System (GPSS). In: Wexelblat RL (Hrsg) History of programming languages I. ACM, New York, S 403-426

Grant JW, Weiner SA (1986) Factors to consider in choosing a graphically animated simulation system. In: Industrial Engineering 18 (1986) 8, S 37-68

Gross D, Shortle JF, Thompson JM, Harris C (2008) Fundamentals of queueing theory, 4. Aufl. Wiley, Chichester

Großeschallau W, Kuhn A (1985) Simulation und Computergraphik in der Materialflußtechnik, Teil II: Computergraphik als Hilfsmittel für integrierte Systeme. f+h fördern und heben 35 (1985) 6, S 446-451

Gu J, Goetschalckx M, McGinnis LF (2010) Research on warehouse design and performance evaluation: a comprehensive review. European Journal of Operational Research 203 (2010) 3, S 539-549

Günther H-O, Tempelmeier H (2012) Produktion und Logistik, 9. Aufl. Springer, Berlin

Gutenschwager K (2002) Online-Dispositionsprobleme in der Lagerlogistik: Modellierung – Lösungsansätze – praktische Umsetzung. Springer, Berlin

Gutenschwager K, Fauth K-A, Spieckermann S, Voß S (2000) Qualitätssicherung lagerlogistischer Steuerungssoftware durch Simulation. Informatik Spektrum 23 (2000) 1, S 26-37

Gutenschwager K, Radtke A, Völker S, Zeller G (2012) The shortest path: comparison of different approaches and implementations for the automatic routing of vehicles. In: Laroque C, Himmelspach J, Pasupathy R, Rose O, Uhrmacher AM (Hrsg) Proceedings of the 2012 Winter Simulation Conference. IEEE, Piscataway, S 3312-3323

Hansen HR, Mendling J, Neumann G (2015) Wirtschaftsinformatik, 11. Aufl. de Gruyter, Berlin

Harrell C, Ghos BK, Bowden R (2012) Simulation using ProModel, 3. Aufl. McGraw-Hill, Boston

Hausladen I (2016) IT-gestützte Logistik: Systeme – Prozesse – Anwendungen, 3. Aufl. Springer Gabler, Wiesbaden

Hedderich J, Sachs L (2016) Angewandte Statistik: Methodensammlung mit R. 15. Aufl. Springer, Berlin

Hedtstück U (2013) Simulation diskreter Prozesse. Methoden und Anwendungen. Springer Vieweg, Berlin, Heidelberg

Heinrich B, Linke P, Glöckler M (2015) Grundlagen Automatisierung. Springer Vieweg, Wiebaden

Hlupic V, Irani Z, Paul RJ (1999) Evaluation framework for simulation software. International Journal of Advanced Manufacturing Technology 15 (1999) 5, S 366–382

Holland JH (1975) Adaptation in natural and artificial systems. University of Michigan Press, Ann Arbor

Hollocks BW (2006) Forty years of discrete-event simulation: a personal reflection. Journal of the Operational Research Society 57 (2006) 12, S 1383-1399

Hömberg K, Jodin D, Leppin M (2004) Methoden der Informations- und Datenerhebung. Technical Report 04002 – Sonderforschungsbereich 559 „Modellierung großer Netze in der Logistik". ISSN 1612-1376, Lehrstuhl für Förder- und Lagerwesen, Universität Dortmund

Hooper JW (1986) Strategy-related characteristics of discrete-event languages and models. Simulation 46 (1986) 4, S 153-159

Höppe N, Seeanner F, Spieckermann S (2016) Simulation-based dispatching in a production system. Journal of Simulation 10 (2016) 2, S 89-94

Hull TE, Dobell AR (1962) Random number generators. SIAM Review 4 (1962) 3, S 230-254

IEEE (2010) IEEE 1516-2010 Standard for Modeling and Simulation (M&S) High Level Architecture (HLA) – Framework and Rules. IEEE, Picataway

ISO (2015) ISO/IEC 2382 „Information technology – Vocabulary". Beuth, Berlin

Jacoby W (2015) Projektmanagement für Ingenieure: Ein praxisnahes Lehrbuch für den systematischen Projekterfolg, 3. Aufl. Springer Vieweg, Wiesbaden

Jahangirian M, Eldabi T, Naseer A, Stergioulas LK, Young T (2010) Simulation in manufacturing and business: a review. European Journal of Operational Research 203 (2010) 1, S 1-13

Janczyk M, Pfister R (2015) Inferenzstatistik verstehen – Von A wie Signifikanztest bis Z wie Konfidenzintervall, 2. Aufl. Springer Spektrum, Berlin, Heidelberg

Jodin D (2007) Automatische Methoden der Datenerhebung. In: Wolf-Kluthausen H, Gremm F (Hrsg) Jahrbuch Logistik 2007. free beratung, Korschenbroich, S 227-231

Jodin D, Mayer A (2004) Automatisierte Methoden und Systeme der Datenerhebung. Technical Report 05004 – Sonderforschungsbereich 559 „Modellierung großer Netze in der Logistik". ISSN 1612-1376, Lehrstuhl für Förder- und Lagerwesen, Universität Dortmund

Jodin D, Kuhnt S, Wenzel S (2009) Methodennutzungsmodell zur Informationsgewinnung in großen Netzen der Logistik. In: Buchholz P, Clausen U (Hrsg) Große Netze der Logistik – Die Ergebnisse des Sonderforschungsbereichs. Springer, Berlin, S 1-18

Johnson ME (1988) Computer animation in discrete event simulation modeling: a healthy or hazardous addition to the modeler's toolbox? In: Hilber J (Hrsg) Modeling and simulation on microcomputers. Society for Computer Simulation International, San Diego, CA, USA, S. 34-36

Johnson NL, Kotz S, Balakrishnan N (1995) Continuous univariate distributions, 2. Aufl. John Wiley & Sons, Hoboken, New Jersey

Johnson NL, Kemp AW, Kotz S (2005) Univariate discrete distributions, 3. Aufl. John Wiley & Sons, Hoboken, New Jersey

Juan AA, Faulin J, Grasman SE, Rabe M, Figueira G (2015) A review of simheuristics: extending metaheuristics to deal with stochastic combinatorial optimization problems. Operations Research Perspectives 2 (2015) 1, S 62–72

Jünemann R, Beyer A (1998) Steuerung von Materialfluß- und Logistiksystemen: Informations- und Steuerungssysteme, Automatisierungstechnik, 2. Aufl. Springer, Berlin

Karian ZA, Dudewicz EJ (2000) Fitting statistical distributions: the generalized lambda distribution and generalized bootstrap methods. Chapman and Hall/CRC, Boca Raton

Kelton WD, Sadowski RP, Zupick NB (2015) Simulation with Arena, 6. Aufl. McGrawHill, Boston

Kendall DG (1951) Some problems in the theory of queues. Journal of the Royal Statistical Society, Ser. B, 13 (1951) 2, S. 151-185

Kirkpatrick S, Gelatt CD Jr, Vecchi MP (1983) Optimization by simulated annealing. Science 220 (1983) 4598, S 671-680

Kletti J (Hrsg) (2015) MES – Manufacturing Execution System: Moderne Informationstechnologie unterstützt die Wertschöpfung, 2. Aufl. Springer Vieweg, Berlin

Knuth DE (1998) The art of computer programming, Band 2: Seminumerical algorithms, 3. Aufl. Addison-Wesley, Reading

Koch T, Achterberg T, Andersen E, Bastert O, Berthold T, Bixby RE, Danna E, Gamrath G, Gleixner AM, Heinz S, Lodi A, Mittelmann H, Ralphs T, Salvagnin D, Steffy DE, Wolter K (2011) MIPLIB 2010: Mixed Integer Programming library version 5. Mathematical Programming Computation 3 (2011) 2, S 103-163

Kolonko M (2008) Stochastische Simulation. Vieweg & Teubner, Wiesbaden

Korte B, Vygen J (2008) Combinatorial optimization: theory and algorithms. In: Algorithms and Combinatorics, Band 21, 4. Aufl. Springer, Berlin

Kosturiak J, Gregor M (1995) Simulation von Produktionssystemen. Springer, Wien

Krämer K (2000) Datenerfassung in Produktion und Logistik 2000. Ident-, BDE-, personenbezogene DE- und mDE-Techniken – ihr Einsatz, Stand und Entwicklungstendenzen. Fortschrittliche Betriebsführung und Industrial Engineering FB/IE 49 (2000), S. 204-249

Kromrey H, Roose J, Strübing J (2016) Empirische Sozialforschung, 13. Aufl. UVK Verlagsgesellschaft, Konstanz, München

Kuhn A, Rabe M (Hrsg) (1998) Simulation in Produktion und Logistik – Fallbeispielsammlung. Springer, Berlin

Kuhn H, Tempelmeier H (1997) Analyse von Fließproduktionssystemen. Zeitschrift für Betriebswirtschaft 67 (1997) 5/6, S 561-586

Kuhn A, Wenzel S (2008) Simulation logistischer Systeme. In: Arnold D, Isermann H, Kuhn A, Tempelmeier H, Furmans K (Hrsg) Handbuch Logistik, 3. Aufl. VDI Springer, Berlin, Heidelberg, S 73-94

Kuhnt S, Wenzel S (2010) Information acquisition for modelling and simulation of logistics networks. Journal of Simulation 4 (2010) 2, S. 109-115

Küpper H, Weber J (1995) Grundbegriffe des Controlling. Schäffer-Poeschel, Stuttgart

Kurbel K (2011) Enterprise Resource Planning und Supply Chain Management in der Industrie, 7. Aufl. Oldenbourg Wissenschaftsverlag, München

Land AH, Doig AG (1960) An automatic method of solving discrete programming problems. Econometrica 28 (1960) 3, S 497-520

Law AM (2014) Simulation modeling and analysis, 5. Aufl. McGraw-Hill, New York

L'Ecuyer P (2001) Software for uniform random number generation: distinguishing the good and the bad. In: Peters BA, Smith JS, Medeiros DJ, Rohrer MW (Hrsg) Proceedings of the 2001 Winter Simulation Conference. IEEE, Piscataway, S 95-105

L'Ecuyer P (2007) Variance reduction's greatest hits. In: Sklenar J, Tanguy A, Bertelle C, Fortino G (Hrsg) Proceedings of the 2007 European Simulation and Modeling Conference, 22.- 24.10.2007, St. Julians, Malta, S 5-12

Lehn J, Wegmann H (2006) Einführung in die Statistik, 5. Aufl. Vieweg & Teubner, Wiesbaden

Lendermann P (2006) About the need for distributed simulation technology for the resolution of real-world manufacturing and logistics problems. In: Perrone LF, Wieland FP, Liu J, Lawson BG, Nicol DM, Fujimoto RM (Hrsg) Proceedings of the 2006 Winter Simulation Conference. IEEE, Piscataway (NJ, USA), S 1119-1128

Liebl F (1995) Simulation – Problemorientierte Einführung, 2. Aufl. Oldenbourg, München, Wien

Little JDC (1961) A proof of the queueing formula L = λW. Operations Research 9 (1961) 3, S 383-387

Ljung GM, Box GEP (1978) On a measure of a lack of fit in time series models. Biometrika 65 (1978) 2, S 297-303

Lunze J (2012) Ereignisdiskrete Systeme. Modellierung und Analyse dynamischer Systeme mit Automaten, Markovketten und Petrinetzen, 2. Aufl. Oldenbourg, München

Mahajan PS, Ingalls RG (2004) Evaluation of methods used to detect warm-up period in steady state simulation. In: Ingalls RG, Rossetti MD, Smith JS, Peters BA (Hrsg) Proceedings of the 2004 Winter Simulation Conference. IEEE, Piscataway, S 663-671

Mahnke W, Leitner S-H, Damm M (2009) OPC Unified Architecture. Springer, Berlin, Heidelberg

Manojlovich J, Prasithsangaree P, Hughes S, Chen J, Lewis M (2003) UTSAF: a multi-agent-based framework for supporting military-based distributed interactive simulations in 3D virtual environments. In: Chick S, Sanchez PJ, Ferrin E, Morrice DJ (Hrsg) Proceedings of the 2003 Winter Simulation Conference. IEEE, Piscataway, S 960-968

März L, Krug W, Rose O, Weigert G (Hrsg) (2011) Simulation und Optimierung in Produktion und Logistik: Praxisorientierter Leitfaden mit Fallbeispielen. Springer, Berlin

Mattern F, Mehl H (1989) Diskrete Simulation – Prinzipien und Probleme der Effizienzsteigerung durch Parallelisierung. Informatik-Spektrum 12 (1989) 4, S 198-210

Mayer G, Pöge C (2010) Auf dem Weg zum Standard – Von der Idee zur Umsetzung des VDA Automotive Bausteinkastens. In: Zülch G, Stock P (Hrsg) Integrationsaspekte der Simulation: Technik, Organisation und Personal. KIT Scientific Publishing, Karlsruhe, S 29-36

Mayer G, Spieckermann S (2010) Life-cycle of simulation models: requirements and case studies in the automotive industry. Journal of Simulation 4 (2010) 4, S 255-259

McHaney R (1991) Computer Simulation. A practical perspective. Academic Press, San Diego

McLean C, Riddick F, Lee YT (2005) An architecture and interfaces for distributed manufacturing simulation. Simulation 81 (2005) 1, S 15-32

Mertens P (1982) Simulation, 2. Aufl. Poschel, Stuttgart

Meyer R (2014a) Agenten in Raum und Zeit – Diskrete Simulation mit Multiagentensystemen und expliziter Raumrepräsentation. Dissertation, Universität Hamburg

Meyer T (2014b) Wirtschaftliche Erstellung von Emulationsmodellen für die Virtuelle Inbetriebnahme. Logos Verlag, Berlin

Meyr H, Wagner M, Rohde J (2015) Structure of Advanced Planning Systems. In: Stadtler H, Kilger C, Meyr H (Hrsg) Supply Chain Management and Advanced Planning, 5. Aufl. Springer, Berlin, Heidelberg, S 99-106

Mönch L, Fowler JW, Mason SJ (2013) Production planning and control for semiconductor wafer fabrication facilities. Springer, New York, Heidelberg, Dordrecht, London

Musselman KJ (1998) Guidelines for success. In: Banks J (Hrsg) Handbook of simulation. John Wiley, New York, S 721-743

Nance RE (1993) A history of discrete event programming languages. ACM SIGPLAN Notices 28 (1993) 3, S 149-175

Nance RE (1995) Simulation programming languages: an abridged history. In: Alexopoulos C, Kang K, Lilegdon WR, Goldsman D (Hrsg) Proceedings of the 1995 Winter Simulation Conference. IEEE, Piscataway (NJ, USA), S 1307-1313

Negahban A, Smith JS (2014) Simulation for manufacturing system design and operation: literature review and analysis. Journal of Manufacturing Systems 33 (2014) 2, S 241-261

Neumann K, Morlock M (2002) Operations Research, 2. Aufl. Hanser, München

Nikoukaran J, Paul RJ (1999) Software selection for simulation in manufacturing: a review. Simulation Practice and Theory 7 (1999) 1, S 1-14

Noche B, Wenzel S (1991) Marktspiegel Simulationstechnik in Produktion und Logistik. Verlag TÜV Rheinland, Köln

North K (2011) Wissensorientierte Unternehmensführung. Wertschöpfung durch Wissen, 5. Aufl. Gabler, Wiesbaden

O'Keefe RM (1986) The three-phase approach: a comment on strategy-related characteristics of discrete-event languages and models. Simulation 47 (1986) 5, S 208-210

Ören TI (1979) Concepts for advanced computer assisted modelling. In: Zeigler BB, Elzas MS, Klir GJ, Oren TI (Hrsg) Methodology in Systems Modelling and Simulation. North-Holland Publishing Company, S 29-55

Page B (1991) Diskrete Simulation – Eine Einführung mit Modula-2. Springer, Berlin, Heidelberg

Papadopoulos HT, Heavey C, Browne J (1993) Queueing theory in manufacturing systems analysis and design. Chapman and Hall, London

Paul RJ (1991) Recent developments in simulation modeling. Journal of the Operational Research Society 42 (1991) 3, S 217-226

Pegden CD (2010) Advanced tutorial: overview of simulation world views. In: Johansson B, Jain S, Montoya-Torres J, Hugan J, Yücesan E (Hrsg) Proceedings of the 2010 Winter Simulation Conference. IEEE, Piscataway, S 210-215

Peters W (1998) Zur Theorie der Modellierung von Natur und Umwelt – Ein Ansatz zur Rekonstruktion und Systematisierung der Grundperspektiven ökologischer Modellbildung für planungsbezogene Anwendungen. Dissertation, Technische Universität Berlin

Picot A (1988) Die Planung der Unternehmensressource „Information". 2. Internationales Management-Symposium „Erfolgsfaktor Information". Diebold Deutschland GmbH, Düsseldorf, Frankfurt, S 223-250

Pidd M (2004) Computer simulation in management science, 5. Aufl. John Wiley & Sons, Chichester

Raab M, Schulze T, Straßburger S (2008) Management of HLA-based distributed legacy SLX-models. In: Mason SJ, Hill RR, Mönch L, Rose O, Jefferson T, Fowler JW (Hrsg) Proceedings of the 2008 Winter Simulation Conference. IEEE, Piscataway, S 1086-1093

Rabe M (2000) Future of simulation in production and logistics: facts and visions. In: Mertins K, Rabe M (Hrsg) The New Simulation in Production and Logistics. 9. ASIM-Fachtagung Simulation in Produktion und Logistik. Fraunhofer IPK, Berlin, S 21-43

Rabe M (2003a) Simulation of supply chains. Int. Journal of Automotive Technology and Management 3 (2003) 3/4, S 368-382

Rabe M (2003b) Modellierung von Layout und Steuerungsregeln für die Materialfluss-Simulation. Fraunhofer IRB, Stuttgart

Rabe M, Clausen U (Hrsg) (2015) Simulation in production and logistics 2015. Fraunhofer Verlag, Stuttgart

Rabe M, Hellingrath B (Hrsg) (2001) Handlungsanleitung Simulation in Produktion und Logistik. SCS International, San Diego, Erlangen

Rabe M, Jäkel F-W (2003) The MISSION project – Demonstration of distributed supply chain simulation. In: Kosanke K, Jochem R, Nell JG, Ortiz Bas A (Hrsg) Enterprise inter- and intra-organizational integration. Kluver, Boston, Dordrecht, London, S 235-242

Rabe M, Spieckermann S, Wenzel S (2008) Verifikation und Validierung für die Simulation in Produktion und Logistik. Springer, Berlin, Heidelberg

Reeves CR (Hrsg) (1993) Modern heuristic techniques for combinatorial problems. Blackwell Scientific, Oxford

REFA Verband für Arbeitsstudien und Betriebsorganisation (1993) Methodenlehre der Betriebsorganisation: Lexikon der Betriebsorganisation. Carl Hanser, München

REFA Verband für Arbeitsstudien und Betriebsorganisation (2016) Industrial Engineering – Standardmethoden zur Produktivitätssteigerung und Prozessoptimierung, 2. Aufl. Carl Hanser, München

Reinhardt A (1992) Simulationswerkzeuge im Unternehmen. In: VDI Berichte Nr. 989, S 1-18

Reisig W (2010) Petrinetze. Modellierungstechnik, Analysemethoden, Fallstudien. Vieweg & Teubner, Wiesbaden

Rennemann T (2007) Logistische Lieferantenauswahl in globalen Produktionsnetzwerken. Gabler, Wiesbaden

Robinson S (2005) Discrete-Event Simulation: from the pioneers to the present, what next? Journal of the Operational Research Society 56 (2005) 6, S 619-629

Robinson S (2014) Simulation: the practice of model development and use. Palgrave Macmillan, Hampshire

Rohlfing H (1973) SIMULA. Eine Einführung. Bibliographisches Institut, Mannheim

Rubino G, Tuffin B (2009) Rare event simulation using Monte Carlo methods. John Wiley & Sons, Chichester

Saake G, Sattler K-U, Heuer A (2013) Datenbanken – Konzepte und Sprachen, 5. Aufl. mitp, Heidelberg

Sargent RG (1982) Verification and validation of simulation models. In: Cellier FE (Hrsg) Progress in Modelling and Simulation. Academic Press, London, S 159-169

Schmidt B (1982) Informatik und allgemeine Modelltheorie – eine Einführung. Angewandte Informatik 24 (1982) 1, S 35-42

Schmidt B (1988) Simulation von Produktionssystemen. In: Feldmann K, Schmidt B (Hrsg) Simulation in der Fertigungstechnik. Springer, Berlin, S 1-45

Schneeweiß C (2002) Einführung in die Produktionswirtschaft, 8. Aufl. Springer, Heidelberg, New York

Schriber TJ, Brunner DT, Smith JSQ (2016) Inside discrete-event simulation software: how it works and why it matters. In: Roeder TMK, Frazier PI, Szechtman R, Zhou E, Huschka T, Chick SE (Hrsg) Proceedings of the 2016 Winter Simulation Conference. IEEE, Piscataway, S 221-235

Schulte-Zurhausen M (2014) Organisation, 6. Aufl. Vahlen, München

Schulze T, Lantzsch G, Klein U, Straßburger S (1998) Interoperabilität zwischen Simulationsmodellen auf Basis der High Level Architecture. In: Mertins K, Rabe M (Hrsg) Erfahrungen aus der Zukunft, 8. ASIM-Fachtagung Simulation in Produktion und Logistik. Fraunhofer IPK, Berlin, S 369-379

Semini M, Fauske H, Strandhagen JO (2006) Applications of discrete-event simulation to support manufacturing logistics decision-making: a survey. In: Perrone LF, Wieland FP, Liu J, Lawson BG, Nicol DM, Fujimoto RM (Hrsg) Proceedings of the 2006 Winter Simulation Conference. IEEE, Piscataway, S 1946-1953

Shannon RE (1998) Introduction to the art and science of simulation. In: Medeiros DJ, Watson EF, CarsonJS, Manivannan MS (Hrsg) Proceedings of the 1998 Winter Simulation Conference. IEEE, Piscataway, S 7-14

Simula Standard Group (1986) Programspråk SIMULA – Svensk Standard SS 63 61 14. SIS, Oslo

Smith JS (2003) Survey on the use of simulation for manufacturing system design and operation. Journal of Manufacturing Systems 22 (2003) 2, S 157-161

Smith RL, Platt L (1987) Benefits of animation in the simulation of a machining and assembly line. Simulation 48 (1987) 1, S 28-30

Smith JM, Tan B (2013) Handbook of stochastic models and analysis of manufacturing system operations. Springer, New York, Heidelberg, Dordrecht, London

Spieckermann S (2007) Wie soll ich glauben, was ich nicht sehe – die Rolle der Animation im Simulationsalltag. In: VDI-Gesellschaft Fördertechnik Materialfluss Logistik (Hrsg) Modellbildung und Simulation in der Praxis, VDI-Berichte Nr. 1989. VDI Verlag, Düsseldorf, S 45-53

Spieckermann S, Gutenschwager K, Heinzel H, Voß S (2000) Simulation-based optimization in the automotive industry – a case study on body shop design. Simulation 75 (2000) 5, S 276-286

Stachowiak H (1973) Allgemeine Modelltheorie. Springer, Wien

Steinhauer D (2011) The Simulation Toolkit Shipbuilding (STS) – 10 years of cooperative development and interbranch applications. In: Bertram V (Hrsg) Proceedings of the 10th Euro-Conference on Computer and IT Applications in the Maritime Industries (COMPIT). Schriftenreihe Schiffbau, Hamburg, S 453-465

Steven M (2007) Handbuch Produktion: Theorie – Management – Logistik – Controlling. Kohlhammer, Stuttgart

Straßburger S, Schulze T (2008) Zukunftstrends in den Bereichen Verteilte Simulation und Verteilte Virtuelle Umgebungen. In: Rabe M (Hrsg) Advances in Simulation for Production and Logistics Applications. Fraunhofer IRB Verlag, Stuttgart, S 491-498

Strelen JC, Bärk B, Becker J, Jonas V (1998) Analysis of queueing networks with blocking using a new aggregation technique. Annals of Operations Research 79 (1998), S 121-142

Sturrock DT (2013) Tutorial: tips for successful practice of simulation. In: Pasupathy R, Kim S-H, Tolk A, Hill R, Kuhl ME (Hrsg) Proceedings of the 2013 Winter Simulation Conference. IEEE, Piscataway, S 354-361

Suhl L, Mellouli T (2013) Optimierungssysteme: Modelle, Verfahren, Software, Anwendungen, 3. Aufl. Springer, Berlin, Heidelberg

Swain JJ (2015) Simulated worlds. OR/MS Today 42 (2015) 5, S 40-49

Taghaddos H, AbouRizk SM, Mohamed Y, Ourdev I (2008) Distributed agent-based simulation of construction projects with HLA. In: Mason SJ, Hill RR, Mönch L, Rose O, Jefferson T, Fowler JW (Hrsg) Proceedings of the 2008 Winter Simulation Conference. IEEE, Piscataway, S 2413-2420

Tan G, Zhao N, Taylor SJE (2003) Automobile manufacturing supply chain simulation in the GRIDS environment. In: Chick S, Sanchez PJ, Ferrin E, Morrice DJ (Hrsg) Proceedings of the 2003 Winter Simulation Conference. IEEE, Piscataway, S 1149-1157

Tausworthe RC (1965) Random numbers generated by linear recurrence modulo two. Mathematics of Computation 19 (1965) 90, S 201-209

Tempelmeier H (2003) Practical considerations in the optimization of flow production systems. International Journal of Production Research 41 (2003) 1, S 149-170

ten Hompel M, Schmidt T (2010) Warehouse Management: Automatisierung und Organisation von Lager- und Kommissioniersystemen, 4. Aufl. Springer, Berlin

van der Zee DJ, van der Vorst JGAJ (2005) A modeling framework for supply chain simulation: opportunities for improved decision making. Decision Sciences 36 (2005) 1, S 65-95

VDA (2014) VDA-Empfehlung 4500: Kleinladungsträger (KLT)-System, 11. Ausgabe. VDA, Frankfurt

VDI (1997a) VDI-Richtlinie 3633 Blatt 2 „Simulation von Materialfluss- und Produktionssystemen – Lastenheft/Pflichtenheft und Leistungsbeschreibung für die Simulationsstudie". Beuth, Berlin

VDI (1997b) VDI-Richtlinie 3633 Blatt 3 „Simulation von Materialfluss- und Produktionssystemen – Experimentplanung und -auswertung". Beuth, Berlin

VDI (1997c) VDI-Richtlinie 3633 Blatt 4 „Auswahl von Simulationswerkzeugen – Leistungsumfang und Unterscheidungskriterien". Beuth, Berlin

VDI (2001a) VDI-Richtlinie 3633 Blatt 7 „Simulation von Logistik-, Materialfluss- und Produktionssystemen – Kostensimulation". Beuth, Berlin

VDI (2001b) VDI-Richtlinie 4400, Blatt 1 „Logistikkennzahlen für die Beschaffung". Beuth, Berlin

VDI (2002) VDI-Richtlinie 4400, Blatt 3 „Logistikkennzahlen für die Distribution". Beuth, Berlin

VDI (2004) VDI-Richtlinie 4400, Blatt 2 „Logistikkennzahlen für die Produktion". Beuth, Berlin

VDI (2007) VDI-Richtlinie 4490 „Operative Logistikkennzahlen von Wareneingang bis Versand". Beuth, Berlin

VDI (2008) VDI-Richtlinie 4499 Blatt 1 „Digitale Fabrik – Grundlagen". Beuth, Berlin

VDI (2009) VDI-Richtlinie 3633 Blatt 11 „Simulation von Materialfluss- und Produktionssystemen – Simulation und Visualisierung". Beuth, Berlin

VDI (2013) VDI-Richtlinie 2492 „Multimomenthäufigkeitsverfahren (MMH-Verfahren) in der betrieblichen Praxis", Entwurf. Beuth, Berlin

VDI (2014) VDI-Richtlinie 3633 Blatt 1 „Simulation von Logistik-, Materialfluss- und Produktionssystemen – Grundlagen". Beuth, Berlin

VDI (2016a) VDI-Richtlinie 3633 Blatt 12 „Simulation von Logistik-, Materialfluss- und Produktionssystemen – Simulation und Optimierung", Entwurf. Beuth, Berlin

VDI (2016b) VDI-Richtlinie 4465 Blatt 1 „Modellbildungsprozesse – Modellbildung", Entwurf. Beuth, Berlin

VDI (2016c) VDI-Richtlinie 5600 Blatt 1 „Fertigungsmanagementsysteme". Beuth, Berlin

VDMA (2009) VDMA-Einheitsblatt 66412-1:2009-10 „Manufacturing Execution System (MES) Kennzahlen". Beuth, Berlin

VDMA (2010) VDMA-Einheitsblatt 66412-2:2010-11 „Manufacturing Execution System (MES) Kennzahlen-Wirkmodell". Beuth, Berlin

Verma R, Gupta A, Singh K (2008) Simulation software evaluation and selection: a comprehensive framework. Journal of Automation and Systems Engineering 2 (2008) 4, S 221-234

Vonhoegen H (2015) Einstieg in XML, 8. Aufl. Rheinwerk Verlag, Bonn

Wang Z (2013) Selecting verification and validation techniques for simulation projects: a planning and tailoring strategy. In: Pasupathy R, Kim S-H, Tolk A, Hill R, Kuhl ME (Hrsg) Proceedings of the 2013 Winter Simulation Conference. IEEE, Piscataway, S 1233-1244

Weigert G, Rose O, Gocev P, Mayer G (2010) Kennzahlen zur Bewertung logistischer Systeme. In: Zülch G, Stock P (Hrsg) Integrationsaspekte der Simulation: Technik, Organisation und Personal. KIT Scientific Publishing, Karlsruhe, S 599-606

Welch P (1983) The statistical analysis of simulation results. In: Lavenberg S (Hrsg) The computer modelling handbook. Academic Press, New York, S 268-328

Wellenreuther G, Zastrow D (2015) Automatisieren mit SPS – Theorie und Praxis, 6. Aufl. Springer Vieweg, Berlin

Wenzel S (1992) Benutzerdefinierte Prozessvisualisierung im Rahmen der rechnergestützten Simulationstechnik. Erste Fachtagung Visualisierung und Präsentation von Modellen und Resultaten der Simulation, Magdeburg, 18.-19.03.1992, S 48-58.

Wenzel S (1998) Verbesserung der Informationsgestaltung in der Simulationstechnik unter Nutzung autonomer Visualisierungstechniken. Dissertation. Praxiswissen, Dortmund

Wenzel S, Bernhard J (2008) Definition und Modellierung von Systemlasten für die Simulation logistischer Systeme. In: Nyhuis P (Hrsg) Beiträge zu einer Theorie der Logistik. Springer, Berlin, S 487-509

Wenzel S, Noche B (2000) Simulationsinstrumente in Produktion und Logistik – eine Marktübersicht. In: Mertins K, Rabe M (Hrsg) The New Simulation in Production and Logistics: Prospects, Views and Attitudes. IPK Eigenverlag, Berlin, S 423-432

Wenzel S, Weiß M, Collisi-Böhmer S, Pitsch H, Rose O (2008) Qualitätskriterien für die Simulation in Produktion und Logistik. Springer, Berlin

Wenzel S, Junge M, Pöge C, Spieckermann S (2013) Energieeffizienz in der Automobilindustrie. Productivity Management 18 (2013) 4, S 21-24

Williams EJ, Ülgen OM (2012a) Pitfalls in managing a simulation project. In: Laroque C, Himmelspach J, Pasupathy R, Rose O, Uhrmacher AM (Hrsg) Proceedings of the 2012 Winter Simulation Conference. IEEE, Piscataway, S 3667-3674

Williams EJ, Ülgen OM (2012b) Simulation applications in the automotive industry. In: Bangsow S (Hrsg) Use cases of discrete event simulation: applications and research. Springer, Heidelberg, New York, Dordrecht, London, S 45-58

Witte T, Claus T, Helling K (1994) Simulation von Produktionssystemen mit SLAM. Addison-Wesley, Bonn

Wunderlich J (2002) Kostensimulation – Simulationsbasierte Wirtschaftlichkeitsregelung komplexer Produktionssysteme. Meisenbach, Bamberg

Wunsch G, Schreiber H (2005) Stochastische Systeme. Springer, Berlin, Heidelberg

Zhang Z-Y, Wang K-S (2014) Wind turbine fault detection based on SCADA data analysis using ANN. Advances in Manufacturing 2 (2014) 1, S 70-78

Zülch G, Stock P (Hrsg) (2010) Integrationsaspekte der Simulation: Technik, Organisation und Personal. KIT Scientific Publishing, Karlsruhe

Autoren

Prof. Dr. rer. pol. *Kai Gutenschwager*, geb. 1970, Studium der Wirtschaftsinformatik, ab 1997 wissenschaftlicher Mitarbeiter am Institut für Wirtschaftswissenschaften der Technischen Universität Braunschweig. Ab 1997 zudem Berater und Projektleiter Simulation bei der SimPlan Gruppe, ab 2002 als Leiter der Niederlassung Braunschweig. Ab 2009 Professor für Informationssysteme in Produktion und Logistik an der Hochschule Ulm. Seit 2013 Professor für Wirtschaftsinformatik an der Ostfalia Hochschule Braunschweig/Wolfenbüttel. Seit 2015 Leiter des Institutes für Information Engineering. Zahlreiche Beiträge zu simulationsbasierter Optimierung und Emulation in nationalen und internationalen Fachzeitschriften. Dissertation an der TU Braunschweig im Jahr 2001 zum Thema Online-Optimierung in der Lagerlogistik. Mitglied unterschiedlicher Programmkomitees und aktives Mitglied der Gesellschaft für Operations Research (GOR).

Prof. Dr.-Ing. Dipl.-Phys. *Markus Rabe*, geb. 1961, Physik-Studium an der Universität Konstanz, Promotion im Maschinenbau an der Technischen Universität Berlin. Ab 1986 wissenschaftlicher Mitarbeiter am Fraunhofer-Institut für Produktionsanlagen und Konstruktionstechnik (IPK) in Berlin, ab 1995 als Abteilungsleiter, weiter Mitglied des Institutsleitungskreises und Leiter der zentralen IT. Seit Herbst 2010 Professor für IT in Produktion und Logistik an der TU Dortmund. Seit 1987 aktives Mitglied der Arbeitsgemeinschaft Simulation (ASIM) und seit 2005 stellvertretender Sprecher der Fachgruppe „Simulation in Produktion und Logistik". Leiter der Richtlinienausschüsse „Geschäftsprozessmodellierung" und „Verifikation und Validierung" sowie Mitglied in dem Richtlinienausschuss „Experimentplanung und -auswertung" im Fachausschuss FA 204 „Modellierung und Simulation" in der

Gesellschaft Produktion und Logistik im Verein Deutscher Ingenieure (VDI-GPL). Mitglied unterschiedlicher Programmkomitees, darunter mehrmals von Tracks der Winter Simulation Conference (WSC). Leitung von fünf ASIM-Fachtagungen seit 1998 sowie Local Chair der WSC 2012 in Berlin. Über 180 Publikationen, davon mehrere Herausgeberschaften. Weiterhin Fachgutachter unter anderem für die Kommission der Europäischen Union, die DFG, die Thüringische Aufbaubank sowie für den Fonds National de la Recherche Luxembourg.

Dr. rer. pol. *Sven Spieckermann*, geb. 1967, seit dem Abschluss seines Studiums der Wirtschaftsinformatik an der TU Darmstadt im Jahr 1994 Berater und Projektleiter Simulation bei der SimPlan Gruppe, 1997 in die Geschäftsleitung berufen, heute Sprecher des Vorstands der SimPlan AG. Lehrbeauftragter für Simulation an der TU Braunschweig (seit 1995), der TU Darmstadt (seit 2008) und dem KIT (seit 2012); zahlreiche Beiträge zu Simulation und simulationsbasierter Optimierung in nationalen und internationalen Fachzeitschriften. Dissertation an der TU Braunschweig im Jahr 2002 zum Thema Optimierungsaufgabenstellungen in Karosseriebauanlagen und Lackierereien in der Automobilindustrie. Sven Spieckermann ist aktives Mitglied der ASIM, der VDI-GPL und der GOR.

Prof. Dr.-Ing. *Sigrid Wenzel*, geb. 1959, Informatikstudium an der Universität Dortmund, Promotion an der Universität Rostock in der Fakultät für Ingenieurwissenschaften. Von 1986 bis 1989 wissenschaftliche Mitarbeiterin an der Universität Dortmund, Lehrstuhl für Förder- und Lagerwesen; von 1990 bis 2004 wissenschaftliche Mitarbeiterin am Fraunhofer-Institut für Materialfluss und Logistik (IML), Dortmund, ab 1992 Abteilungsleitung und ab 1995 stellvertretende Leitung der Hauptabteilung Unternehmensmodellierung. Zusätzlich 2001 bis 2004 Geschäftsführerin des Sonderforschungsbereiches 559 „Modellierung großer Netze in der Logistik" der Universität Dortmund. Seit Mai 2004 Leitung des Fachgebietes Produktionsorganisation und Fabrikplanung im Institut für Produktionstechnik und Logistik, Fachbereich Maschinenbau, Universität Kassel, 2008-2014 geschäftsführende Direktorin des Institutes für Produktionstechnik und Logistik, seit 2014 stellvertretende geschäftsführende Direktorin. 2012-2015 Mitglied im Fachkollegium 401 „Produktionstechnik" der Deutschen Forschungsgemeinschaft (DFG). Gremientätigkeiten: Stellvertretende ASIM-Vorstandsvorsitzende, Sprecherin der ASIM-Fachgruppe „Simulation in Produktion und Logistik", in der VDI-GPL Leiterin des FA 204 „Modellierung und Simulation" und stellvertretende Leiterin des FA 205 „Digitale Fabrik", Mitglied im VDI-GPL-Fachbeirat „Fabrikplanung und -betrieb", im Fachbereich 1 „Informationstechnik" der VDI-Gesellschaft Produkt- und Prozessgestaltung (VDI-GPP) sowie in der Wissenschaftlichen Gesellschaft Arbeits- und Betriebsorganisation (WGAB) e.V.; weiterhin Vorstandsmitglied im Mobilitätswirtschaft Nordhessen Netzwerk MoWiN.net e.V., Beiratsmitglied in der Zukunftsallianz Maschinenbau e.V. und Mitglied im OWL Maschinenbau e.V. sowie in der BVL e.V.; seit 2014 berufenes Mitglied im wissenschaftlichen Beirat des Simulationswissenschaftlichen Zentrums (SWZ) Clausthal-Göttingen und Vorsitzende des Beirates seit 2014. Mitglied in nationalen und internationalen Programmkomitees sowie Fachgutachterin unter anderem für die DFG, die Landesstiftung Baden-Württemberg, das BMBF, das Sächsische Staatsministerium für Wissenschaft und Kunst und die Studienstiftung des Deutschen Volkes.

Sachverzeichnis

Printed in the United States
By Bookmasters

Printed in the United States
By Bookmasters